21 世纪职业院校系列教材

机械制图与 CAD 教程

主　编　闫文平　白　洁
副主编　朱　楠　张　丹　黄　东
参　编　宋佳妮　王　丹　周　香　富恩强　杨　阳

机械工业出版社

本教材针对高等职业院校的人才培养目标，紧密结合 CAD 技能和计算机绘图等级考评大纲的要求，同时紧跟高职院校课程改革步伐，将机械制图与 CAD 教学内容重新梳理，以培养读图能力和用 Auto CAD 软件绘制中等复杂程度图样的能力为教学宗旨，采用最新《技术制图》与《机械制图》国家标准进行编写。教材中图例典型、清晰，文字通俗、易懂，适合教师教学和学生自学。

全书共有 10 个学习单元，分别介绍了机械图样识读相关标准规定、机械图样绘制基础、机械图样上常用的表达方法、典型机械零件图的表达与识读、装配图识读与绘制、AutoCAD 2012 概述、平面图形的绘制、三视图的绘制、文字与尺寸标注样式的创建、零件图及装配图的绘制。同时，本教材还配套有教学课件、习题集及部分难解答习题的参考答案。

本教材可供高等职业院校、技师学院机械类和近机械类专业师生使用，也可供自学者使用。

图书在版编目（CIP）数据

机械制图与 CAD 教程/闫文平，白洁主编 . —北京：机械工业出版社，2016. 9（2023. 9 重印）

ISBN 978- 7- 111- 54405- 0

Ⅰ. ①机…　Ⅱ. ①闫…　②白…　Ⅲ. ①机械制图–AutoCAD 软件–教材　Ⅳ. ①TH126

中国版本图书馆 CIP 数据核字（2016）第 188920 号

机械工业出版社（北京市百万庄大街 22 号　邮政编码 100037）
策划编辑：赵磊磊　责任编辑：赵磊磊
责任校对：樊钟英　佟瑞鑫　封面设计：陈　沛
责任印制：常天培
北京机工印刷厂有限公司印刷
2023 年 9 月第 1 版第 8 次印刷
184mm×260mm　·18. 75 印张·459 千字
标准书号：ISBN 978- 7- 111- 54405- 0
定价：45. 00 元

电话服务　　　　　　　　　网络服务
客服电话：010-88361066　　机　工　官　网：www. cmpbook. com
　　　　　010-88379833　　机　工　官　博：weibo. com/cmp1952
　　　　　010-68326294　　金　书　网：www. golden- book. com
封底无防伪标均为盗版　机工教育服务网：www. cmpedu. com

前　　言

本教材针对高等职业院校的人才培养目标，紧密结合 CAD 技能等级考评大纲的要求，以培养学生读图能力和绘制中等复杂程度图样的能力为宗旨，按照最新《技术制图》与《机械制图》国家标准进行编写。本教材特点如下：

1. 本教材紧跟高职院校课程改革步伐，将原来机械制图的教学内容重新梳理，选择合适的载体（二维图形与三维图形相结合）将基础理论融入其中，知识体系更具有连贯性。

2. 本教材采用最新《技术制图》与《机械制图》国家标准。

3. 本教材紧密结合 CAD 技能等级考评大纲的要求，有利于学生获得职业技能证书，提高学生的绘图能力。

4. 本教材中的图例典型、清晰，文字通俗、易懂，适合教师教学和学生自学。

5. 与教材配套有教学课件、习题集。习题集容纳了大量 CAD 技能等级考试试题，强化了学生对装配图的读绘能力。习题集配有部分难解答习题的参考答案，非常适合初学者学习。

本教材共有 10 个学习单元，参加编写工作的有：闫文平（学习单元 2 中的 2.4 ~ 2.6；学习单元 3；学习单元 4 中的 4.2；学习单元 5；学习单元 9；学习单元 10）；朱楠、周香（学习单元 1；学习单元 2 中的 2.1 ~ 2.3；附录）；张丹（学习单元 4 中的 4.1）；黄东、宋佳妮、富恩强（学习单元 4 和学习单元 5 的部分图形绘制）；白洁、王丹、杨阳（学习单元 6；学习单元 7；学习单元 8）。本教材由吉林电子信息职业技术学院的闫文平统稿。

在本教材的编写过程中，吉林电子信息职业技术学院的杨继宏主任给予了大力支持，在此表示感谢。

由于编者水平有限，书中难免存在疏漏之处，恳请读者多提宝贵意见和建议。

编　者

目　　录

第一部分　机　械　制　图

学习单元 1　机械图样识读相关标准规定

【单元导读】

主要内容：

1. 图样的作用、内容、表达方法
2. 国家标准的相关规定

任务要求：

1. 了解机械图样的概念、形成、作用和分类
2. 理解国家标准的含义及熟悉国家标准的内容
3. 掌握 7 种机械制图图样常用线型的使用方法及画法
4. 掌握常用尺寸的标注方法

教学重点：

1. 图样的形成及其与实体图的比较
2. 粗实线、细实线、虚线和细点画线的画法
3. 常用尺寸的标注方法

教学难点：

1. 虚线和点画线的画法
2. 垂直尺寸、角度尺寸、直径尺寸的标注方法

1.1　机械图样概述

如图 1-1、图 1-2 所示，观察机用虎钳的结构、组成及工作原理。该机用虎钳由固定钳身、活动钳身、螺杆、螺母块、钳口板、螺钉、圆环、垫圈等组成。

如图 1-3 和图 1-4 所示为机用虎钳的固定钳身零件图和机用虎钳装配图，这两张图样的相同之处为：

1）均画在一张带有边框的图纸中，这张图纸的外边框用细实线绘制，内部边框线比外框粗些。

2）均由一组图形组成，这组图形上均有尺寸。

3）图纸右下角均有一个由多个小格组成的一个表格，表格中填写一些文字。

4）在图纸右下角表格上方附近均有"技术要求"字样。

这两张图样的不同之处为：

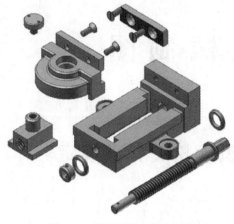

图 1-1 　机用虎钳实体分解图 　　　　　　　图 1-2 　机用虎钳装配图实体

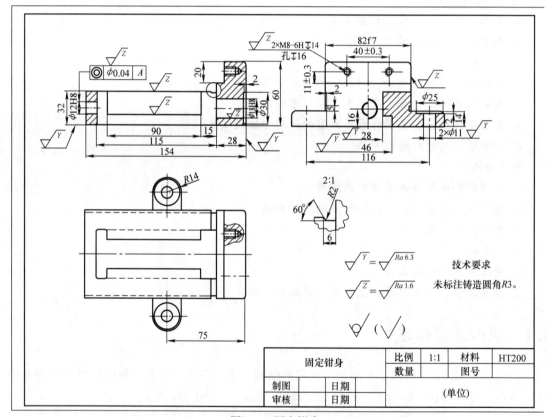

图 1-3 　固定钳身

1）零件图上的尺寸密集，装配图上的尺寸较少。

2）零件图上有一些符号，装配图上没有。

3）零件图上图纸右下角表格内容少，装配图上图纸右下角表格内容多。

4）零件图上没有数字序号，装配图上有一组按顺序排列的数字序号。

1. 工程图样

工程图样包括机械图样、建筑图样、水利图样等。机械图样是工程图样的分支，它是工

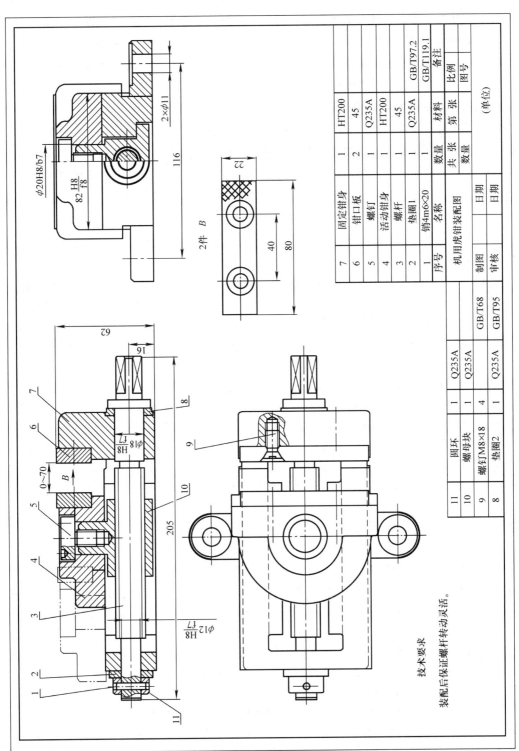

图 1-4　机用虎钳装配图

程技术人员按照一定的投影方法和相关的技术标准规定，将零件或机器的结构形状用绘图软件绘制成带有尺寸数字、技术要求、材料特性等信息的平面图形，并将其保存在磁盘上，以便技术交流和加工制造。因此，在工程界常常把工程图样称为"工程界的语言"，可见它具有一种交流的功能，也就是工程技术人员使用工程图样进行技术交流。在实际生产中，图样也是加工制造、检验、调试、使用、维修的主要依据。

2. 机械图样的种类及作用

机械图样包括零件图和装配图。零件图是表达机器上最小基本单元——零件的图样，它包括一组图形、全部的尺寸、技术要求及标题栏等内容。这组图形叫视图，主要用来表达零件的结构形状；全部的尺寸用来表达零件每部分细节的大小及形状特点；技术要求即是对零件的表面结构、几何形状、尺寸精度及工艺性的具体要求，以便保证零件的使用性能及寿命；标题栏中填写的内容一般包括零件的名称、零件的材料、采用多大比例绘制、设计校核者的姓名及工作单位，设计日期、零件编号、数量等。零件图是指导加工制造和检验零件是否合格的重要技术文件。

因此，装配图实际上就是将组成机器或部件的零件的视图依次画出，保证零件的相互位置正确，表达出零件与零件之间的连接关系、配合性质等的图样。它包括：一组视图、必要的尺寸、技术要求标题栏、零件序号和明细表。这组视图能正确、清晰和简便地表达机器（或部件）的工作原理、零件间的装配关系和零件的主要结构形状等；必要的尺寸是根据装配图拆画零件图以及装备、检验、安装、使用机器的需要，装配图中必须注出反映机器（或部件）的性能、规格、安装情况、部件或零件的相对位置、配合要求和机器的总体大小等尺寸；技术要求是用文字和符号注出机器（或部件）装配、使用等方面的要求；标题栏、零件序号和明细表填写了机器或部件的图名、图号、比例、设计单位、制图、审核、日期等。为了生产准备、编制其他技术文件和管理上的需要，在装配图上按一定格式将零部件进行编号并填写明细栏。装配图表达了一部机器或部件的工作原理、性能要求和零件之间的装配关系等，是机器或部件进行装配、调整、使用和维修时所必需的技术文件。

1.2　机械图样国家标准的有关规定

技术图样是产品设计、制造、安装、检测等过程中的重要技术资料，是信息交流的重要工具。为便于生产、管理和交流，《技术制图》国家标准、《机械制图》国家标准对图样的画法、尺寸的标注等各方面作了统一的规定，工程技术人员必须严格遵守、认真执行。

《技术制图》和《机械制图》国家标准是工程界重要的技术基础标准，是绘制和阅读机械图样的准则和依据。需要注意的是，《机械制图》标准适用于机械图样，《技术制图》标准则普遍适用于工程界各种专业技术图样。

本单元将介绍制图国家标准中对图纸幅面和格式、比例、字体、图线和尺寸注法的有关规定。例如在国家标准代号 GB/T 14689—2008 中，"GB/T"为推荐性国家标准代号，一般简称"国标"。G 是"国家"一词汉语拼音的第一个字母，B 是"标准"一词汉语拼音的第一个字母，T 是"推"字汉语拼音的第一个字母。若无 T，则是强制执行标准。"14689"表示该标准的编号，"2008"表示该标准发布的年号（标注时可省略）。

1.2.1　图纸幅面（GB/T 14689—2008）和标题栏（GB/T 10609.1—2008）

1. 图纸幅面尺寸

图纸幅面代号由"A"和相应的幅面号组成，即 A0~A4。绘制机械图样及绘制技术图样时，应优先采用表 1-1 中所规定的基本幅面。基本幅面共有五种，其尺寸关系如图 1-5 所示，整张图幅即为 A0。

表 1-1　图纸基本幅面的尺寸　　　　　　　　　　　　　　　（单位：mm）

幅面	A0	A1	A2	A3	A4
尺寸 $B \times L$	841×1189	594×841	420×594	297×420	210×297
e	20		10		
c	10		5		
a	25				

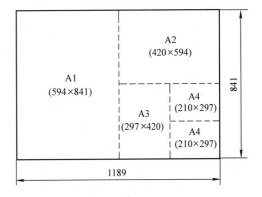

幅面代号的几何含义实际上就是对 A0 号幅面的对开次数。如 A1 中的"1"，表示将全张纸（A0 幅面）对折长边裁切一次所得的幅面；A4 中的"4"，表示将全张纸对折长边裁切四次所得的幅面。

必要时，允许加长幅面，但加长量必须符合国标编号 GB/T 14689—2008 中的规定，按基本幅面的短边成整数倍增加后得出。

2. 图框格式

图样中的图框由内、外两框组成，外框用细实线绘制，大小为幅面尺寸，内框用粗实线

图 1-5　基本幅面的尺寸关系

绘制，内外框周边的间距尺寸与格式有关。图框格式分为留有装订边和不留装订边两种，如图 1-6 和图 1-7 所示。两种格式图框周边尺寸 a、c、e 见表 1-1。但应注意，同一产品的图样只能采用一种格式。优先采用不留装订边的格式。图样绘制完毕后应沿外框线裁边。

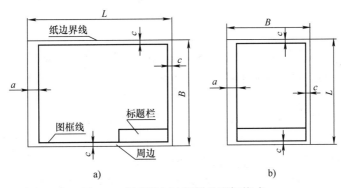

图 1-6　留有装订边图样的图框格式

3. 标题栏

每张图纸上都必须画出标题栏。标题栏可提供图样自身、图样所表达的产品及图样管理

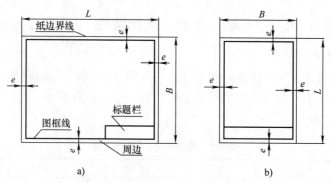

图 1-7　不留装订边图样的图框格式

等若干信息，是图样不可缺少的内容。

标题栏的位置应位于图纸的右下角，如图 1-6、图 1-7 所示。

标题栏中的文字方向为看图方向。标题栏的格式、内容和尺寸在 GB/T 10609.1—2008《技术制图　标题栏》中已有规定，如图 1-8 所示，建议在生产实际中采用。学生制图作业建议采用图 1-9 所示的标题栏格式，分别用于零件图和装配图。填写标题栏时，小格中的内容用 3.5 号字，大格中的内容用 7 号字；明细栏项目栏中的文字用 7 号字，表中的内容用 3.5 号字。

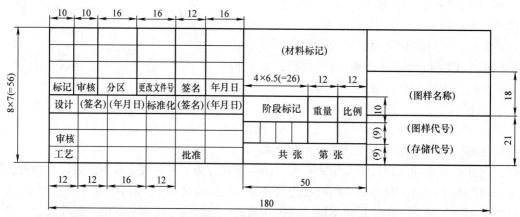

图 1-8　国标规定标题栏格式

4. 附加符号

（1）对中符号　为了使图样复制和缩微摄影时定位方便，对基本幅面（含部分加长幅面）的各号图纸，均应在图纸各边的中点处分别画出对中符号，如图 1-10 所示。

对中符号用粗实线绘制，线宽不小于 0.5mm，长度从纸边界开始至伸入图框内约为 5mm。当对中符号处在标题栏范围内时，则伸入标题栏部分省略不画。

（2）方向符号　若使用预先印制的图纸时，应在图纸的下边对中符号处画出一个方向符号，以表明绘图与看图时的方向，如图 1-10 所示。

方向符号是用细实线绘制的等边三角形，其大小和所处的位置如图 1-11 所示。

1.2.2　比例（GB/T 14690—1993）

比例是指图中图形与其实物相应要素的线性尺寸之比。

原值比例：比值为 1 的比例，即 1:1。

放大比例：比值大于 1 的比例，如 2:1 等。

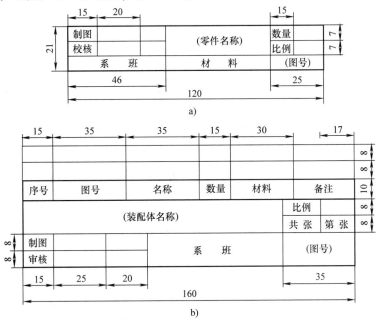

图 1-9 制图作业标题栏格式

a) 零件图标题栏 b) 装配图标题栏

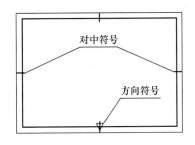 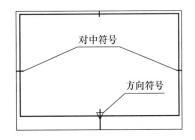

图 1-10 对中符号与方向符号

缩小比例：比值小于 1 的比例，如 1:5 等。

国家标准《技术制图 比例》GB/T 14690—1993 中，规定了绘图比例及其标注方法。需要按比例绘制图样时，首先应由表 1-2 规定的系列中选取适当的比例；必要时，也允许选取表 1-3 中的比例。

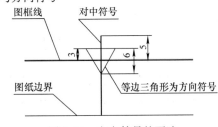

图 1-11 方向符号的画法

表 1-2 绘图比例（一）

种类	比　　例				
原值比例	1:1				
放大比例	5:1	2:1	$5 \times 10^n:1$	$2 \times 10^n:1$	$1 \times 10^n:1$
缩小比例	1:2	1:5	1:10	$1:2 \times 10^n$	$1:5 \times 10^n$	$1:1 \times 10^n$

注：n 为正整数。

表 1-3　绘图比例（二）

种类	比 例				
放大比例	$4:1$			$2.5:1$	
	$4 \times 10^n:1$			$2.5 \times 10^n:1$	
缩小比例	$1:1.5$	$1:2.5$	$1:3$	$1:4$	$1:6$
	$1:1.5 \times 10^n$	$1:2.5 \times 10^n$	$1:3 \times 10^n$	$1:4 \times 10^n$	$1:6 \times 10^n$

注：n 为正整数。

　　为了从图样上直接反映出实物的大小，绘图时应尽量采用原值比例。因各种实物的大小与结构千差万别，绘图时，应根据实际需要选取放大比例或缩小比例。

　　在绘制同一物体的各个视图时，应尽可能采用同一比例，此时可将采用的比例统一填写在标题栏的比例栏目中。当某个视图必须采用不同比例绘制时，可在视图名称下方或右侧另外标注出来。

　　提示：图样中所标注的尺寸数值必须是实物的实际大小，与绘制图形所采用的比例无关，如图 1-12 所示。

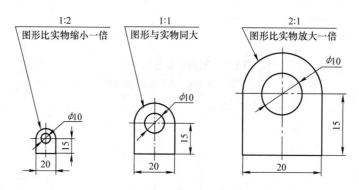

图 1-12　图形比例与尺寸数字

1.2.3　字体（GB/T 14691—1993）

　　图样上除了表达机件形状的图形外，还要用文字和数字说明机件的大小、技术要求和其他内容。在图样中书写字体必须做到：字体工整、笔画清楚、间隔均匀、排列整齐。

1. 字高

　　字体的高度（用 h 表示）必须符合规范，其高度系列为：1.8，2.5，3.5，5，7，10，14，20（单位为 mm）。字体的高度代表字体的号数。如需要书写更大的字，其字体高度应按 $\sqrt{2}$ 的比率递增。

2. 汉字

　　汉字应写成长仿宋体字，并采用中华人民共和国国务院正式公布推行的《汉字简化方案》中规定的简化字。汉字的高度不应小于 3.5mm，其字宽一般为 $0.7h$。图 1-13 所示为汉字示例。

3. 字母和数字

　　如图 1-14、图 1-15 所示，字母和数字分 A 型和 B 型。A 型字体的笔画宽度（d）为字

10号汉字

字体工整笔画清楚

7号汉字

横平竖直注意起落

5号汉字

技术制图国家标准规定

图1-13 汉字示例

高（h）的 1/14，B 型字体的笔画宽度为字高 h 的 1/10。在同一张图样上，只允许选用一种型式的字体。

字母和数字可写成斜体或直体。斜体字字头向右倾斜，与水平基准线成 75°，用作指数、分数、极限偏差、注脚等的数字及字母，一般采用小一号的字体。

ABCDEFGHIJKLMN
abcdefghijklmn

I II III IV V VI VII VIII IX X
0123456789

图1-14 拉丁字母的大小写示例   图1-15 罗马数字和阿拉伯数字示例

1.2.4 图线及其画法（GB/T4457.4—2002）

图线是指起点和终点间以任意方式连接的一种几何图形，形状可以是直线、曲线、连续线或不连续线。它是组成图形的基本要素，由点、短间隔、画、长画、间隔等线素构成。

绘制图样时，为了表示清楚图中的不同内容，必须使用不同线宽和线型的图线。对于图线，国家标准 GB/T4457.4—2002《机械制图 图样画法 图线》规定了在机械图样中常用的几种图线，其型式、名称、宽度以及应用示例见表 1-4 和图 1-16。

表1-4 常用的图线

图线名称	图线型式	图线宽度	一般应用
粗实线	——————————	d	可见轮廓线、相贯线、螺纹牙顶线、螺纹长度终止线、齿顶圆（线）
细实线	——————————	$0.5d$	尺寸线及尺寸界线、剖面线、重合断面的轮廓线、螺纹的牙底线及齿轮的齿根线、引出线、分界线、范围线、弯折线、辅助线、不连续的同一表面的连线、成规律分布的相同要素的连线、可见过渡线
波浪线	～～～～～	$0.5d$	断裂处的边界线、视图和剖视图的分界线
双折线	———／\———／\———	$0.5d$	

（续）

图线名称	图线型式	图线宽度	一般应用
虚线	－－－－－－－－－－	0.5d	不可见轮廓线、不可见棱边线
细点画线	———·———·———	0.5d	轴线、对称中心线、分度圆及分度线
细双点画线	———··———··———	0.5d	相邻辅助零件的轮廓线、极限位置的轮廓线、轨迹线、成形前的轮廓线或毛坯图中制成品的轮廓线、剖切面前的结构轮廓线、工艺用结构（成品上不存在）的轮廓线、中断线

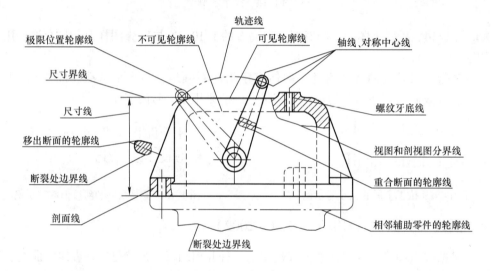

图 1-16　图线画法示例

机械图样中的图线分粗线和细线两种。粗线与细线的宽度比例为 2∶1。图线宽度的推荐系列为：0.13mm，0.18mm，0.25mm，0.35mm，0.5mm，0.7mm，1.0mm，1.4mm，2.0mm。一般粗线选用 0.7mm 或 0.5mm 时，对应细线的图线宽度为 0.35mm 或 0.25mm。

同一图样中，同类图线的宽度和结构要素应基本一致。虚线、点画线及双点画线的线段长度和间隔应各自大致相等。两条平行线（包括剖面线）之间的距离应不小于粗实线宽度的两倍，其最小距离不得小于 0.7mm。

当几种线条重合时，通常应按照图线所表达对象的重要程度，优先选择绘制顺序：可见轮廓线→不可见轮廓线→尺寸线→各种用途的细实线→轴线和对称线（中心线）→假想线。

1.2.5　尺寸注法（GB/T4458.4—2003、GB/T16675.2—2012）

尺寸标注是图样中不可缺少的重要内容。图形只能表达机件的结构形状，机件的大小由标注的尺寸确定。尺寸是加工制造机件的主要依据，也是图样中指令性最强的部分。标注尺寸时，应严格遵照国家标准有关尺寸注法的规定，做到正确、齐全、清晰、合理。如果尺寸注法错误，不完整或不合理，将给机械加工带来困难，甚至生产出废品而造成经济损失。

1. 基本规则

1）机件的真实大小应以图样上所注的尺寸数值为依据，与图形的大小及绘图的准确度无关。

2）机件的每一尺寸，在图样中一般只标注一次，并应标注在反映该结构最清晰的图形上。

3）图样中的尺寸以毫米（mm）为单位时，不需注明计量单位的代号或名称，如采用其他单位，则必须注明相应的单位代号或名称。图样中所注尺寸是该机件最后完工时的尺寸，否则应另加说明。

4）标注尺寸时，应尽可能使用符号和缩写词。常用的符号和缩写词见表1-5。

表1-5　常用的符号和缩写词

名称	符号和缩写词	名称	符号和缩写词	名称	符号和缩写词
直径	ϕ	厚度	t	沉孔或锪平	⊔
半径	R	正方形	□	埋头孔	⌄
球直径	$S\phi$	45°倒角	C	均布	EQS
球半径	SR	深度	⤓	弧长	⌒

2. 尺寸的组成

标注尺寸包括尺寸界线、尺寸线（含箭头或斜线）和尺寸数字（包括注写在尺寸数字周围的一些字母和符号，如标注直径时，在尺寸数字前加注符号"ϕ"；标注半径时，在尺寸数字前加注符号"R"等），通常称为尺寸的三要素，如图1-17所示。

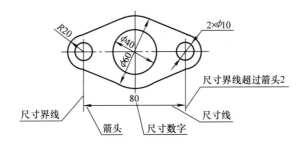

图1-17　尺寸组成标准示例

3. 尺寸标注的基本规定

尺寸标注的基本规定见表1-6。

表1-6　尺寸标注的基本规定

尺寸线	（1）尺寸线用细实线单独画出，不能用其他图线代替，也不得与其他图线重合或画在其他线的延长线上 （2）尺寸线与所标注的线段平行。尺寸线与轮廓线的间距、相同方向上尺寸线之间的间距应大于5mm	间距大于5 建议间距为7

（续）

尺寸界线	（1）尺寸界线用细实线绘制，由图形的轮廓线、轴线或对称中心线处引出，也可直接利用它们作尺寸界线 （2）尺寸界线一般应与尺寸线垂直。当尺寸界线贴近轮廓线时，允许与尺寸线倾斜 （3）在光滑过渡处标注尺寸时，必须用细实线将轮廓线延长，从它们的交点处引出尺寸界线	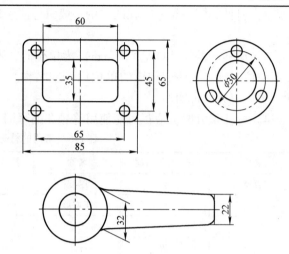
尺寸数字	（1）尺寸数字一般应标注在尺寸线的上方，也允许标注在尺寸线的中断处 （2）线性尺寸数字的方向一般应采用以下所述的第 1 种方法标注。在不致引起误解时，也允许采用第 2 种方法。在一张图样中，应尽可能采用同一种方法 方法 1：数字应按图 a 所示的方向标注，并尽可能避免在图示 30° 范围内标注，若无法避免时，可按图 b 所示的形式标注 方法 2：非水平方向上的尺寸，其数字可水平标注在尺寸线的中断处，如图 c 所示 （3）尺寸数字不可被任何图线所通过，否则必须将该图线断开，如图 d 所示 （4）数字要采用标准字体，字高全图应保持一致	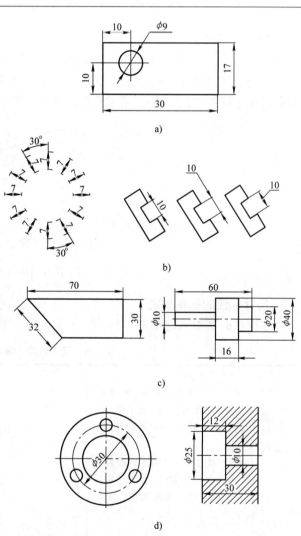

（续）

尺寸线终端	（1）机械图尺寸线终端画箭头，土建图尺寸线终端画斜线 （2）箭头尖端与尺寸界线接触，不得超出也不得分开。尺寸线终端采用斜线形式时，尺寸线与尺寸界线必须垂直 （3）全图的尺寸线终端符号应保持一致	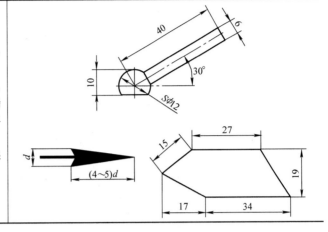

如图 1-18 所示用正误对比的方法，列举了初学者标注尺寸时的一些常见错误。

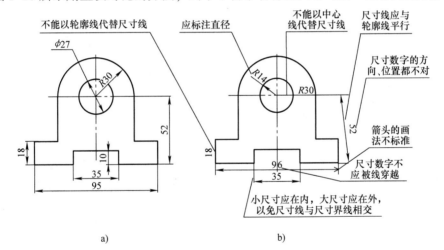

图 1-18　尺寸标注的正误对比
a）正确　b）错误

4. 尺寸标注的常用注法（见表 1-7）

表 1-7　尺寸标注的常用注法

直径与半径	（1）标注直径时，应在尺寸数字前加注符号"φ"；标注半径时，应在尺寸数字前加注符号"R"	φ19　φ13　φ19　φ15　R6
	（2）当圆弧的半径过大或在图纸范围内无法注出其圆心位置时，可按图 a 所示的形式标注；若不需要标出其圆心位置时，可按图 b 所示形式标注，但尺寸线应指向圆心	R200　R100 a）　　　b）

（续）

球面直径与半径	标注球面直径或半径时，应在符号 φ 或 R 前加注符号"S"，如图 a 所示。对于螺钉、铆钉的头部、轴和手柄的端部等，在不致引起误会的情况下，可省略符号 S，如图 b 所示	
角度	尺寸界线应沿径向引出，尺寸线画成圆弧，圆心是角的顶点，尺寸数字应一律水平书写，如图 a 所示，一般注在尺寸线的中断处，必要时也可按图 b 所示的形式标注	
弦长与弧长	标注弦长和弧长时，尺寸界线应平行于弦的垂直平分线；标注弧长尺寸时，尺寸线用圆弧，并应在尺寸数字上方加注符号"⌒"	
狭小部位	（1）在没有足够的位置画箭头或标注数字时，可将箭头或数字布置在外面，也可将箭头和数字都布置在外面	
	（2）几个小尺寸连续标注时，中间的箭头可用斜线或圆点代替	

（续）

对称机件	当对称机件的图形只画出一半或略大于一半时，尺寸线应略超过对称中心线或断裂处的边界线，并在尺寸线一端画出箭头	
方头结构	表示剖面为正方形结构的尺寸时，可在正方形边长尺寸数字前加注符号"□"，如□10，或用 10×10 代替□10	

5. 尺寸标注的简化注法

国家标准 GB/T16675.2—2012 中规定了尺寸的简化注法。

标注尺寸时，可使用单边箭头，也可采用带箭头的指引线，还可采用不带箭头的指引线，如图 1-19 所示。

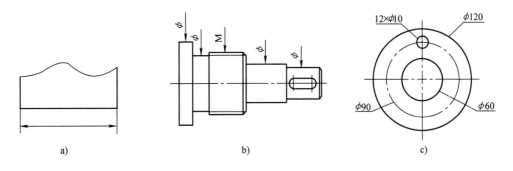

a)　　　　　　　　　　　b)　　　　　　　　　　　c)

图 1-19　尺寸的简化注法（一）

a）使用单边箭头　b）带箭头的指引线　c）不带箭头的指引线

一组同心圆弧、圆心位于一条直线上的多个不同心圆弧或一组同心圆，它们的尺寸可用共用的尺寸线和箭头依次表示，如图 1-20 所示。

在同一图形中，对于尺寸相同的孔、槽等组成要素，可仅在一个要素上注出其尺寸和数量，并用缩写词"EQS"表示"均布"；当组成要素的定位和分布情况在图形中已明确时，

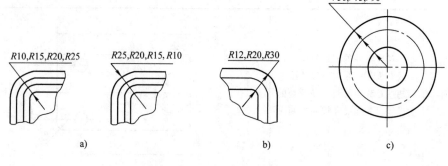

图 1-20 尺寸的简化注法 （二）

a）一组同心圆弧　b）一条直线上的不同心圆弧　c）一组同心圆弧

可不标注其角度，并省略 "EQS"，如图 1-21 所示。

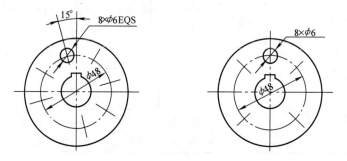

图 1-21 尺寸的简化注法 （三）

提示：在同一张图样中，只能采用一种尺寸线终端的形式。

学习单元2 机械图样绘制基础

【单元导读】
主要内容：
1. 平面图形绘制基本知识
2. 投影法和视图的基本概念
3. 基本几何体视图绘制基本知识
4. 基本几何体轴测图绘制基本知识
5. 组合体视图绘制基本知识
6. 组合体轴测图的绘制

任务要求：
1. 掌握等分圆周及正多边形、圆弧连接、斜度与锥度等平面图形绘制基本知识
2. 熟悉投影法和视图的基本概念及视图的形成；点、线、面的投影特性
3. 掌握基本几何体投影特点及投影规律
4. 掌握正棱柱、正棱锥、圆柱、圆锥等几何体正等轴测图和斜二测图的绘制方法
5. 了解组合体类型；熟悉形体分析法和线面分析法；熟练运用形体分析法分析组合体
6. 熟练绘制组合体三视图
7. 了解组合体轴测图的绘制

教学重点：
1. 平面图线段分析及画法
2. 形体分析法分析组合体
3. 绘制组合体三视图

教学难点：
1. 斜度与锥度概念的理解
2. 线面分析法分析组合体
3. 组合体轴测图的绘制

2.1 平面图形绘制基本知识

平面图形的绘制是机械制图中零件图和装配图绘制的基础，掌握几何作图的方法及尺寸注法，能够正确分析平面图形的线段结构及尺寸结构，标注时完整、清晰、准确是学习的重点。

2.1.1 几何作图方法

机件的轮廓形状是多种多样的，但在技术图样中，表达它们各部位结构形状的图形，都是由直线、圆和其他一些曲线所组成的平面几何图形。因而在绘制图样时，要熟练运用一些

基本的几何作图方法。

1. 等分圆周及作正多边形

正多边形的作图方法见表 2-1。

表 2-1　正多边形的作图方法

题　目	作　图　过　程
用三角板和圆规作圆的内接正六边形	
用圆规作正五边形	

2. 圆弧连接

用一圆弧光滑地连接（即相切）相邻两线段（直线或圆弧）的作图方法，称为圆弧连接。为了保证相切，必须准确地作出连接弧的圆心和切点。

提示：圆弧连接的实质就是求圆心和切点。

根据平面几何知识可知，圆弧连接有如下关系：

1）半径为 R 的圆弧与已知直线 1 相切，其圆心轨迹是距离直线 1 为 R 的两条平行线 2、3，当圆心为 O 时，由 O 向直线 1 作垂线，垂足 K 即为切点，如图 2-1a 所示。

2）半径为 R 的圆弧与已知圆弧（圆心为 O_1、半径为 R_1）相切，其圆心轨迹是已知圆弧的同心圆，此同心圆半径 R_2 视相切情况（外切或内切）而定。当两圆弧外切时，$R_2 = R_1 + R$，两圆心 O_1、O 的连线与已知圆弧的交点 K 即为切点，如图 2-1b 所示；当两圆弧内切时，$R_2 = |R_1 - R|$，连接圆心的直线 O_1O 并延长，与已知圆弧的交点 K 即为切点，如图 2-1c 所示。

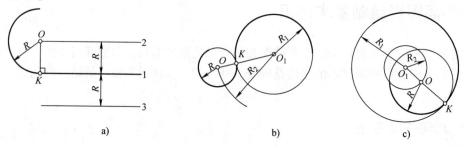

a）圆弧与直线连接（相切）

b）圆弧与圆弧连接（外切）

c）圆弧与圆弧连接（内切）

图 2-1　圆弧连接基本作图

a）圆弧与直线连接（相切）　b）圆弧与圆弧连接（外切）　c）圆弧与圆弧连接（内切）

几种常见的圆弧连接见表 2-2。

表 2-2　几种常见的圆弧连接

用圆弧连接两直线		用圆弧连接直角的两边	
		求切点 T_1、T_2 和圆心 O	画连接圆弧
已知条件和作图要求	第一步	第二步	第三步
用圆弧连接直线和圆弧	求连接弧圆心	求切点	画连接圆弧
与两已知圆弧外切	求连接弧圆心	求切点	画连接圆弧
与两已知圆弧内切	求连接弧圆心	求切点	画连接圆弧
与 R_1 圆弧内切，与 R_2 圆弧外切	求连接弧圆心	求切点	画连接圆弧

3. 斜度和锥度

（1）斜度　棱体高之差与平行于棱并垂直一个棱面的两个截面之间的距离之比，称为斜度，代号为"S"。如最大棱体高 H 与最小棱体高 h 之差对棱体长度 L 之比即为斜度，用关系式表示为：$S = \tan\beta = (H - h)/L$。

也可理解为一直线对另一直线或一平面对另一平面的倾斜程度，在图样中以∠加 1:n 的形式标注。斜度符号的方向应与倾斜方向一致。其中符号"∠"的角度为 30°，高度等于相对应字体高。如图 2-2 所示为斜度 1:5 的作图方法与标注。

图 2-2　斜度作法示例

（2）锥度　两个垂直于圆锥轴线的圆锥直径差与该两截面间的轴向距离之比，称为锥度，代号为"C"。如图 2-3 所示，α 为圆锥角，D 为最大端圆锥直径，d 为最小端圆锥直径，L 为圆锥长度，即 $C = (D - d)/L = 2\tan(\alpha/2)$。

与斜度的表示方法一样，通常也把锥度的比例前项化为 1，写成 1:n 的形式。

在图样中以▷和 1:n 的形式标注。标注时用引出线从锥面的轮廓线上引出，锥度符号的尖端应指向圆锥小端方向。其中符号"▷"的锥顶角为 30°，高度等于相对应字体高度的 1.4 倍。如图 2-4 所示为锥度 1:5 的作图方法与标注。

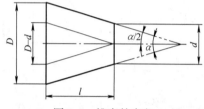

图 2-3　锥度的定义

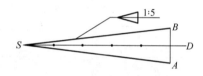

图 2-4　锥度作法示例

4. 椭圆的画法

绘图时，除了直线和圆弧外，也会遇到一些非圆曲线。如图 2-5 所示为用四心圆法作近似椭圆。椭圆的长轴为 AB，短轴为 CD。

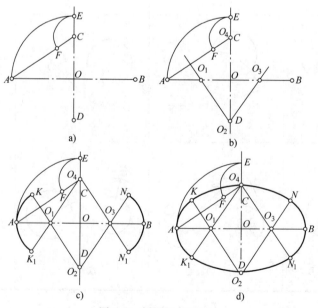

图 2-5　椭圆近似画法

a）找 F 点　b）作四段圆弧的圆心　c）作圆心连线　d）完成作图

作图步骤如下：

1）连接 A、C，以 O 为圆心、OA 为半径画弧，与 CD 的延长线交于点 E，以 C 为圆心、CE 为半径画弧，与 AC 交于点 F，如图2-5a所示。

2）作 AF 的垂直平分线，与长短轴分别交于点 O_1、O_2，再作对称点 O_3、O_4；O_1、O_2、O_3、O_4 即为四段圆弧的圆心，如图2-5b所示。

3）分别作圆心连线 O_1O_4、O_2O_3、O_3O_4 并延长，如图2-5c所示。

4）分别以 O_1、O_3 为圆心，O_1A 或 O_3B 为半径画小圆弧 K_1AK 和 NBN_1，分别以 O_2、O_4 为圆心，O_2C 或 O_4D 为半径画大圆弧 KCN 和 N_1DK_1（切点 K、K_1、N_1、N 分别位于相应的圆心连线上），即可完成近似椭圆的绘制，如图2-5d所示。

2.1.2　平面图形的分析及作图

任何机件的视图都是平面图形，而平面图形又是由许多直线段和曲线段连接而成，这些线段之间的相对位置和连接关系是靠给定的尺寸来确定的。画平面图形时，只有通过分析尺寸和线段之间的关系，才能掌握正确的作图方法和步骤。

1. 尺寸分析

平面图形中的尺寸按其作用，可分为定形尺寸和定位尺寸。

（1）定形尺寸　将确定平面图形上几何元素形状和大小的尺寸，称为定形尺寸。如直线段的长度（图2-6中的尺寸52）、圆的直径（图2-6中的3×ϕ9）、半径、角度的大小等尺寸。

（2）定位尺寸　将确定图形中各线段之间相对位置的尺寸称为定位尺寸。如圆心的位置尺寸（图2-6中 ϕ24 的定位尺寸32）等。定位尺寸通常以图形的对称线、中心线、较长的底线或边线作为尺寸标注的起点。

2. 线段分析

在平面图形中，有些线段具有完整的定形和定位尺寸，绘图时，可根据标注的尺寸直接绘出；而有些线段的定形和定位尺寸并未完全注出，要根据已注出的尺寸和该线段与相邻线段的连接关系，通过几何作图才能画出。因此，按线段的尺寸是否标注齐全，将线段分为已知线段、中间线段和连接线段三类。

（1）已知线段　有齐全的定形尺寸和定位尺寸，能根据已知尺寸直接画出的线段。

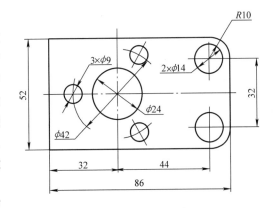

图2-6　平面图形

（2）中间线段　只有定形尺寸和一个定位尺寸，另一个定位尺寸必须根据相邻的已知线段的几何关系求出才能画出的线段。

（3）连接线段　只有定形尺寸，其定位尺寸必须依靠两端相邻的已知线段的求出才能画出的线段。

如图2-7所示平面图形中，圆弧 $R15$、$R10$、$\phi5$，直线 15、直径 $\phi20$ 都是已知线段，此类线段可直接画出。

圆弧 $R50$ 是中间线段，圆心的左右位置由定位尺寸 45 确定，但缺少圆心上下位置的定位尺寸，画图时，必须根据它和 R10 圆弧相切这一条件才能将它画出。

圆弧 R12 是连接线段，只能根据和它相邻的 R50、R15 两圆弧的相切条件，才能将其画出。

提示：画图时，应先画已知线段，再画中间线段，最后画连接线段。

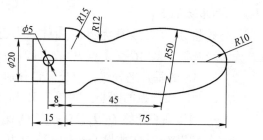

图 2-7 平面图形的线段分析

3. 尺寸标注

平面图形尺寸标注的要求是：正确、完整、清晰。

（1）正确　平面图形的尺寸要遵守国家标准的规定进行标注，尺寸数值不能写错和出现矛盾。

（2）完整　平面图形的尺寸要注写齐全，即不遗漏各组成部分的定形尺寸和定位尺寸，又没有多余的尺寸。

（3）清晰　标注的尺寸位置要安排在图形的明显处，标注清楚，布局整齐。

对初学者来说，往往会感到尺寸标注难以掌握，容易漏标、错标或重复标注尺寸。但随着学习深入和反复练习，这些问题会逐渐得到解决。如图 2-8 所示是几种平面图形尺寸标注的常用示例。

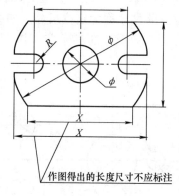

作图得出的长度尺寸不应标注

a)

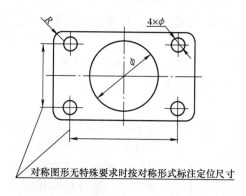

对称图形无特殊要求时按对称形式标注定位尺寸

b)

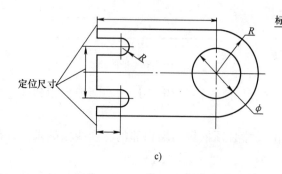

c)

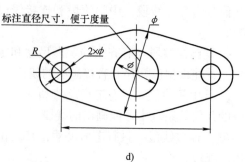

d)

图 2-8　平面图形尺寸标注的常用示例

a) 作图得出的长度不应标注　b) 对称图形无特殊要求按对称形式标注定位尺寸

c) 对称尺寸的正确标注　d) 标注直径尺寸，便于度量

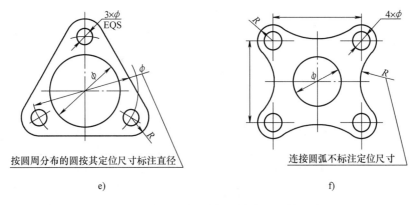

e)   f)

图 2-8 平面图形尺寸标注的常用示例（续）

e）按圆周分布的圆按其定位尺寸标注直径 f）连接圆弧不标注定位尺寸

4. 平面图形的绘图步骤

（1）准备工作 分析平面图形的尺寸及线段，拟定作图步骤→确定比例→选择图幅→固定图纸→画出图框、对中符号和标题栏。

（2）绘制底稿 合理、均匀地布图，画出基准线→画已知圆弧→画中间圆弧→画连接圆弧。绘制底稿时，图线要清淡、准确，并保持图面整洁。

（3）加深描粗 加深描粗前，要全面检查底稿，修正错误，擦去画错的线条及作图辅助线。加深描粗的步骤如下：

1）先粗后细：先加深全部粗实线，再加深全部细虚线、细点画线及细实线等。

2）先曲后直：在加深同一种线（特别是粗实线）时，应先画圆弧或圆，后画直线。

3）先水平、后垂斜：先用丁字尺自上而下画出水平线，再用三角板自左向右画出垂直线，最后画倾斜的直线。

4）画箭头、标注尺寸、填写标题栏：此时可将图纸从图板上取下来进行绘制。

加深描粗时，应尽量使同类图线粗细、浓淡一致，连接光滑，字体工整，图面整洁。

下面以图 2-9 所示的平面图形为例，说明平面图形的绘图步骤。

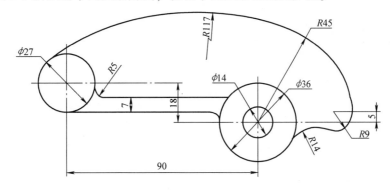

图 2-9 平面图形

（1）分析

由平面图形及尺寸分析可知，该平面图形上、下、左、右都不对称，$\phi36$ 的水平中心线是高度方向尺寸标注的起点，$\phi36$ 的垂直中心线为长度方向尺寸标注的起点。

定位尺寸：90、18 和 5。

已知线段：ϕ27、ϕ36、ϕ14、R45 相距 7 的直线。

中间线段：已知圆弧 R9 的一个定位尺寸 5，另一个定位尺寸需要求出，圆弧 R9 为中间线段。

连接线段：R117、R14 和 R5。它们分别与 ϕ27 和 R45、ϕ36 和 R9、ϕ27 和直线及 ϕ36 和直线相切，圆心需要作图求出。

（2）绘图步骤

1）先画出尺寸基准线，然后根据定位尺寸 90 和 18 定出 ϕ27 圆心的位置。由已知尺寸 ϕ27、ϕ36、ϕ14 画出相应的圆，画出 R45 圆弧及两条相距 7 的直线，见表 2-3 中的 a）。

2）按连接关系画出中间线段 R9。由图 2-9 可以知道，R9 与 R45 内切，并已知圆弧 R9 的一个定位尺寸为 5，另一个定位尺寸为 R45 与 R9 之差。现以 R45 的圆心为圆心，R36（R45 - R9）为半径画弧，该弧与平行于 ϕ36 水平中心线且相距为 5 的直线相交于 a 点，a 点为 R9 的圆心，连接 a 点和 R45 的圆心并延长得切点 1，然后作出 R9 的圆弧，见表 2-3 中的 b）。

3）画连接线段 R117、R14 和 R5。

连接线段 R117 的作图步骤见表 2-3 中的 c）。

由于 R117 与 ϕ27 和 R45 内切，其圆心需要求出。分别以 ϕ27 和 R45 的圆心为圆心，R105.5（R117 - 13.5）和 R72（R117 - R45）为半径画弧，两圆弧的交点 b 为 R117 的圆心。分别求出切点 2 和 3，作出 R117 圆弧。

连接线段 R14 与 ϕ36 和 R9 外切，其作图步骤见表 2-3 中的 d）。

分别以 ϕ36 和 R9 的圆心为圆心，R32（R18 + R14）和 R23（R9 + R14）为半径画弧，两圆弧的交点 c 为 R14 的圆心。分别求出切点 4 和 5，作出 R14 圆弧。

画连接线段 R5 的作图过程见表 2-3 中的 d），请读者自己分析。

表 2-3　平面图形绘图步骤

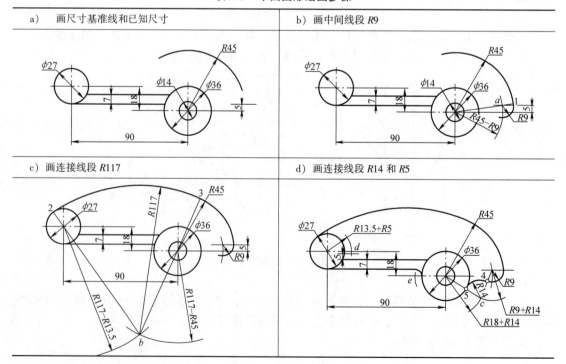

4）检查无误后，擦去多余的作图线，整理图形，加深图线，标注尺寸，完成绘图，作图结果见图 2-9。

2.2　投影法和视图的基本概念

2.2.1　投影法和视图

物体在阳光的照射下，就会在墙面或地面投下影子，这个影子只能反映出物体的轮廓，却表达不出物体的形状和大小，这就是投影现象。投影法是将这一现象加以科学抽象，总结出来的影子和物体之间的几何关系，使得在图纸上准确而全面地表达出物体形状和大小的要求得以实现。

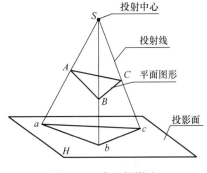

图 2-10　中心投影法

如图 2-10 所示，将 △ABC 放在平面 H 和光源 S 之间，自 S 分别向 A、B、C 引直线并延长，使它与平面 H 交于 a、b、c。平面 H 称为投影面，S 称为投射中心，SAa、SBb、SCc 称为投射线，△abc 即是空间 △ABC 在平面 H 上的投影。

人们把这种投射线通过物体向选定的面投射，并在该面上得到图形的方法称为投影法。根据投影法得到的图形称为投影。

由此可以看出，要获得投影，必须具备投射中心、物体、投影面这三个基本条件。

根据投射线的类型（平行或汇交），投影法可分为中心投影法和平行投影法。

1. 中心投影法

投射线汇交一点的投影法称为中心投影法，如图 2-10 所示。

用中心投影法所得的投影大小，随着投影面，物体、投射中心三者之间距离的变化而变化，不能反映物体的真实形状和大小，度量性差，作图比较复杂，因此在机械图样中很少采用，但它具有较强的立体感，常用来绘制建筑物的透视图，以及产品的效果图，来表达建筑物的外貌和机械的造型。

2. 平行投影法

假设将投射中心 S 移到无限远处，则所有的投射线相互平行，这种投射线相互平行的投影法称为平行投影法。在平行投影法中，根据投射线与投影面是否垂直，又可分为正投影法和斜投影法。

（1）正投影法　正投影法是投射线垂直于投影面的投影法。根据正投影法得到的图形称为正投影（或正投影图），如图 2-11a 所示。

（2）斜投影法　斜投影法是投射线倾斜于投影面的投影法。根据斜投影法得到的图形称为斜投影（或斜投影图），如图 2-11b 所示。

由于采用正投影法容易表达空间物体的形状和大小，度量性好，作图简便，所以在工程上应用最广。机械图样都是采用正投影法绘制的，正投影法是机械制图的主要理论基础。

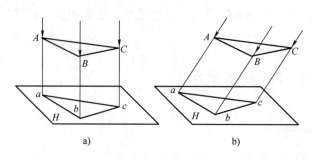

图 2-11 平行投影

a）正投影 b）斜投影

3. 正投影的基本性质（见表 2-4）

表 2-4 正投影的基本性质

1. 显实性 　当线段或平面图形平行于投影面时，其投影反映实长或实形	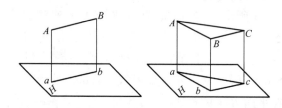
2. 积聚性 　当直线或平面图形平行于投射线时，其投影积聚成点或直线	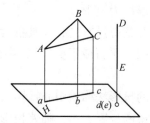
3. 类似性 　当直线或平面图形既不平行、也不垂直于投影面时，直线的投影仍然是直线，平面图形的投影是原图形的类似形。在正投影下，投影小于实长或实形	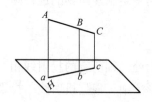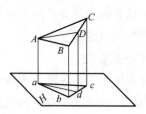

4. 视图的基本概念

用正投影法绘制物体的图形时，可把人的视线假想成相互平行且垂直于投影面的一组投射线，进而将物体在投影面上投影成为视图。

从图 2-12 中可以看出，这个视图只能反映物体的长度和高度，没有反映出物体的宽度。因此，在一般情况下，一个视图不能完全确定物体的形状和大小。如图 2-13 所示，两个立体实物不同，但其投影视图相同。

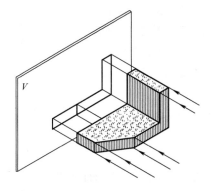

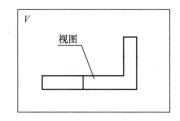

图 2-12　视图的概念

2.2.2　三视图的形成及其对应关系

将物体置于三个相互垂直的投影面体系内，然后从物体的三个方向进行观察，就可以在三个投影面上得出三个视图。

1. 三视图的形成

如图 2-14 所示，三投影面体系由三个相互垂直的正立投影面（简称正面或 V 面）、水平投影面（简称水平面或 H 面）、侧立投影面（简称侧面或 W 面）组成。

相互垂直的投影面之间的交线，称为投影轴，它们分别是：

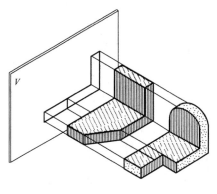

图 2-13　一个视图不能确定物体的形状

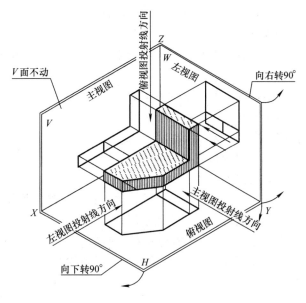

图 2-14　三视图的获得

OX 轴（简称 *X* 轴），是 *V* 面与 *H* 面的交线，它代表长度方向。

OY 轴（简称 *Y* 轴），是 *H* 面与 *W* 面的交线，它代表宽度方向。

OZ 轴（简称 *Z* 轴），是 *V* 面与 *W* 面的交线，它代表高度方向。

三个投影轴相互垂直，其交点称为原点，用 *O* 表示。

由前向后投射在正面所得的视图，称为主视图。

由上向下投射在水平面所得的视图，称为俯视图。

由左向右投射在侧面所得的视图，称为左视图。

这三个视图统称为三视图。

为把三个视图画在同一张图纸上，必须将相互垂直的三个投影面展开在一个平面上。展开方法如图 2-15 所示。规定：*V* 面保持不动，将 *H* 面绕 *OX* 轴向下旋转 90°，就得到展开后的三视图。实际绘图时，应去掉投影面边框和投影轴，如图 2-16 所示。

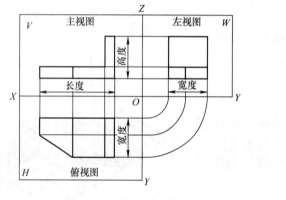

图 2-15　投影面的展开

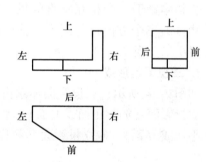

图 2-16　三视图

由此可知，三视图之间的相对位置是固定的，即：主视图定位后，俯视图在主视图的正下方，左视图在主视图的正右方，各视图的名称不需标注。

2. 三视图之间的对应关系

（1）三视图之间的投影规律　从图 2-15 中可以看出，每一个视图只能反映出物体两个方向的尺寸，即：

主视图——反映物体的长度（*X*）和高度（*Z*）。

俯视图——反映物体的长度（*X*）和宽度（*Y*）。

左视图——反映物体的高度（*Z*）和宽度（*Y*）。

由此可以得出三视图之间的投影规律（简称三等规律），即：主、俯视图长对正；主、左视图高平齐；俯、左视图宽相等。

三视图之间的三等规律，不仅反映在物体的整体上，也反映在物体的任意一个局部结构上。这一规律是画图和看图的依据，必须熟练掌握和运用。

（2）三视图与物体的方位关系　物体有左右、前后、上下六个方位，即物体的长度、宽度和高度。从图 2-16 中可以看出，每一个视图只能反映物体两个方向的位置关系，即：

主视图反映物体的左、右和上、下。

俯视图反映物体的左、右和前、后。

左视图反映物体的上、下和前、后。

提示：作图与看图时，要特别注意俯视图和左视图的前、后对应关系，即俯、左视图远离主视图的一边，表示物体的前面；靠近主视图的一边，表示物体的后面。

2.2.3　点、直线、平面的投影

点、线、面是构成物体表面的最基本的几何元素，因此首先从这些几何元素开始描述物体投影的表示方法。

1. 点的投影

（1）点的投影规律　如图 2-17 所示展示了空间点到平面的投影过程。将空间点 A 置于三个相互垂直的投影面体系中，分别做垂直于 V 面、H 面、W 面的投射线，得到点 A 的正面投影 a'、水平投影 a 和侧面投影 a''。

这里规定：空间点用大写拉丁字母表示，如 A、B、C 等；水平投影用相应的小写字母表示，如 a、b、c 等；正面投影用相应的小写字母加一撇表示，如 a'、b'、c' 等；侧面投影用相应的小写字母加两撇表示，如 a''、b''、c'' 等。

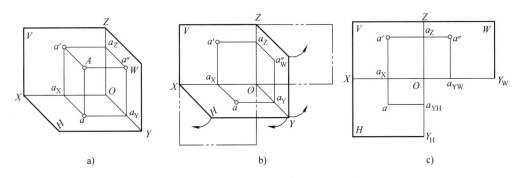

图 2-17　点的三面投影

a）点在投影体系中　　b）将投影体系按箭头方向展开　　c）展开在 1 个平面上

图 2-17 中 a_X、a_Y、a_Z 分别为点的投影连线与投影轴 X、Y、Z 的交点。

通过点的三面投影图的形成过程，可总结出点的投影规律，即：

1）点的两面投影连线，必定垂直于相应的投影轴。

点 A 的 V 面投影和 H 面投影的连线垂直于 OX 轴，即 $a'a \perp OX$。

点 A 的 V 面投影和 W 面投影的连线垂直于 OZ 轴，即 $a'a'' \perp OZ$。

2）点的投影到投影轴的距离，等于空间点到相应的投影面的距离，即：

$a'a_X = a''a_Y = A$ 点到 H 面的距离 Aa

$aa_X = a''a_Z = A$ 点到 V 面的距离 Aa'

$aa_Y = a'a_Z = A$ 点到 W 面的距离 Aa''

（2）点的投影与直角坐标的关系　三投影面体系可以看成是空间直角坐标系，即把投影面作为坐标面，投影轴作为坐标轴，三个轴的交点 O 为坐标原点。

如图 2-17a 所示，空间点 A 到三个投影面的距离，就是空间点到坐标面的距离，也就是点 A 的三个坐标，即：

点 A 的 X 坐标反映点到 W 投影面的距离。

点 A 的 Y 坐标反映点到 V 投影面的距离。

点 A 的 Z 坐标反映点到 H 投影面的距离。

点的一个投影由其中的两个坐标所决定：V 面投影 a' 由 x_A 和 z_A 确定，H 面投影 a 由 x_A 和 y_A 确定，W 面投影 a'' 由 y_A 和 z_A 确定。点的任意两个投影包含了点的三个坐标，由此可以得到：点的两面投影能唯一确定点的空间位置。因此，根据点的三个坐标值和点的投影规律，就能作出该点的三面投影图，也可以由点的两面投影补画出点的第三面投影。

例 2-1 已知点 $A(20、15、24)$，求点 A 的三面投影。

作图：

1）画坐标轴（X、Y_H、Y_W、Z、O），在 X 轴上量取 $Oa_X = 20$，$Oa_{YH} = 15$，$Oa_Z = 24$（如图 2-18a 所示）。

2）根据点的投影规律：点的投影连线垂直于投影轴。分别过 a_X 作 X 轴的垂直线、过 a_Z 作 Z 轴的垂直线，两垂直线的交点即为点 A 的 V 面投影 a'，过 a_{YH} 作 Y 轴的垂直线与 $a'a_X$ 的延长线相交得点 A 的 H 面投影 a（如图 2-18b 所示）。

3）过原点 O 作 $\angle Y_H O Y_W$ 的平分线（如图 2-18b 所示）。

4）延长 a_{YH} 与平分线相交，再过交点作垂直于 Y_W 轴的直线。

5）过 a' 作 Z 轴的垂线与垂直于 Y_W 轴的直线相交于 a''，即为 A 的 W 面投影（如图 2-18c 所示）。

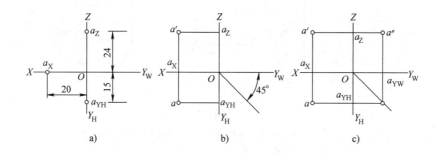

图 2-18 根据点的坐标作投影

a）画坐标轴 b）求点 A 的 H 面投影 a c）求点 A 的 W 面投影 a''

（3）两点的相对位置 空间两点上下、左右、前后的相对位置可根据它们在投影图中的各组同面投影来判断。也可以通过比较两点的坐标来判断它们的相对位置，即：

两点的左右相对位置由 x 坐标确定，x 坐标大的点在左方。

两点的前后相对位置由 y 坐标确定，y 坐标大的点在前方。

两点的上下相对位置由 z 坐标确定，z 坐标大的点在上方。

如图 2-19 所示的空间点 A、B，由 V 面投影可判断出 A 在 B 的左上方，由 H 面投影可判断出 A 在 B 的左前方，由 W 面投影可判断出 A 在 B 的前上方，因此，由三面投影或两面投影就可以判断出点 A 在点 B 的左、前、上方。

例 2-2 如图 2-20 所示，已知点 $B(10，8，15)$，点 C 在点 B 左方 7mm、前方 5mm、下方 7mm 的位置，作点 B、C 的三面投影图。

分析：根据已知条件可知点 B 的三个坐标为：$x_B = 10$，$y_B = 8$，$z_B = 15$。根据点 C 相对于点 B 的位置，可知点 C 的三个坐标为：$x_C = 10 + 5 = 15$，$y_C = 8 + 7 = 15$，$z_C = 15 - 7 = 8$。

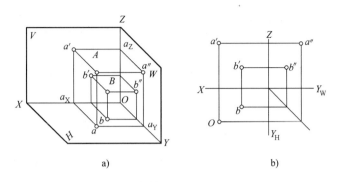

图 2-19　两点的相对位置

a）空间 A、B 点的位置关系　b）平面中 A、B 点的位置关系

由 $B(10, 8, 15)$ 作出点 B 的投影。用同样方法可作出点 C 的投影。

作图：

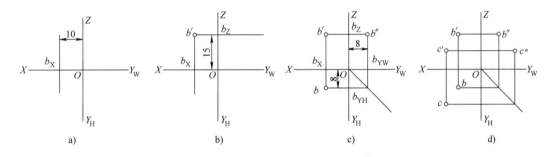

图 2-20　已知点的坐标作点的投影

a）过 b_X 作 OX 轴的垂线　b）求出 b'　c）求出 b、b''　d）作出 c、c'、c''

1）作出投影轴，在 OX 轴上从 O 点向左截取 $Ob_X = 10$，过 b_X 作 OX 轴的垂线，如图 2-20a 所示。

2）在 OZ 轴上从 O 点向上量取 $Ob_Z = 15$，过 b_Z 作 OZ 轴的垂线，两直线相交于 b'，如图 2-20b 所示。

3）在 $b'b_X$ 的延长线上向下量取 8 得 b，在 $b'b_Z$ 的延长线上向右量取 8 得 b''，或由 b'、b 求 b''，如图 2-20c 所示。

4）用同样方法作出点 C 的三面投影 c、c'、c''，如图 2-20d 所示。

（4）重影点　如果空间两点有两个坐标相等，一个坐标不相等，则两点在一个投影面上的投影就重合为一点，这两点称为对该投影面的重影点。如图 2-21 所示，点 B 在点 A 的正前方，则两点 A、B 是对 V 面的重影点。

可见，共处于同一条投射线上的两点，必在相应的投影面上具有重合的投影。这两个点被称为对该投影面的一对重影点。

重影点要判别可见性，其方法是：比较两点不相同的那个坐标，其中坐标大的可见。例如两点 A、B 的 x 和 z 坐标相同，y 坐标不等，因 $y_B > y_A$，因此 b' 可见，a' 不可见（加括号即表示不可见）。

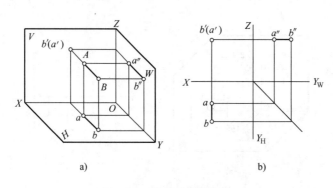

a)   b)

图 2-21   重影点及可见性

a）空间 A、B 的位置关系   b）平面中 A、B 的位置关系

2. 直线的投影

（1）直线的三面投影   两点确定一条直线，连接直线上两端点的各组同面投影，就得到直线的投影。如图 2-22 所示，分别连接直线 AB 上两端点的同面投影 ab、$a'b'$、$a''b''$ 即得直线 AB 的三面投影。直线的投影一般仍是直线，特殊情况下（如直线与投影面相垂直）直线的投影被积聚为一点。

（2）各种位置直线的投影特性   按照直线对三个投影面的相对位置，可以把直线分为三类：一般位置直线、投影面平行线、投影面垂直线。后两类直线又称为特殊位置直线。

1）一般位置直线——与三个投影面都倾斜的直线。一般位置直线的投影特性如图 2-22 所示。

① 三面投影都倾斜于投影轴。

② 投影长度均比实长短，且不能反映直线与投影面倾角的真实大小。

直线对 H、V、W 面的倾角分别用 α、β、γ 表示。

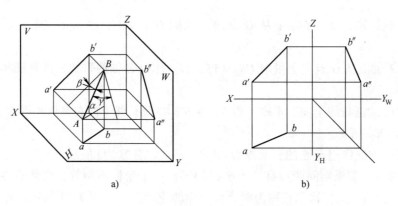

a)   b)

图 2-22   一般位置直线的投影特性

a）空间直线位置关系   b）平面中 AB 的投影

2）投影面平行线——平行于一个投影面，倾斜于另外两个投影面的直线。

投影面平行线又可分为三种：平行于 V 面的直线叫正平线；平行于 H 面的直线叫水平线；平行于 W 面的直线叫侧平线。其投影特性见表 2-5。

3）投影面垂直线——垂直于一个投影面，平行于另外两个投影面的直线。

投影面垂直线又可分为三种：垂直于 V 面的直线叫正垂线；垂直于 H 面的直线叫铅垂线；垂直于 W 面的直线叫侧垂线。其投影特性见表 2-6。

表 2-5　投影面平行线的投影特性

名称	轴测图	投影图	投影特性
正 平 线 （$//V$、与 H、W 面倾斜）			（1）正面投影 $a'b' = AB$，反映 α、γ 角 （2）水平投影 $ab//OX$ 轴，侧面投影 $a''b''//OZ$ 轴且不反映实长 （3）$a'b'$ 与 OX 和 OZ 的夹角 α、γ 等于 AB 对 H、W 面的倾角
水 平 线 （$//H$，与 V、W 面倾斜）			（1）水平投影 $cd = CD$，反映 β、γ 角 （2）正面投影 $c'd'//OX$ 轴，侧面投影 $c''d''//OY$ 轴且不反映实长 （3）cd 与 OX 和 OY 的夹角 β、γ 等于 CD 对 V、W 面的倾角
侧 平 线 （$//W$，与 H、V 面倾斜）			（1）侧面投影 $e''f'' = EF$，反映 α、β 角 （2）正面投影 $e'f'//OZ$ 轴，水平 $ef//OY$ 轴且不反映实长 （3）$e''f''$ 与 OY 和 OZ 的夹角 α、β 等于 EF 对 H、V 面的倾角

投影面平行线的投影特性：

1. 直线在与其平行的投影面上的投影，反映该线段的实长
2. 直线在其他两个投影面上的投影分别平行于相应的投影轴，且比线段的实长短
3. 反映实长的投影与投影轴所夹的角度，等于空间直线对相应投影面的倾角

表 2-6　投影面垂直线的投影特性

名称	轴测图	投影图	投影特性
正垂线			（1）正面投影 $(a')b'$ 积聚成一点 （2）ab 垂直于 OX 轴，$a''b''$ 垂直于 OZ 轴，$ab = a''b'' = AB$

（续）

名称	轴测图	投影图	投影特性
铅垂线			（1）水平投影 $c(d)$ 积聚成一点 （2）$c'd'$ 垂直于 OX 轴，$c''d''$ 垂直于 OY 轴，$c'd' = c''d'' = CD$
侧垂线			（1）侧面投影 $e''(f'')$ 积聚成一点 （2）$e'f'$ 垂直于 OZ 轴，ef 垂直于 OY 轴，$e'f' = ef = EF$

投影面垂直线的投影特性：

1. 直线在与其垂直的投影面上的投影积聚成一点

2. 直线在其他两个投影面上的投影分别垂直于相应的投影轴，且反映该线段的实长

3. 直线上的点

直线上的一点，其投影在直线的同面投影上，且符合点的投影规律。反之，如果点的各个投影都在直线的同面投影上，则该点一定在该直线上。

点分割线段之比等于点的投影分线段的投影之比。直线上的点具有从属性和定比性，是点在直线上的充分必要条件。点与直线的相对位置有两种情况：点在直线上或点不在直线上。

提示：如果一点的三面投影中，有一面投影不在直线的同面投影上，则可判定该点必不在该直线上。

例2-3 如图 2-23a 所示，作出分线段 AB 上比例为 2:3 的点 C 的两面投影 c'、c。

分析：根据直线上点的投影特性，可先将直线的任一投影分成 2:3，得到分 AB 为 2:3 的点 C 的一个投影，利用从属性，求出点 C 的另一投影。

作图：1）过 a 任意作一直线，并在其上量取 5 个单位长度。

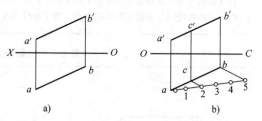

图 2-23 求直线 AB 上点 C 的两面投影
a）线段 AB 的两面投影 b）过 a 作任意直线

2）连接 $5b$，过 2 分点作 $5b$ 的平行线，交 ab 于 c。

3）过 c 作投影连线，交 $a'b'$ 于点 c'。

例2-4 判断点 K 是否在直线上。

分析：点 K 在直线 AB 上，则 $ak : kb = a'k' : k'b'$。否则，点 K 不在直线 AB 上。如图 2-24 所示，过 a 作射线 $a1$，使得 $a1 = a'k'$，$12 = k'b'$。连接 $b2$，作 $13 /\!/ b2$，3 和 k 不重合，则点 K 不在直线 AB 上。

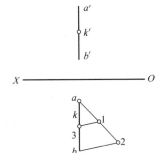

图 2-24　判断点 K 是否在直线 AB 上

4. 两直线的相对位置

空间两直线的相对位置有三种：平行、相交、交叉。其中平行、相交的两直线称为共面直线，交叉两直线称为异面直线。

（1）平行两直线　空间相互平行的两直线，它们的各组同面投影也一定相互平行。反之，如果两直线的各组同面投影都相互平行，则可判定它们在空间也一定相互平行。

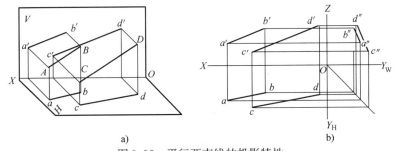

图 2-25　平行两直线的投影特性

a）空间两直线位置关系　b）投影两直线位置关系

由图 2-25 可知两直线 AB、CD 均为一般位置直线，且其两组同面投影平行，就可以断定这两直线平行。

（2）相交两直线　空间相交两直线，它们的同面投影也一定相交，交点为两直线的共有点，且交点符合点的投影规律，如图 2-26 所示。直线 AB 和 CD 相交于点 K，点 K 是直线 AB 和 CD 的共有点。根据点属于直线的投影特性，可知 k 既属于 ab，又属于 cd，即 k 一定是 ab 和 cd 的交点。同理，k' 必定是 $a'b'$ 和 $c'd'$ 的交点。由于 k、k' 和 k'' 是同一点 K 的三面投影，因此，k、k' 的连线垂直于 OX 轴，k' 和 k'' 的连线垂直于 OZ 轴。

反之，如果两直线的各组同面投影都相交，且交点符合点的投影规律，则可判定这两条直线在空间也一定相交。

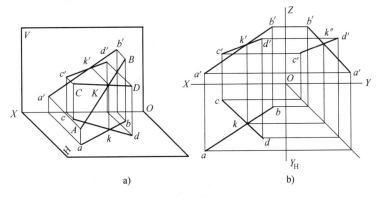

图 2-26　相交两直线的投影特性

a）空间两直线位置关系　b）投影两直线位置关系

（3）交叉两直线　如果两直线的投影既不符合两平行直线的投影特性，又不符合两相交直线的投影特性，则可断定这两条直线为空间交叉两直线。如图 2-27 所示，空间两直线 AB 与 CD 交叉，H 面投影的交点是 AB、CD 在 H 面的重影点，根据重影点可见性的判别方法，V 面投影 m' 在上，n' 在下，所以 AB 上的 M 点在上，CD 上的 N 点在下，即水平投影 m 可见，n 不可见，标记为 $m(n)$。

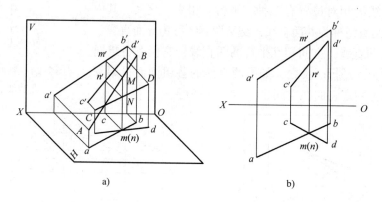

a)   b)

图 2-27　空间交叉两直线的投影特性

a）空间两直线位置关系　b）投影两直线位置关系

交叉两直线可能有一组或两组同面投影平行，但两直线的其余同面投影必定不平行；也可能在三个投影面的同面投影都相交，但交点不符合一个点的投影规律，是两直线对不同投影面的重影点。

例 2-5　如图 2-28a 所示，判断两直线 AB、CD 是否平行。

由 AB、CD 的两面投影可知，AB、CD 都是侧平线，补画出两直线的侧面投影，如图 2-28b 所示，$a''b''$ 与 $c''d''$ 不平行，所以 AB 与 CD 不平行。

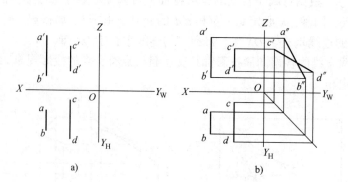

a)   b)

图 2-28　判断两直线是否平行

a）已知两投影均互相平行　b）求出的第三投影相交

5. 平面的投影

（1）平面的表示法　由几何学可知，平面的空间位置可由下列几何元素确定：不在一条直线上的三点；一直线及直线外一点；两相交直线；两平行直线；任意的平面图形。图 2-29 所示是用上述各几何元素所表示的平面及其投影图。

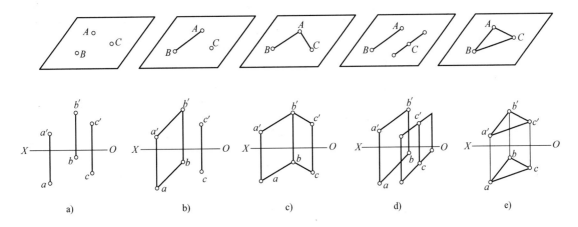

图 2-29　平面的表示法

a) 不在直线上的三点　b) 一直线和直线外一点　c) 相交两直线

d) 平行两直线　e) 任意平面图形

（2）各种位置平面的投影特性　平面对投影面的相对位置有三种：一般位置（既不平行也不垂直）、垂直和平行，从而形成一般位置平面、投影面垂直面、投影面平行面。后两种称为特殊位置平面。

规定平面对 H、V、W 面的倾角分别用 α、β、γ 来表示。所谓平面的倾角，是指平面与某一投影面所成的二面角。

1）一般位置平面——与三个投影面都倾斜的平面。一般位置平面的投影如图 2-30 所示。由于 $\triangle ABC$ 对 H、V、W 面都倾斜，因此它的三个投影都是三角形，为原平面图形的类似形，面积均比实形小。

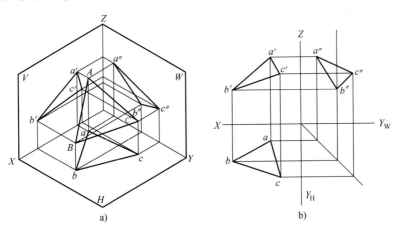

图 2-30　一般位置平面

a) 空间一般位置面　b) 一般位置面的三个投影

2）投影面垂直面——垂直于一个投影面，与另两个投影面倾斜的平面。投影面垂直面可分为三种：垂直于 V 面的平面叫正垂面；垂直于 H 面的平面叫铅垂面；垂直于 W 面的平面叫侧垂面。其投影特性见表 2-7。

表 2-7 投影面垂直面的投影特性

名称	轴侧图	投影图	投影特性
铅垂面 （⊥H，与V、 W面倾斜）			（1）水平投影 p 积聚成一直线，该直线与 X、Y 轴的夹角 β、γ，等于平面对 V、W 面的倾角 （2）正面投影 p' 和侧面投影 p'' 均为原图形的类似形
正垂面 （⊥V，与H、 W面倾斜）			（1）正面投影 q' 积聚成一直线，该直线与 X、Z 轴的夹角 α、γ，等于平面对 H、W 面的倾角 （2）水平投影 q 和侧面投影 q'' 均为原图形的类似形
侧垂面 （⊥W，与V、 H面倾斜）			（1）侧面投影 r'' 积聚成一直线，该直线与 Y、Z 轴的夹角 α、β 角，等于平面对 H、V 面的倾角 （2）正面投影 r' 和水平投影 r 均为原图形的类似形

投影面垂直面的投影特性：

1. 平面在与其所垂直的投影面上的投影积聚成倾斜于投影轴的直线，并反映该平面对其他两个投影面的倾角

2. 平面的其他两个投影都是面积小于原平面图形的类似形

3）投影面平行面——平行于一个投影面，与另两个投影面垂直的平面。投影面平行面可分为三种：平行于 V 面的平面叫正平面；平行于 H 面的平面叫水平面；平行于 W 面叫侧平面，其投影特性见表 2-8。

表 2-8 投影面平行面的投影特性

名称	轴测图	投影图	投影特性
水平面 （∥H）			（1）水平投影 p 反映平面实形 （2）正面投影 p' 和侧面投影 p'' 均具有积聚性，且 $p' \parallel OX$ 轴，$p'' \parallel OY$ 轴

（续）

名称	轴测图	投影图	投影特性
正平面 （∥V）			（1）正面投影 q′ 反映平面实形 （2）水平投影 q 和侧面投影 q″ 均具有积聚性，且 q∥OX 轴，q″∥OZ 轴
侧平面 （∥W）			（1）侧面投影 r″ 反映平面实形 （2）正面投影 r′ 和水平投影 r 均具有积聚性，且 r′∥OZ 轴，r∥OY 轴

投影面平行面的投影特性：

1. 平面在与其平行的投影面上的投影反映平面图形的实形
2. 平面在其他两个投影面上的投影均积聚成平行于相应投影轴的直线

6. 平面上的点和直线

从几何学可知，直线在平面上的几何条件是：直线通过平面上的两个已知点，或通过平面上一个已知点并平行于平面上的一条已知直线。

点在平面上的几何条件是：点在平面的一条直线上，如图 2-31 所示。

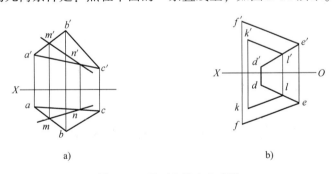

a)　　　　　　　　　　　　　　b)

图 2-31　平面上的点和直线

a）直线在平面上的条件　b）点在平面上的条件

例 2-6　已知 △EFG 上的直线 MN 的水平投影 mn，如图 2-32a 所示，求正面投影 m′n′。

分析：因为直线 MN 在 △EFG 的平面内，且 MN 的水平投影 mn 分别与 ef、eg 相交于 1、2 两点，也就是说 1、2 两点既属于直线 MN 又属于直线 EF、EG。求出 1、2 两点的正面投影并延长即可得到直线 MN 的正面投影。

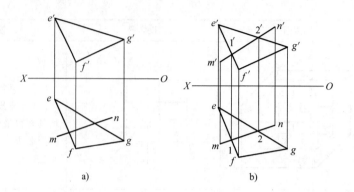

图 2-32　求 *mn* 的正面投影

a) 直线 *MN* 的水平投影 *mn*　b) 直线 *MN* 的水平投影 *m′n′*

作图：1）分别求出交点 1、2 的正面投影 1′、2′。

2）连接 1′、2′并延长求得 *m*、*n* 的正面投影 *m′n′*。

3）*m′n′*即为所求，如图 2-32b 所示。

例 2-7　如图 2-33a 所示，判断点 *M* 是否在平面 *ABCD* 内。

分析：若点 *M* 在平面内，则一定在平面 *ABCD* 的一条直线上，否则就不在 *ABCD* 上。

作图：1）连接 *b′m′*并延长，与 *c′d′*相交于 *n′*。

2）由 *n′*作出 *n*，连接 *bn*，*m* 不在 *bn* 上，显然 *M* 不在 *BN* 上，所以点 *M* 不在平面 *ABCD* 内，如图 2-33b 所示。

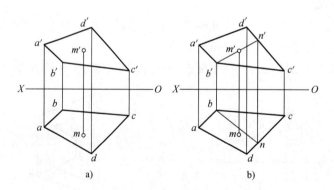

图 2-33　判断点 *M* 是否在平面 *ABCD* 内

a) 判断点 *M* 是否在平面 *ABCD* 内　b) 点 *M* 不在平面 *ABCD* 内

例 2-8　完成四边形 *ABCD* 的正面投影，如图 2-34a 所示。

分析：因为四边形的四个顶点在同一平面上，已知 *A*、*B*、*D* 三点的两面投影，可在 △*ABD* 所确定的平面上，应用在平面上取点的方法，求 *C* 的正面投影，从而完成四边形的正面投影。

作图：1）连接 *ac*、*bd*，产生交点 1，求出 1 的正面投影 1′，如图 2-34b 所示。

2）连接 *a′*、1′并延长，求出 *c* 的正面投影 *c′*，如图 2-34c 所示。

3）连接 *d′*、*c′*、*b′*、*a′*即得四边形 *ABCD* 的正面投影，如图 2-34d 所示。

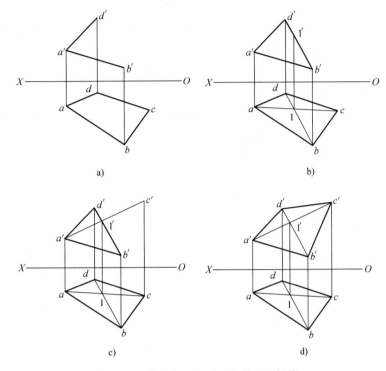

图 2-34　补全四边形 *ABCD* 的正面投影

a) 已知四边形 *ABCD* 的部分投影　b) 求出 *ac*、*bd* 交点 1 的正面投影 1′

c) 求出 *c* 的正面投影 *c*′　d) 求出四边形 *ABCD* 的投影

2.3　基本几何体视图绘制基本知识

2.3.1　几何体的投影

各种各样的机器零件，不管结构、形状多么复杂，一般都可以看作是由一些基本几何体按一定方式组合而成。而基本几何体上有若干表面，根据表面的性质，几何体通常分为两类：

（1）平面立体—其表面均为平面的立体，如棱柱、棱锥等。

（2）曲面立体—其表面为曲面或曲面与平面的立体，最常见的是回转体，如圆柱、圆锥、圆球、圆环等。

在投影图上表示一个立体，就是把这些平面和曲面表达出来，然后根据可见性判别哪些线是可见的，哪些线是不可见的，把其投影分别画成实线或虚线，即得立体的投影图。

1. 平面立体的投影

平面立体的各表面都是平面，平面与平面的交线称为棱线，棱线与棱线的交点称为顶点。平面立体可分为棱柱体和棱锥体。

（1）棱柱

1）棱柱的投影：如图 2-35a 所示的一个正六棱柱，其顶面、底面均为水平面，它们的

H 面投影反映实形，V 面及 W 面投影积聚为一直线。棱柱有六个侧棱面，前后棱面为正平面，它们的 V 面投影反映实形，H 面投影及 W 面投影积聚为一直线。棱柱的其他四个侧棱面均为铅垂面，H 面投影积聚为直线，V 面投影和 W 面投影为类似形。

棱线 AB 为铅垂线，H 面投影积聚为一点 $a(b)$，V 面投影和 W 面投影均反映实长，即 $a'b' = a''b'' = AB$；顶面的边 CE 为侧垂线，W 面投影积聚为一点 $c''(e'')$，H 面投影和 V 面投影均反映实长，即 $ce = c'e' = CE$；底面的边 BD 为水平线，H 面投影反映实长，即 $bd = BD$，V 面投影 $b'd'$ 和 W 面投影 $b''d''$ 均小于实长。其余棱线，可进行类似分析。作图时可先画出正六棱柱的 H 面投影正六边形，再根据投影规律作出其他两个投影。

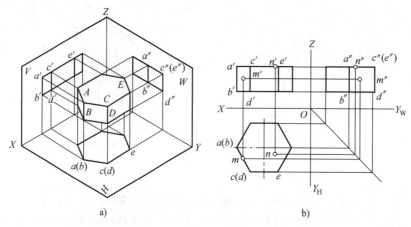

图 2-35 正六棱柱的投影及其表面取点
a）正六棱柱　b）作图过程

作图过程：

① 先画反映实形的上下底面的水平投影，再根据投影联系画其正面投影和侧面投影。

② 画六条棱线的正面投影和侧面投影，并区分线面的可见性。

2）棱柱表面上取点：在平面立体表面上取点，其原理和方法与平面上取点相同。但需判别点的投影的可见性：若点所在的表面的投影可见，则点的同面投影也可见，反之为不可见。正六棱柱的各个表面都处于特殊位置，因此在表面上取点可利用积聚性原理作图。

已知棱柱表面上点 M 的 V 面投影 m'，求 H 面、W 面投影 m、m''。由于点 m' 是可见的，因此，点 M 必定在 $ABCD$ 棱面上，而 $ABCD$ 棱面为铅垂面，H 面投影 $abcd$ 具有积聚性，因此，m 必定在 $abcd$ 上。根据 m' 和 m 可以求出 m''。又已知点 N 的 H 面投影 n，求 V 面、W 面投影 n'、n''。由于 n 是可见的，因此，点 N 在顶面上，而顶面的 V 面投影和 W 面投影都具有积聚性，因此 n'、n'' 在顶面的各同面投影上，如图 2-35b 所示。

（2）棱锥

1）棱锥的投影。

① 构成：棱锥是由底面、锥顶和三角形侧面围成。

② 画法：画底面、棱线和锥顶的投影。

如图 2-36a 所示为一正三棱锥，锥顶为 S，其底面为 $\triangle ABC$，呈水平位置，H 面投影 $\triangle abc$ 反映实形。棱面 $\triangle SAB$、$\triangle SBC$ 是倾斜面，它们的各个投影均为类似形，棱面 $\triangle SAC$

为侧垂面，其 *W* 面投影 *s″a″*(*c″*) 积聚为一直线。底边 *AB*、*BC* 为水平线，*AC* 为侧垂线，棱线 *SB* 为侧平线，*SA*、*SC* 为倾斜线，它们的投影可根据不同位置直线的投影特性进行分析。

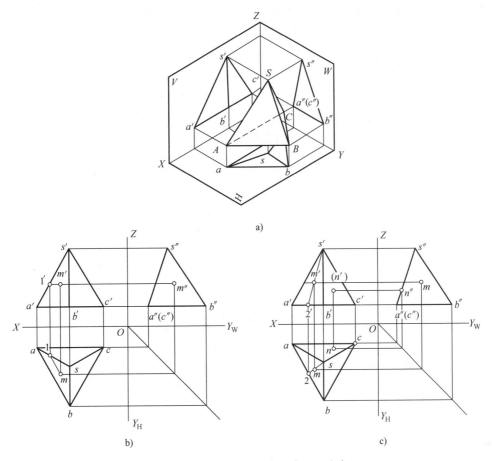

图 2-36　正三棱锥的投影及表面上取点
a）正三棱锥　b）求出 *m*、*m′*　c）求出 *n*、*n′*

作图步骤：

① 画反映实形的底面的水平投影。

② 画底面的正面投影和侧面投影。

③ 画锥顶的三面投影。

④ 画棱线的三面投影。

2）棱锥表面上取点：正三棱锥的表面有特殊位置平面，也有一般位置平面。特殊位置平面上的点的投影，可利用该平面投影的积聚性直接作图，一般位置平面上的点的投影可通过在平面上作辅助线的方法求得。

已知点 *M* 的 *V* 面投影 *m′*（可见），点 *M* 在棱面 *SAB* 上，过点 *M* 在△*SAB* 上作 *AB* 的平行线 1*M*，如图 2-36b 所示，即作 1′*m′*//*a′b′*，1*m*//*ab*，求出 *m*，再根据 *m*、*m′* 求出 *m″*。也可过锥顶 *S* 和点 *M* 作一辅助线 *S*2，如图 2-36c 所示，然后求出点 *M* 的 *H* 面投影 *m*。又已知点 *N* 的 *H* 面投影 *n*（可见），点 *N* 在侧垂面△*SCA* 上，因此，*n″* 必定在 *s″a″*(*c″*) 上，由 *n*、*n″* 可求出 *V* 面投影 *n′*，由于在△*SCA* 面上的点在 *V* 面上被△*SAB* 和△*SBC* 平面遮挡住而看不

见，因此将 n' 记为（n'），如图 2-36c 所示。

2. 曲面立体的投影

曲面立体的表面是曲面或曲面与平面，绘制它们的投影时，由于其表面没有明显的棱线，所以需要画出曲面的转向线。曲面上的转向线是曲面上可见投影与不可见投影的分界线。

（1）圆柱

1）形成：圆柱面是由一条直线 AE，绕与它平行的轴线 OO_1 旋转形成的，直线 AE 称为母线，OO_1 称为回转轴，如图 2-37a 所示。圆柱体的表面是由圆柱面、顶面和底面组成。在圆柱面上任意位置的母线称为素线。这种由一条母线绕轴回转而形成的表面称为回转面，由回转面构成的立体称为回转体。

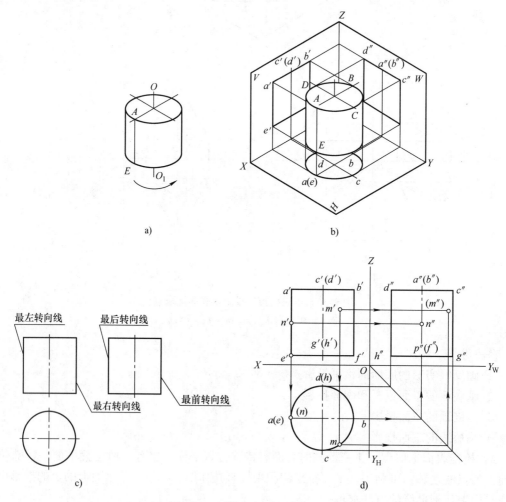

图 2-37 圆柱的投影及表面取点

a）直立圆柱的母线和回转轴 b）直立圆柱的三面投影 c）圆柱的顶面、底面三面投影 d）圆柱表面上点的投影

2）投影：图 2-37b、c 所示为一直立圆柱的三面投影。圆柱的顶面、底面是水平面，V 面和 W 面投影积聚为一直线，由于圆柱的轴线垂直于 H 面，所以圆柱面上所有素线都垂直于 H 面，故圆柱面 H 面投影积聚为圆。

在圆柱的 V 面投影中，前、后两半圆柱面的投影重合为一矩形，矩形的两条竖线分别是圆柱的最左、最右素线的投影，也是前、后两半圆柱面分界的转向线的投影。在圆柱的 W 面投影中，左、右两半圆柱面的投影重合为一矩形，矩形的两条竖线分别是圆柱的最前、最后素线的投影，也是左、右两半圆柱面分界的转向线的投影。矩形的上、下两条水平线则分别是圆柱顶面和底面的积聚性投影（图 2-37c）。

提示：画圆柱的三视图时，一般先画投影具有积聚性的圆，再根据投影规律和圆柱的高度完成其他两视图。

3）圆柱表面上的点：在图 2-37d 中，圆柱面上有两点 M 和 N，已知 V 面投影 n' 和 m'，且为可见，求另外两投影。由于点 N 在圆柱的转向线上，其另外两投影可直接求出；而点 M 可利用圆柱面有积聚性的投影，先求出点 M 的 H 面投影 m，再由 m 和 m' 求出 m''。点 M 在圆柱面的右半部分，故其 W 面投影 m'' 为不可见。

（2）圆锥

1）形成：圆锥面是由一条直母线 SA，绕与它相交的轴线 OO_1 旋转形成的，如图 2-38a 所示。圆锥体表面是由圆锥面和底面组成的，在圆锥面上任意位置的素线，均交于锥顶点。

2）画法：

① 画回转轴线的三面投影。

② 画底圆的水平投影、正面投影和侧面投影。

③ 画正面投影中前后两半转向线的投影，侧面投影中左右两半转向轮廓线的投影。

图 2-38b 所示为一直立圆锥，它的 V 面和 W 面投影为同样大小的等腰三角形。等腰三角形的两腰 $s'a'$ 和 $s'b'$ 是圆锥面的最左和最右转向线的投影，其 W 面投影与轴线重合不应画出，它们把圆锥面分为前、后两半圆锥面，W 面投影的两腰 $s''c''$ 和 $s''d''$ 是圆锥面最前和最后转向线的投影，其 V 面投影与轴线重合，它们把圆锥面分为左、右两半圆锥面。

圆锥面的 H 面投影为圆，它与圆锥底圆的投影重合。最左和最右转向轮廓线 SA、SB 为正平线，其 H 面投影与圆的水平对称中心线重合；最前和最后转向线 SC、SD 为侧平线，其 H 面投影与圆的垂直对称中心线重合（图 2-38c）。

3）表面取点：转向轮廓线上的点由于位置特殊，它的作图较为简单。如图 2-38d 所示，在最左转向线 SA 上的一点 M，只要已知其一个投影（如已知 m'），其他两个投影（m'、m''）即可直接求出。但是在圆锥面上的点 K，要用作辅助线的方法，才能由一已知投影，求出另外两个投影。

在图 2-38d 中，已知点 K 的 V 面投影 k'，求作点 K 的其他两个投影有两种作图方法。

方法一：辅助素线法

过点 K 与锥顶 S 作锥面上的素线 SE，即先过 k' 作 $s'e'$，由 e' 求出 e、e''，连接 se 和 $s''e''$，它们是辅助线 SE 的 H、W 面投影。而点 K 的 H、W 面投影必在 SE 的同面投影上，从而求出 k 和 k''，如图 2-38d 所示。

方法二：辅助圆法

过点 K 在锥面上作一水平辅助圆，该圆与圆锥的轴线垂直，称此圆为纬圆。点 K 的投影必在纬圆的同面投影上。

作图步骤：先过 k' 作平行于 x 轴的直线，它是纬圆的 V 面投影；画出纬圆的 H 面投影；由 k' 向下作垂线与纬圆交于点 k，再由 k' 及 k 求出 k''。因点 K 在锥面的右半部，所以 k'' 为不

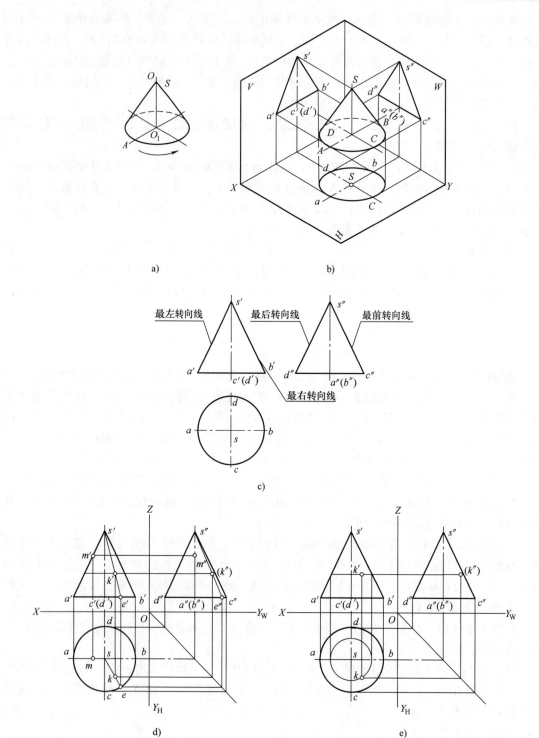

图 2-38　圆锥的投影及表面取点

a）圆锥面的形成　b）圆锥面的三面投影　c）圆锥面的转向线

d）辅助素线法　e）辅助圆法

可见，如图 2-38e 所示。

（3）圆球

1）形成：圆球面是由一圆母线，以它的直径为回转轴旋转形成的，如图 2-39a 所示。

2）投影：如图 2-39b 所示，圆球的三个投影是圆球上平行相应投影面的三个不同位置的最大轮廓圆。V 面投影的轮廓圆是前、后两半球面的可见与不可见的分界线；H 面投影的轮廓圆是上、下两半球面的可见与不可见的分界线；W 面投影的轮廓圆是左、右两半球面的可见与不可见的分界线。

3）圆球表面取点：在图 2-39b 中，已知圆球面上点 A、B、C 的 V 面投影 a'、b'、c'，试求各点的其他投影。

因为 a' 为可见，且在平行于 V 面的正面最大圆上，故其 H 面投影 a 在水平对称中心线上，W 面投影 a'' 在垂直对称中心线上；b' 为不可见，且在垂直对称中心线上，故点 B 在平行于 W 面的最大圆的后半部，可由 b' 先求出 b''，最后求出 b；以上两点均为特殊位置点，可直接作图求出它们的另外两投影。

由于点 c 在球面上不处于特殊位置，故需作纬圆求解。过 c' 作平行于 x 轴的直线，与球的 V 面投影交于点 d'、e'，以 $d'e'$ 为直径在 H 面上作水平圆，则点 C 的 H 面投影 c 必在此纬线圆上，由 c、c' 求出 c''。因点 C 在球的右下方，故其 H、W 面投影 c 与 c'' 均为不可见。

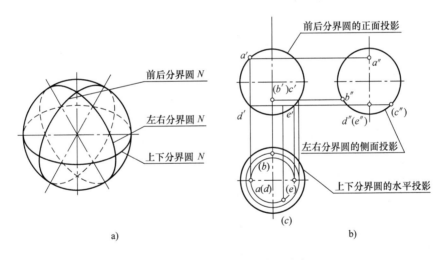

图 2-39　圆球的投影及表面取点
a）圆球的形成　b）圆球面的投影

2.3.2　几何体的尺寸标注

视图只能表达物体的结构和形状，而物体的大小是根据尺寸来确定的。掌握基本体的尺寸注法，是学习各种物体尺寸标注的基础。

1. 基本体的尺寸标注

图 2-40 所示为常见基本体的尺寸注法。标注基本体的尺寸时，一般要标注长、宽、高三个方向的尺寸。

在图 2-40 中，三棱柱不注三角形斜边长；五棱柱的底面是圆内接正五边形，可注出底面外接圆直径和高度尺寸；正六棱柱、正六边形不注边长，而是注对面距（或对角距）以及柱高；四棱台只标注上、下两个底面尺寸和高度尺寸。

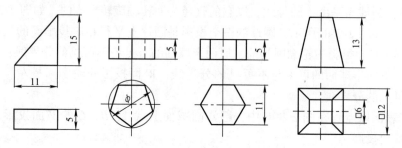

图 2-40　基本体的尺寸标注（一）

如图 2-41 所示，标注圆柱、圆台、圆环等回转体的直径尺寸时，应在数字前加注 ϕ，并且常注在其投影为非圆的视图上。用这种形式标注尺寸时，只要用一个视图就能确定其形状和大小，其他视图可省略不画。球也只须画一个视图，可在尺寸数字前加注 $S\phi$ 或 SR，分别表示球直径及球半径。

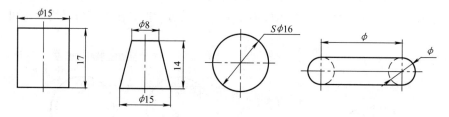

图 2-41　基本体的尺寸标注（二）

2. 常见简单形体的尺寸标注

如图 2-42a、b 所示，已经注出圆弧半径和圆孔的定位尺寸，不应再标注总高或总长尺寸。但如图 2-42c 所示，当标注了四个圆孔的长度、宽度方向的定位尺寸时，总长和总宽尺寸仍应标注。

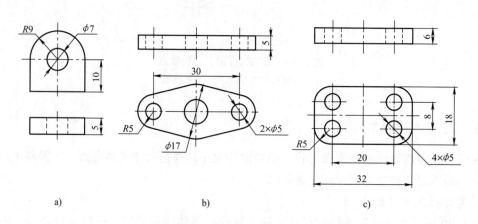

a)　　　　　　　　　b)　　　　　　　　　c)

图 2-42　常见底板的尺寸注法

a）不再标注总高　b）不必标注总长　c）需标注总长和总宽

对于形体上直径相同的圆孔，可在直径符号"φ"前注明孔数，如图 2-42b、c 所示的 $2 \times \phi5$、$4 \times \phi5$。但在同一平面上半径相同的圆角，不必标注数目，如图 2-42b、c 所示的 $R5$。

2.4　基本几何体轴测图绘制基本知识

在机械制图中，主要是通过视图和尺寸来表达物体的形状和大小。由于视图是按正投影法绘制的，每个视图只能反映物体两个方向的形状和尺寸，缺乏立体感。轴测图是用平行投影法绘制的单面投影图，它能同时反映物体三个方向的形状，因而具有较强的立体感，但是度量性差，作图复杂，因此在机械制图中只能作为帮助读图的辅助图样。

2.4.1　轴测图的基本知识

1. 轴测图的形成

要使画出的图形具有立体感，必须避免三根坐标轴中的任何一根的投影成为一点，即要求没有积聚性，只要所选的投影方向不与任一坐标面平行即可。

将物体连同其直角坐标系，沿不平行任一坐标平面的方向，用平行投影法将其投射在单一投影面上所得到的图形，称为轴测投影，简称轴测图。

图 2-43a 所示为在空间的投射情况，其投影即为常见的轴测图，如图 2-43b 所示。投影面 P 称为轴测投影面。

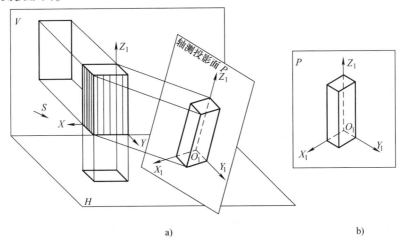

图 2-43　轴测图的获得

a）空间的投影情况　b）轴测图

2. 有关术语

（1）轴测轴　直角坐标轴 OX、OY、OZ 在轴测投影面上的投影 O_1X_1、O_1Y_1、O_1Z_1 称为轴测轴。

（2）轴间角　轴测投影中，任意两根轴测轴之间的夹角，称为轴间角。

（3）轴向伸缩系数　直角坐标轴上的单位长度在相应轴测轴上的投影长度称为轴向伸缩系数。X、Y、Z 轴的轴向伸缩系数分别用 p、q、r 表示，即

X 轴的轴向伸缩系数 $p = O_1X_1/OX$

Y 轴的轴向伸缩系数 $q = O_1Y_1/OY$

Z 轴的轴向伸缩系数 $r = O_1Z_1/OZ$

3. 轴测图的投影特性

1）物体上与坐标轴平行的直线段，在轴测投影中仍然平行于相应的轴测轴；物体上相互平行的直线段，在轴测投影中也相互平行。

2）凡是与坐标轴平行的直线段，其轴测投影可将其原长乘以轴向伸缩系数后直接绘制。

应当注意：

① 物体上相互垂直的直线段的轴测投影不一定相互垂直。

② 物体上不与坐标轴平行的直线段的轴测投影，一般不能直接作出，而应先作出其两个端点的轴测图，然后作它们的连线。

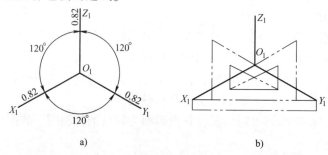

图 2-44　正等轴测图轴测轴、轴间角及轴向变形系数

a）正等轴测图的轴间角　b）轴测轴的画法

2.4.2　基本体正等测图的画法

使确定物体的空间直角坐标轴对轴测投影面的倾角相等，用正投影法将物体连同其坐标轴一起投射到轴测投影面上，所得到的轴测图称为正等轴测图，简称正等测图。

1. 正等测图的轴间角和轴向伸缩系数

正等测图的轴间角相等，都为120°，如图 2-44a 所示。轴测轴的画法如图 2-44b 所示。

由于空间直角坐标轴与轴测投影面的倾角相等，所以它们的轴测投影的缩短程度也相同，其三个轴向伸缩系数均相等，即 $p = q = r \approx 0.82$。

实际画图时，如按 0.82 这个系数作图，物体上凡是与坐标轴平行的线段都要乘以 0.82 才能确定其轴测长度，作图比较麻烦。为了简化作图，一般采用国家标准规定的简化系数，即 $p = q = r = 1$。这样，凡是与坐标轴平行的线段均可按其实际尺寸直接画出，无须换算。采用简化系数画出的轴测图，比原来的图形放大了 $1/0.82 \approx 1.22$ 倍，但轴测图的形状不变。

国家标准规定，轴测图中物体的可见轮廓线用粗实线表示，表示不可见轮廓线的虚线一般不画。轴测轴可随轴测图同时画出，也可省略不画。

2. 坐标法画平面立体的正等测图

绘制轴测图的基本方法是坐标法。作图时，首先在视图上定出直角坐标系，画出轴测轴，再按立体表面上各顶点或直线的端点坐标，画出其轴测投影，最后分别连线，完成轴测图。

例 2-9　图 2-45a 所示为三棱锥的三视图，作其正等轴测图。

考虑到作图方便，在确定空间直角坐标系时，使 OX 轴与 AB 重合，坐标原点与棱锥底面三角形的顶点 B 重合。其作图步骤如图2-45a、b、c、d所示。

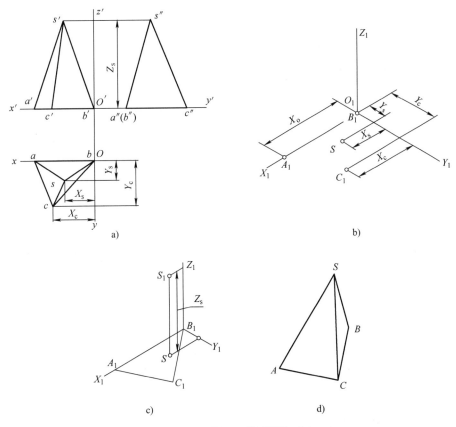

图2-45　三棱锥正等测图的画法

a）在视图上定好坐标轴　b）画轴测轴、确定底面各顶点 $A_1B_1C_1$ 和顶点的底面投影 S

c）根据 S 的 z 坐标定出 S_1　d）连接各顶点，描深即可完成全图

例2-10　图2-46a所示为正六棱柱的两视图，作其正等测图。

由于正六棱柱前后左右对称，故选择顶面的中心作为坐标原点，棱柱的轴线作为 Z 轴，顶面的两条对称线作为 X、Y 轴。其作图步骤如图2-46a、b、c、d所示。

3. 坐标法画曲面立体的正等测图

（1）圆的正等测图的画法　从图2-47中可以看出，平行于坐标面的圆，其正等测图都是椭圆。图中的菱形为圆的外切正方形的正等测投影，从图中可以看出椭圆的长轴的方向与菱形的长对角线重合，椭圆的短轴与菱形的短对角线重合。

画圆的正等测图时，只有明确圆所在的平面与哪一个坐标面平行，才能保证画出方位正确的椭圆。

为了简化画图，圆的正等测图可采用四心近似画法。现以直径为 d 的 XOY 平面上的圆为例，介绍其正等测的作图步骤，如图2-48所示。

（2）圆柱的正等轴测图的画法

例2-11　图2-49a所示为圆柱的两视图，作其正等测图。

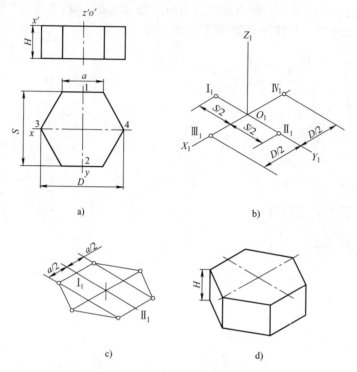

图 2-46　正六棱柱正等测图作图步骤

a）在视图上定坐标轴　b）画轴测轴，根据尺寸 S、D 定出 I_1、II_1、III_1、IV_1 点

c）过 I_1、II_1 作直线平行于 O_1X_1，并在所作两直线上各取 $a/2$，连接各顶点

d）过各顶点向下取尺寸 H，画底面各边，描深后即可完成全图

画圆柱和圆锥的正等测图时，首先应明确圆柱或圆锥的圆平面与哪一个坐标面平行，用四心近似画法画出圆柱和圆锥上平行于坐标面的圆的正等测图，然后画出其余部分。

圆柱上、下底两个圆与 XOY 面平行，且大小相等，可根据其直径 d 画出完整的顶面的椭圆后，用移心法即可画出底面可见部分的椭圆，然后画出它们的公切线即可。画公切线时，先要找出切点，然后再连线。由于两椭圆大小相等，因此椭圆长轴的两个端点即为切点。其作图步骤如下：

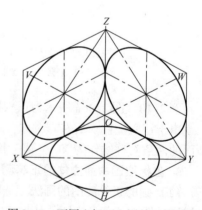

图 2-47　不同坐标面上圆的正等测图

① 以圆柱顶面的圆心作为坐标原点，画出顶面的轴测投影。

② 用移心法把底面椭圆可见部分的圆心下移圆柱的高度 h，画出下底面椭圆可见部分。

③ 作两椭圆公切线，擦去多余图线并描深，即可完成全图。

例 2-12　画圆台的正等测图，图 2-50a 所示为圆台的两视图，作其正等测图。

圆台轴线垂直于侧面，其两个圆与侧面平行但大小不等。可根据其直径 d_1、d_2 和圆台高度 h 作出两个大小不同、中心距为 h 的两个椭圆，然后作两个椭圆的公切线即成。作图步骤如下：

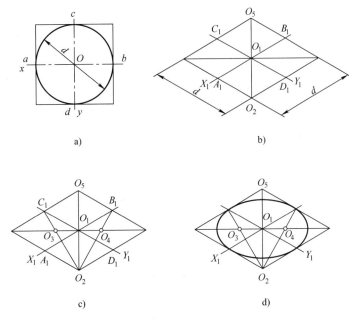

a)

b)

c)

d)

图 2-48 圆的正等测图的画法

a) 确定坐标轴和坐标原点, 作圆的外切正方形   b) 画轴测轴和圆的外切正方形的轴测图 (菱形)

c) 连接 O_2C_1、O_2B_1 与菱形长对角线交于 O_3、O_4

d) 分别以 O_2、O_5 为圆心, O_5A_1 为半径画大圆弧, 再分别以 O_3、O_4 为圆心, O_3A_1 为半径画小圆弧

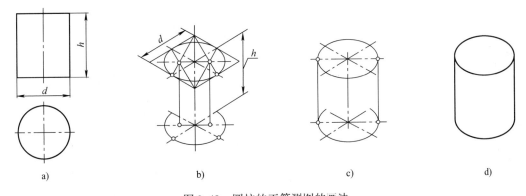

a)

b)

c)

d)

图 2-49 圆柱的正等测图的画法

a) 视图   b) 画出顶面的轴测投影后, 用移心法画出底面的椭圆   c) 作两椭圆的公切线

d) 擦去多余图线, 描深完成全图

① 以圆台的左端面为坐标原点, 在 $Y_1O_1Z_1$ 坐标面内画出左端面的正等测图。

② 根据圆台的高度 h, 画出右端面的正等测图。

③ 作两个椭圆的公切线, 擦去多余图线, 描深完成全图。

(3) 圆角的简化画法 平行于坐标面的圆角, 实质是平行于坐标面的圆的一部分。因此, 其轴测图是椭圆的一部分, 特别是常见的 1/4 圆角, 其正等测图恰好是近似椭圆的四段圆弧中的一段。

例 2-13 如图 2-51a 所示的平板, 画出平板正等测。

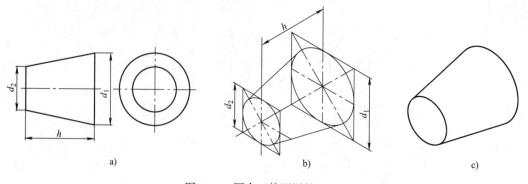

图 2-50   圆台正等测图的画法

a) 圆台主左视图   b) 画左右两端椭圆后作它们的公切线   c) 加深完成作图

作图步骤如下：

① 先画出平板不带圆角时的正等测图，如图 2-51b 所示。

② 根据圆角半径 R，在平板上表面的边上找到切点 Ⅰ、Ⅱ、Ⅲ、Ⅳ，过切点分别作相应边的垂线，交点 O_1、O_2 即为圆心，如图 2-51c 所示。以 O_1Ⅰ、O_2Ⅲ 为半径，在 Ⅰ、Ⅱ 及 Ⅲ、Ⅳ 之间画弧，得到平板上表面圆角的正等测图，如图 2-51d 所示。

③ 将圆心和切点下移平板的高度，得平板下表面圆角的圆心和切点，然后画圆弧。在平板右端作上、下表面两个小圆弧的公切线，如图 2-51e 所示。

④ 擦去多余图线，描粗即完成全图，如图 2-51f 所示。

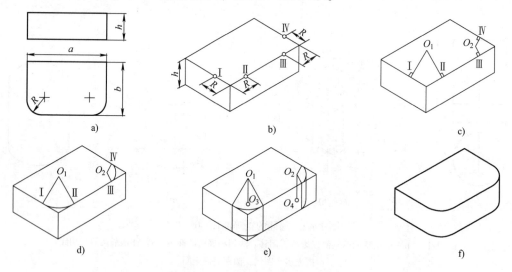

图 2-51   平板正等测图的简化画法

a) 平板的视图   b) 画平板的正等测图，根据半径 R，定出切点 Ⅰ、Ⅱ、Ⅲ、Ⅳ

c) 过切点作相应棱线的垂线，得交点 O_1、O_2 d) 分别以 O_1Ⅰ、O_2Ⅲ 为半径画弧

e) 用移心法画底面圆角，并作右端上下圆弧的公切线   f) 擦去作图线，描深完成全图

2.4.3   基本体斜二测图的画法

1. 斜二测图的形成及投影特点

在确定物体的直角坐标系时，使 OX 轴和 OZ 轴平行于轴测投影面 P，用斜投影法将物

体连同其坐标系一起向 P 面投影，所得到的轴测图称为斜二等轴测图，简称斜二测图，如图 2-52 所示。

按国家标准，斜二测图的轴间角 $\angle X_1 O_1 Z_1 = 90°$，$\angle X_1 O_1 Y_1 = \angle Y_1 O_1 Z_1 = 135°$，轴向伸缩系数 $p_1 = r_1 = 1$，$q_1 = 0.5$，如图 2-53 所示。

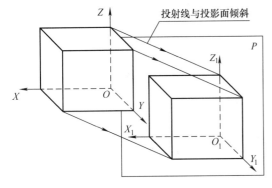

图 2-52　斜二测图的形成

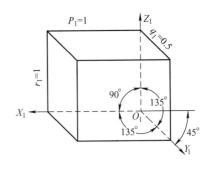

图 2-53　斜二测图的轴间角及轴向伸缩系数

由于斜二测 X_1 轴与 Z_1 轴垂直，且 $p_1 = r_1 = 1$，物体上凡平行于 XOZ 坐标面的表面，其斜二测投影能够反映实形，因而该表面上的圆的投影仍然是圆。利用这一特点，在绘制某方向的形状较复杂的物体，特别是沿某个方向有较多的圆和圆弧时，采用斜二测图要简单方便得多。

2. 斜二测图的画法

斜二测图的画法与正等测图的画法相同，只不过轴测轴的方向、轴间角的大小、轴向伸缩系数不同而已。由于斜二测图中 OY 轴的轴向伸缩系数 $q_1 = 0.5$，所以在画斜二测图时，沿 $O_1 Y_1$ 轴的长度应取物体上相应长度的一半。下面以圆柱和圆锥为例，说明基本体斜二测图的画法。

例 2-14　圆锥台斜二测图的画法，如图 2-54 所示。

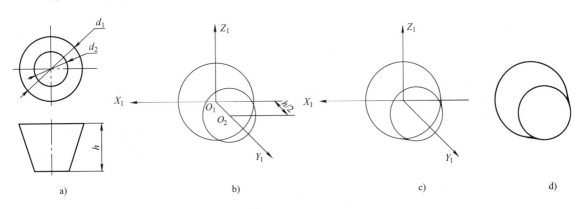

图 2-54　圆锥台斜二测图的作图步骤

a）圆锥台的视图　b）根据斜二测轴间角、轴向伸缩系数画出轴测轴，
确定出前后端面圆的圆心位置，按 1:1 尺寸画出两端面圆
c）作出连个端面圆的公切线　d）擦除多余的图线，加深轮廓，完成绘图

例 2-15　正六棱柱斜二测图的画法，如图 2-55 所示。

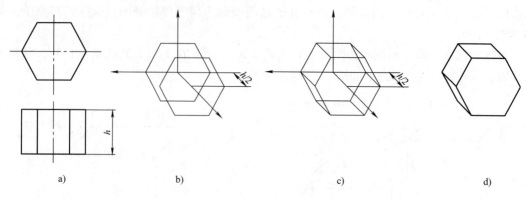

a)   b)   c)   d)

图 2-55   正六棱柱斜二测图的作图步骤

a）正六棱柱的视图   b）根据斜二测轴间角、轴向伸缩系数画出轴测轴，
确定出前后端面圆的圆心位置，按 1∶1 尺寸画出两端面正六边形
c）连接两端面正六边形对应角点   d）擦除不可见的图线，加深轮廓，完成绘图

    前面介绍了基本体的正等测图和斜二测图的画法。绘图时应根据物体的结构特点和空间方位来选用，既要使所画的轴测图立体感强、度量性好，又要使作图简单。

    比较两种画法，在立体感和度量方面，正等测较斜二测好。正等测在三个轴测轴方向上可直接度量长度，而斜二测只能在两个方向直接度量，另一个方向（O_1Y_1）要按比例缩短，作图时增加了麻烦。但当物体在平行某一投影面的方向上形状较复杂或圆较多，而其他方向较简单或无圆时，采用斜二测就显得非常方便。而对于在三个方向上均有圆或圆弧的物体，则采用正等测画图更为适宜。

2.5   组合体视图绘制基本知识

    从几何角度看，任何复杂的形体都可以看成是由若干个基本形体（棱柱、棱锥、圆柱、圆锥与球）组合而成的。这种由多个基本形体按照一定方式组合而成的形体称为组合体，如图 2-56 所示。

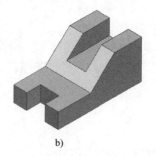

a)   b)   c)

图 2-56   组合体的不同形式

a）叠加型   b）切割型   c）综合型

2.5.1   组合体的形体分析法

1. 形体分析法

由于组合体的形状比较复杂，为简化作图、读图及标注尺寸，可以假想地将组合体分解

成若干个简单的部分（可以是基本体，也可以是不完整的基本体或基本体简单的组合），搞清各部分的形状、相对位置、组合形式和表面连接关系，这种分析组合体结构和投影的方法称为形体分析法。如图 2-57a 所示的组合体，可以看成是由Ⅰ、Ⅱ、Ⅲ、Ⅳ先叠加，之后又挖去Ⅴ、Ⅵ、Ⅶ三部分而形成，如图 2-57b、c 所示。

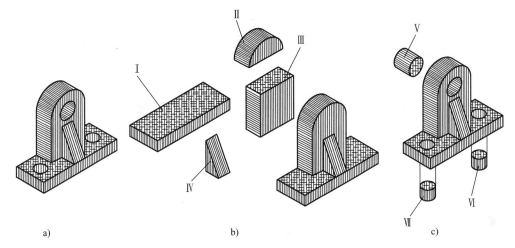

图 2-57　组合体的形体分析
a）组合体　b）叠加Ⅰ、Ⅱ、Ⅲ、Ⅳ部分　c）挖去Ⅴ、Ⅵ、Ⅶ部分

画组合体的三视图、标注组合体的尺寸和读组合体视图时均采用"先拆分，后合并"的思考方法，一部分一部分地解决问题，使复杂问题简单化。因此形体分析法对于物体视图的绘制、识读和尺寸标注都非常重要，也是绘制和识读零件图常用到的方法。

2. 组合体的组合形式

组合体的组合形式可以概括为叠加型、切割型和综合型三种，如图 2-56 所示。

（1）叠加型　这类组合体可以看成是由几个简单部分叠加而成。

（2）切割型　这类组合体可以看成由一个基本体被切去某些部分而形成。

（3）综合型　这类组合体一般为先叠加后切割综合形成。

3. 组合体的表面连接关系

根据组合体各组成部分表面之间的连接特点可划分为不平齐、平齐、相交和相切四种连接关系。

（1）不平齐—当组合体上两简单形体的表面不平齐时，在图内连接处有线隔开，如图 2-58a 所示。

（2）平齐—当组合体上两简单形体的表面平齐时，在图内连接处没有线隔开，如图 2-58b 所示。

（3）相交—当两个简单体的表面相交时，在相交处应画出交线，如图 2-59a 所示。

（4）相切—当两个简单体的表面相切时，在相切处不应画线，如图 2-59b 所示。

2.5.2　截交线与相贯线的画法

在生产实际中常会看到如图 2-60 所示的物体，可以看成是由基本体被平面截切或由几

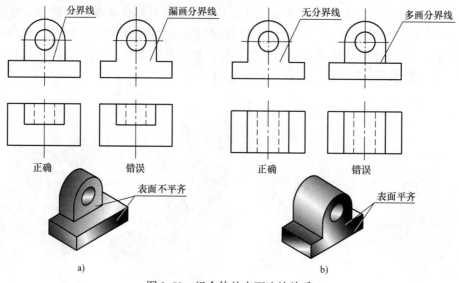

图 2-58 组合体的表面连接关系

a）两体表面不平齐 b）两体表面平齐

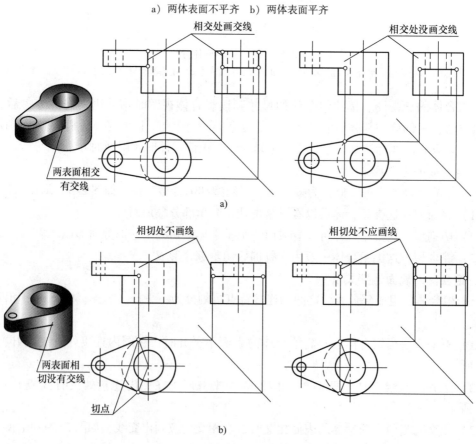

图 2-59 组合体的表面连接关系

a）两体表面相交 b）两体表面相切

个基本体相交而成，这时物体的表面上就会产生交线。立体表面上的交线可以分为以下两类：

　　截交线：平面与立体表面相交时的交线称为截交线，该平面称为截平面。如图 2-60a 所示的连杆头部，其截交线就是被平行于它的轴线的截平面截切而形成的。

　　相贯线：两基本体表面相交时的交线称为相贯线，如图 2-60b 所示的三通管，其相贯线就是由圆柱面和圆柱面相交而形成的。

　　为完整清楚地表达出物体的形状，画图时不但要掌握基本体的画法，还要掌握截交线和相贯线的画法。

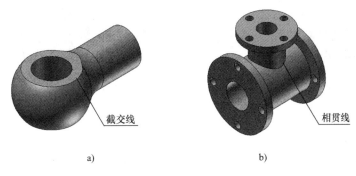

a)　　　　　　　　　　　　　　b)

图 2-60　立体表面交线

a）连杆头　b）三通管

1. 截交线

　　（1）截交线的性质　当立体被截平面截切时，由于立体的形状不同、截平面相对立体轴线的位置不同，使得产生的截交线的形状也不相同。但是，任何截交线都具有以下两个基本性质：

　　1）封闭性：截平面与任何基本体的截交线都是一个封闭的平面图形（平面折线、平面曲线或两者的组合）。

　　2）共有性：都是截平面与基本体的共有线。

　　（2）截交线的画法　因为截交线是截平面与基本体的共有线，所以求截交线可以归结为求截平面与基本体表面一系列共有点的投影，然后将各点的同面投影光滑地连接起来即得到截交线的投影。

　　1）截平面截切棱锥。

　　例 2-16　如图 2-61 所示，求作正垂面截切正五棱锥所得截交线的投影。

　　分析：

　　① 由于正五棱锥被正垂面 P 所截，截交线的空间形状是平面五边形，该五边形的五个顶点是截平面与五条侧棱的交点 A、B、C、D、E，五条边是截平面与五个棱面的交线。

　　② 由于正五棱锥被正垂面 P 所截，截交线的正面投影积聚为一段线，水平投影为五边形，侧面投影为五边形。

　　作图：

　　① 利用截平面的积聚性投影，先找出截交线各顶点的正面投影，再依据直线上点的投影特性，求出各顶点的水平投影及侧面投影。

　　② 依次连接各顶点的同面投影，即为截交线的投影。

　　结论：截平面截 n 棱锥，截交线空间形状为 n 边形，n 边形的顶点为截平面与 n 棱锥的侧棱的交点，n 边形的边为截平面与 n 棱锥棱面的交线。

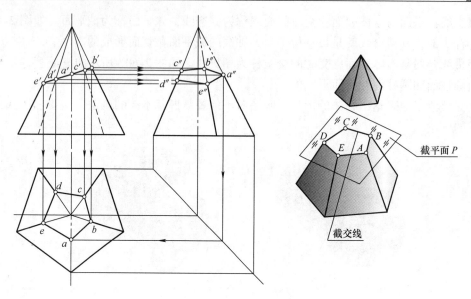

图 2-61　正五棱锥截交线的画法

2）截平面截切圆柱：截交线形状因截平面与圆柱轴线的相对位置的不同而不同，见表 2-9。

例 2-17　如图 2-62 所示，求作正垂面截切圆柱所得截交线的投影。

分析：

① 由于圆柱被正垂面 P 所截，截交线的空间形状是椭圆，该椭圆的长轴为截平面与圆柱的最左、最右轮廓素线的交点之间的长度，短轴为该圆柱的直径。

② 由于圆柱被正垂面 P 所截，截交线的正面投影积聚为一段线，水平投影为直径等于圆柱直径的圆周，侧面投影为一个椭圆，该椭圆不反映截交线的真实大小。

作图：

① 先作出完整的圆柱体的侧面投影。

② 由于截交线的正面投影与水平投影都具有积聚性，可以直接得出。

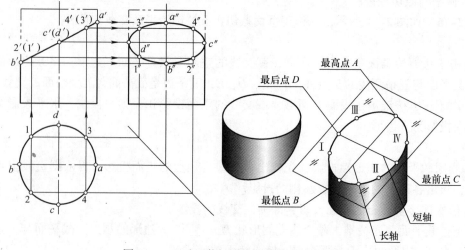

图 2-62　正垂面截切圆柱所得截交线的画法

③ 为求出截交线的侧面投影可以作出适当的点。

a）求截交线上的特殊点。由截交线的正面投影，直接作出截交线上的特殊点，即最高点 A、最低点 B、最前点 C、最后点 D（A、B、C、D 分别是截平面与圆柱最高、最低、最前和最后素线的交点）。如图 2-61 所示在正面投影上找到 a'、b'、c'、d'。

b）求截交线上的一般点。为作图方便，可以在截交线的水平投影上对称地选取等距的点，如图 2-62 所示，在水平投影上对称地定出 1、2、3、4，然后根据点的投影规律求出正面投影 $1'$、$2'$、$3'$、$4'$。最后再根据投影关系找到点的侧面投影 $1''$、$2''$、$3''$、$4''$。

④ 依次光滑连接各点，即得截交线的侧面投影。

表 2-9 圆柱的截交线

截平面的位置	截平面与轴线平行	截平面与轴线垂直	截平面与轴线倾斜
轴测图	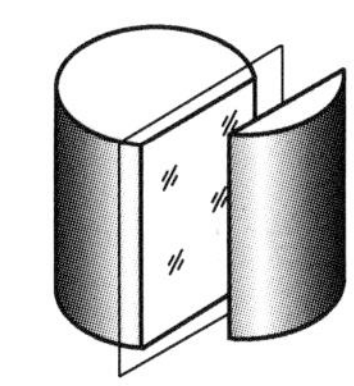	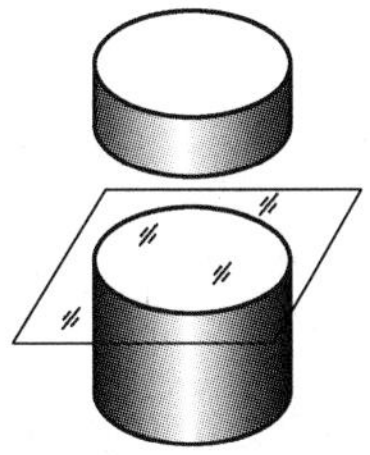	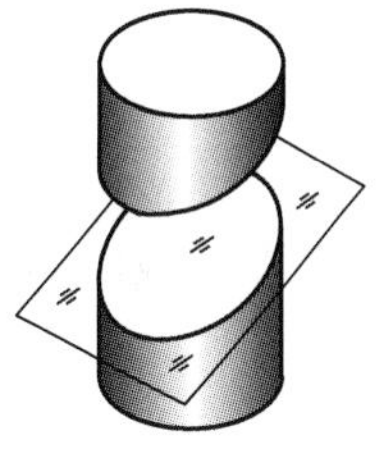
投影图	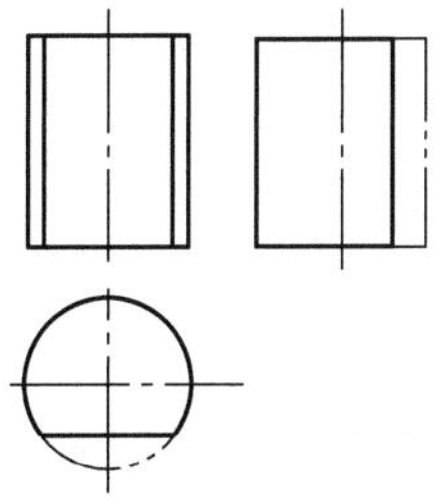	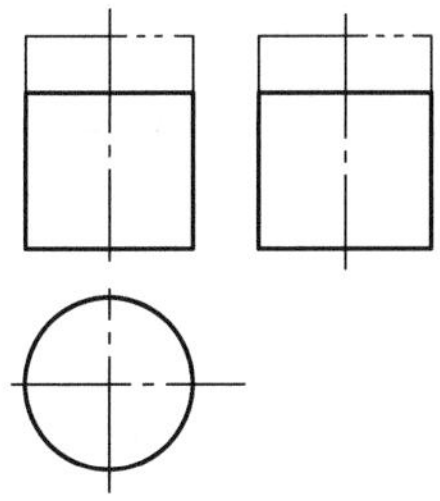	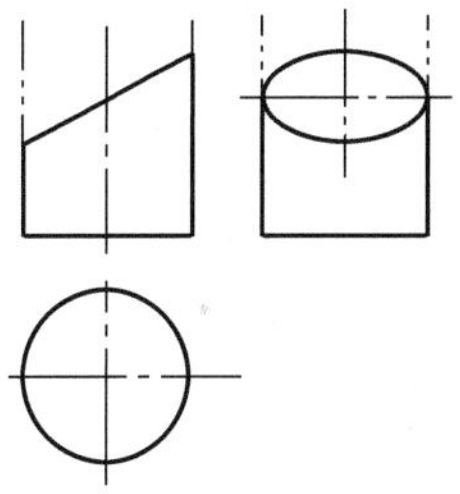
截交线的形状	矩形	圆	椭圆

例 2-18 已知带穿孔的圆柱体的正面投影，求其水平投影及侧面投影。

分析：

如图 2-63 所示，圆柱体被 Ⅰ、Ⅱ、Ⅲ、Ⅳ四个平面所截，构成矩形通孔。Ⅰ、Ⅱ平行于圆柱轴线，且与侧面平行，与圆柱的截交线为四条平行直线，AB、CD、A_1B_1、C_1D_1 均为铅垂线，其正面投影与 $1'$、$2'$重合，水平投影积聚为四个点，侧面投影为反映实长的两条平行线段。Ⅲ、Ⅳ垂直于圆柱的轴线，与圆柱面截交为两段圆弧，且平行于水平面，其正面投影和侧面投影均为直线段。

作图：

① 先画出完整的圆柱的水平投影和侧面投影。

② Ⅲ、Ⅳ与圆柱面的截交线的水平投影积聚在圆柱的水平投影的圆周上。

③ 根据点的投影规律求出截交线的侧面投影。

④ 判断可见性。

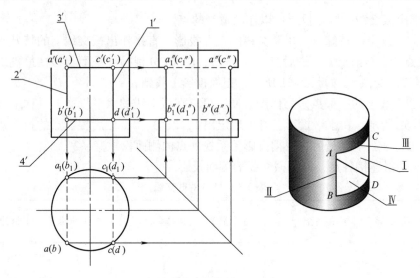

图 2-63　圆柱体穿孔的画法

3）截平面截切圆锥：圆锥的截交线因截平面与圆锥的相对位置不同而不同，见表 2-10。

表 2-10　圆锥的截交线

截平面的位置	截平面与轴线平行	截平面与轴线垂直	
轴测图及三视图			
截交线的形状	双曲线	圆	
截平面的位置	截平面与轴线倾斜		
轴测图及三视图			
截交线的形状	椭圆	抛物线	交于锥顶的两条素线

例 2-19　如图 2-64 所示，圆锥被正垂面斜截，求截交线的投影。

分析：

① 由图示截平面与圆锥轴线的相对位置判断截交线的空间形状为椭圆。

② 截交线的正面投影积聚为一直线，水平投影为椭圆，侧面投影也为椭圆。

③ 由截交线的共有性可知，截交线上的点是截平面和圆锥素线的交点，即共有点。因此可以采用辅助素线法求得截交线上的一系列点，得到截交线的投影。

作图：

① 求截交线上的特殊点。由截交线的正面投影，直接作出截交线上的特殊点，即最高点 A、最低点 B、最前点 C、最后点 D（A、B、C、D 分别是截平面与圆锥最高、最低、最前和最后素线的交点）。如图 2-64 所示，在正面投影上找到 a'、b'、c'、d'；在侧面投影中找到 a''、b''、c''、d''；在水平投影中找到 a、b、c、d。

② 求截交线上的一般点。利用辅助素线法求一般点，作辅助素线 $S\mathrm{I}$，$S\mathrm{I}$ 在正面上的投影 $s'1'$ 与截交线的交点为 m'，求出 $S\mathrm{I}$ 的水平投影 $s1$ 与侧面投影 $s''1''$，根据点的投影规律求出 m 和 m''。同理，可以求 m_1 和 m''_1。

③ 将各点依次连接成光滑的曲线，即为截交线的投影。

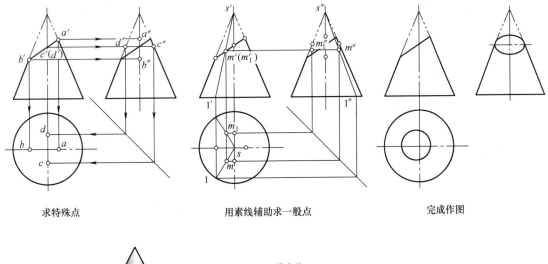

求特殊点　　　　　用素线辅助求一般点　　　　　完成作图

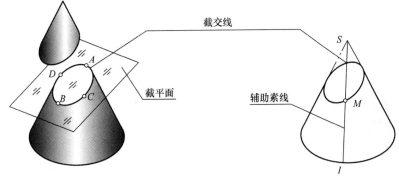

图 2-64　用正垂面斜截圆锥时截交线的画法

例 2-20　如图 2-65 所示，求正平面截切圆锥时截交线的投影。

分析：

① 因截平面与圆锥轴线平行，截交线的空间形状为平面曲线。

② 截交线的正面投影反映截交线的实形，水平投影和侧面投影积聚为一段直线。

作图：

① 求截交线上的特殊点。截交线上的最低两点Ⅱ、Ⅲ是截平面与圆锥底面圆周的交点，利用截平面的积聚性可以直接得出水平投影 2、3 及侧面投影 2″、3″；再根据点的投影规律求得正面投影 2′、3′。截交线上的最高点Ⅰ，它的侧面投影是截平面与圆锥最前素线的交点，所以它的水平投影 1、正面投影 1′和侧面投影 1″可以直接求得。

② 求截交线上的若干个一般点，可以利用辅助圆法。在水平投影中，辅助圆与截交线的水平投影相交于 4 和 5；侧面投影可以利用积聚性和点的投影规律求得 4″和 5″；最后利用点的投影规律求出 4′和 5′。

③ 依次将各点连接成光滑的曲线，得到截交线的正面投影。

4）截平面截切圆球：截平面与圆球相交，其截交线都是圆。当截平面平行于投影面时，截交线在该投影面上的投影为实形（圆），在另两投影面上的投影积聚为一段直线（直线长为圆的直径）。当截平面垂直于投影面时，截交线在该投影面上的投影积聚为一段直线，另两投影为椭圆。当截平面为一般位置面时，截交线的三面投影均为椭圆。

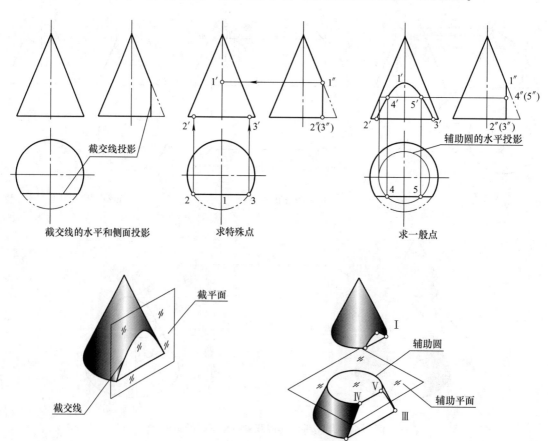

图 2-65　用正平面截切圆锥时截交线的画法

例2-21　如图2-66所示，画出半球开槽的三视图。

分析：

① 半球上的槽是由左、右两个对称的侧平面Ⅰ、Ⅱ和一个水平面Ⅲ截切而成，它们与球面的截交线是四段圆弧（弧$\overset{\frown}{ABC}$、弧$\overset{\frown}{DEF}$、弧$\overset{\frown}{AMD}$和弧$\overset{\frown}{CNF}$）。

② 截交线的正面投影与Ⅰ、Ⅱ、Ⅲ截平面的投影重合，可以直接得出。需要求作的是其水平投影和侧面投影，作图的关键是确定各段圆弧的半径。

作图：

① 首先画出完整半球的三视图。

② 根据槽宽和槽深依次画出正面、水平面和侧平面投影。

a）截交线的正面投影可直接作出；侧面投影为反映实形的弧$\overset{\frown}{a''b''c''}$、弧$\overset{\frown}{d''e''f''}$（弧$\overset{\frown}{ABC}$和弧$\overset{\frown}{DEF}$的侧面投影弧$\overset{\frown}{a''b''c''}$和弧$\overset{\frown}{d''e''f''}$重合，这两段弧的半径为$b'3'$）和线段$m''n''$（水平面Ⅲ与球面的截交线弧$\overset{\frown}{AMD}$和弧$\overset{\frown}{CNF}$、侧平面Ⅰ与水平面Ⅲ交线$AC$、Ⅱ和水平面Ⅲ交线$DF$构成的平面线框的投影）；水平投影为反映实形的弧$\overset{\frown}{amd}$、弧$\overset{\frown}{cnf}$及线段$ac$、线段$df$构成的平面线框。

b）判断可见性。侧面投影中$a''c''$（$d''f''$）段不可见，用虚线表示。

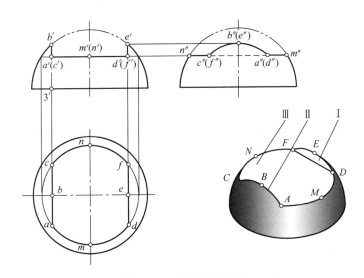

图2-66　半球开槽的画法

2. 相贯线

物体上的相贯线大多是由圆柱、圆锥、圆球等回转体的表面相交而成，所以下面着重介绍回转体相贯线的性质和画法。

由于相交两回转体表面的形状和相对位置不同，所以相贯线也不相同，但都具有以下两个共同的性质：

封闭性——两回转体的相贯线一般是封闭的空间曲线，也有特殊情况，相贯线是平面曲线或直线。

共有性——相贯线是两个回转体表面的交线，是两回转体表面的共有线。相贯线上的点是两回转体表面的共有点。

求相贯线的关键是求两表面共有点。求相贯线的常用方法有利用积聚性法和利用辅助平面法。

（1）求相贯线的常见方法

1）利用积聚性法求相贯线。

例 2-22 如图 2-67 所示为两异径圆柱正交，补画相贯线的投影。

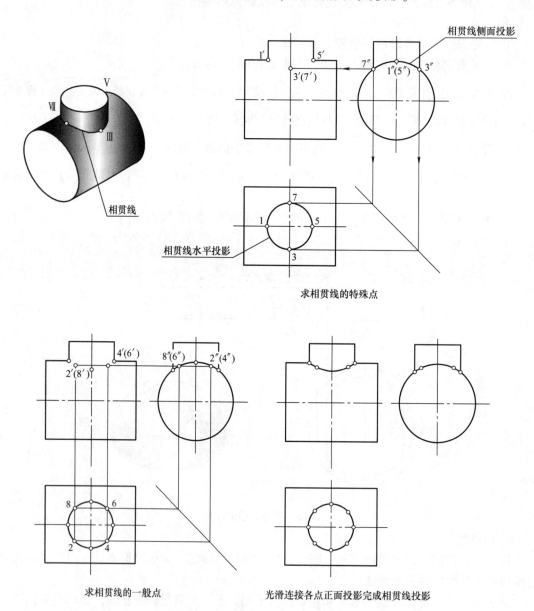

求相贯线的特殊点

求相贯线的一般点　　　　　　光滑连接各点正面投影完成相贯线投影

图 2-67　两异径圆柱正交相贯线的画法

分析：

① 相贯线是一条空间封闭曲线。

② 相贯线的投影情况：由于相贯线共属于两正交圆柱，小径圆柱的轴线垂直于水平面，

相贯线的水平投影为圆（利用积聚性），大圆柱的轴线垂直于侧面，相贯线的侧面投影为一段圆弧（利用积聚性），只需求相贯线正面投影。

作图：

① 求相贯线上的特殊点：由水平投影可以看出，1、5两点是最左、最右点的投影，它们也是两圆柱正面投影外轮廓线的交点的投影，可由1、5对应求出1″、5″及1′、5′，这两点也是相贯线上最高点的投影；由侧面投影可以看出小圆柱和大圆柱的交点投影3″、7″是相贯线上的最低点的投影，由3″、7″可以直接对应求出3、7及3′、7′。

② 求相贯线上的一般点：任取对称点的水平投影2、4、6、8，然后求出其侧面投影2″、4″、8″、6″，最后求出正面投影2′、8′及4′、6′。

③ 按顺序光滑连接1′、2′、3′、4′、5′，即得到相贯线的正面投影。

2）利用辅助平面法求相贯线。当两个回转体的相贯线不能用积聚性法求出时，可以利用辅助平面法求出相贯线上的共有点。

辅助平面法的作图原理：利用截平面截两回转体表面，与两回转体表面产生截交线，这两条截交线的交点既在截平面上，又在两回转体表面上，即三面共点。

辅助平面选择的原则：应使辅助平面与两回转体表面截交线的投影是简单易画的圆或直线。

例2-23 如图2-68所示，圆柱与圆锥轴线正交，求作相贯线的投影。

分析：

① 由于圆柱与圆锥两轴线垂直相交，相贯线是一条前后、左右对称的空间曲线。

② 相贯线的侧面投影与圆柱的侧面投影（圆）的一部分重合，需作出正面投影和水平投影。

作图：

① 求相贯线上的特殊点：根据水平投影可以直接作出最前点Ⅱ、最后点Ⅰ（也是最低点），最左点Ⅲ、最右点Ⅳ（也是最高点）的正面投影1′、2′、3′、4′和水平投影1、2、3、4。

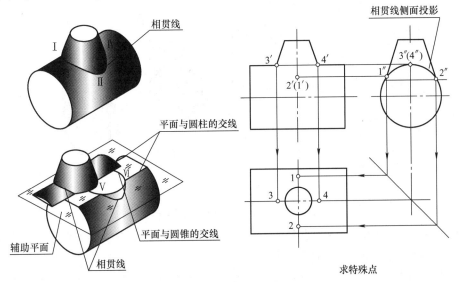

图2-68 圆柱与圆锥正交相贯线的画法

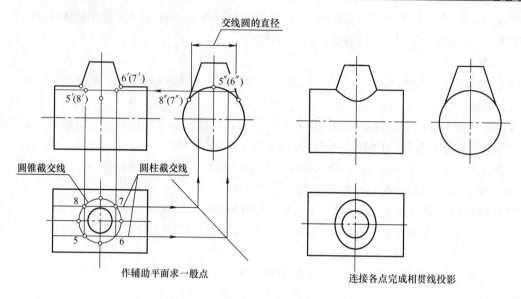

图 2-68　圆柱与圆锥正交相贯线的画法（续）

② 求相贯线上的一般点：在最高点和最低点之间作辅助平面（水平面），它与圆锥面的交线为圆，与圆柱的交线为两平行直线，圆与两平行直线的交点（Ⅴ、Ⅵ、Ⅶ、Ⅷ）即为相贯线上的点，再分别求出它们的正面投影 5″、6″、7″、8″和水平投影 5、6、7、8。

③ 顺次光滑连接各点的同面投影，即为所求。

（2）内相贯线的画法　如图 2-69 所示，当在圆筒上钻有圆形通孔时，圆孔与圆筒的内外表面都产生相贯线。在内表面上产生的相贯线常被称为内相贯线。求法与外相贯线相同，只是处在内表上，其投影应画成细虚线。

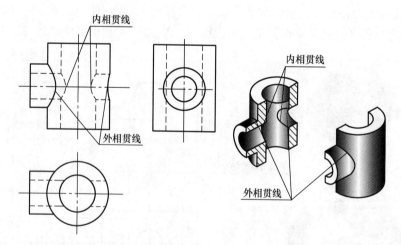

图 2-69　孔与孔正交时相贯线的画法

（3）相贯线的特殊情况　两回转体相交，在一般情况下，相贯线为空间曲线。但在特殊情况下，相贯线为平面曲线或直线，见表 2-11。

（4）相贯线的近似画法　当两圆柱轴线正交，且直径相差较大（大直径与小直径之比约≥1.5）时，绘制相贯线允许用圆弧代替，以简化作图。绘制过程如图 2-70 所示。

表 2-11 相贯线的特殊情况

类型	投影及说明	类型	投影及说明
等径圆柱正交相贯	相贯线为椭圆，正面投影为相交直线，水平、侧面投影为圆	柱锥正交相贯公切于一球	相贯线为椭圆，正面投影为相交直线，水平、侧面投影为椭圆
圆柱与圆球同轴正交	相贯线为圆，正面投影为直线，水平投影为圆，侧面投影为直线	圆锥与圆球同轴正交	相贯线为圆，正面投影为直线，水平投影为圆、侧面投影为直线

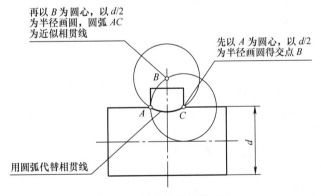

再以 B 为圆心，以 d/2 为半径画圆，圆弧 AC 为近似相贯线

先以 A 为圆心，以 d/2 为半径画圆得交点 B

用圆弧代替相贯线

图 2-70 相贯线的近似画法

2.5.3 组合体三视图的画法

在画组合体视图时，需用形体分析法，对组合体进行形体分析，并按基本体之间的表面连接关系，逐个进行作图。

以支架为例，归纳画组合体视图的方法和步骤。

1. 形体分析

如图 2-71a 所示的支架，可以假想将其分解成底板 1、支承板 2、肋板 3、圆筒 4 和凸台 5。底板上有圆角和两个圆孔，圆筒上的孔和凸台上的孔相通，属于综合型组合体；各组成

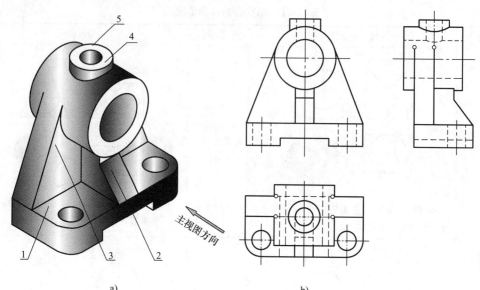

图 2-71 支架的形体分析

a）支架 b）三视图

部分之间的相对位置为左右对称，底板和圆筒之间由相互垂直的肋板和支承板连接，组合形式为叠加；支承板的左右两侧面和圆筒相贯，相贯线为圆弧和直线；小凸台与圆筒相贯，相贯线为空间曲线。

2. 选择视图

（1）选择主视图   主视图是三视图中最主要的一个视图，对主视图的选择是否恰当，直接影响整个视图对物体表达的清晰度和合理性。

选择主视图时通常考虑以下几方面：

1）选择反映形状特征的一面为主视图的投影方向，即最能表达物体各组成部分的形状及相对位置关系。

2）使主视图符合物体的自然安放位置和工作位置。

3）应考虑使其他视图中的虚线要少，以使视图清楚和便于画图。如图2-71所示，选择箭头所指方向为主视图方向，满足上述要求。

（2）视图数量的确定   在表达清晰、完整的前提下，力求视图数量要少。该支架需要画出三个视图，如图2-71b所示。

3. 画图的方法与步骤

（1）选择比例，确定图幅   一般绘图比例尽量选用1∶1，图纸幅面应根据组合体的长、宽、高三个方向的尺寸及复杂程度确定，同时要考虑尺寸标注和标题栏所占据的位置。

（2）布置视图   布图时应将视图均匀地布置在图纸幅面上，视图之间要留够尺寸标注的空间。

（3）绘制底稿   支架底稿的绘图步骤见表2-12。

画底稿过程中还要注意以下两方面：

1）从反映形状特征的视图入手：先主后次；先大后小；先圆弧后直线；先可见后不可见。

2）形体的每一组成部分，力求三个视图配合着画，切忌先把一个视图全部画完再画另一个视图，以便提高画图速度和避免多、漏图线。

（4）检查加深图线完成作图

表 2-12 组合体三视图画图步骤

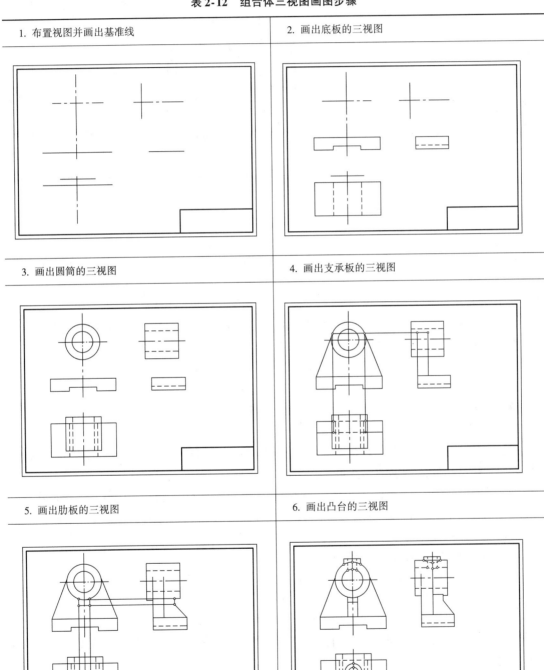

1. 布置视图并画出基准线	2. 画出底板的三视图
3. 画出圆筒的三视图	4. 画出支承板的三视图
5. 画出肋板的三视图	6. 画出凸台的三视图

（续）

7. 画出底板圆角及圆孔	8. 检查、加深图线完成三视图
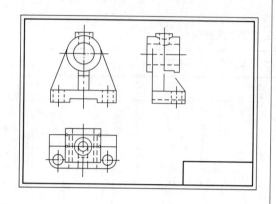	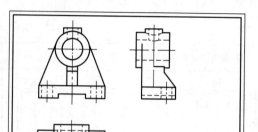

2.5.4　组合体的尺寸注法

组合体的视图仅反映其形状结构，而它的大小必须根据标注在视图上的尺寸来确定。标注尺寸的要求：尺寸标注必须完整、不重复、不缺漏，要符合国标规定，并要清晰，便于看图。

1. 尺寸种类

为了使尺寸标注完整，标注组合体尺寸时，必须用形体分析法，确定各组成部分的大小和它们之间的相对位置。一般标注以下三类尺寸：

（1）定形尺寸　确定组合体各组成部分的大小、形状的尺寸。

（2）定位尺寸　确定组合体各组成部分相对位置的尺寸。

（3）总体尺寸　确定组合体总长、总宽和总高的尺寸。

2. 尺寸基准的选择

标注定位尺寸时必须选择好定位尺寸的尺寸基准。所谓尺寸基准就是标注尺寸的起点，即用以确定尺寸位置所依据的一些点、线、面。

组合体有长、宽、高三个方向的尺寸，每一个方向至少有一个尺寸基准，用它来确定基本形体在该方向的相对位置。标注尺寸时，通常以形体的底面、端面或较大的平面、对称面、轴线等作为尺寸基准。

3. 组合体尺寸标注的方法和步骤

以支架为例说明组合体尺寸标注的方法和步骤，具体见表2-13。

（1）形体分析　该组合体可以分为五个部分。

（2）选择尺寸基准　由支架的结构特点和作用可知，底板下表面是安装面，可以作为高度尺寸基准；支架左右对称，对称面为长度尺寸基准；支架的支承板面积较大，可以选其作为宽度尺寸基准。

（3）标注尺寸

1）标注定形尺寸，确定支架上各个部分的形状大小。

2）从选择的基准出发，标注定位尺寸，确定支架上各个部分的相对位置。

表 2-13　组合体尺寸标注

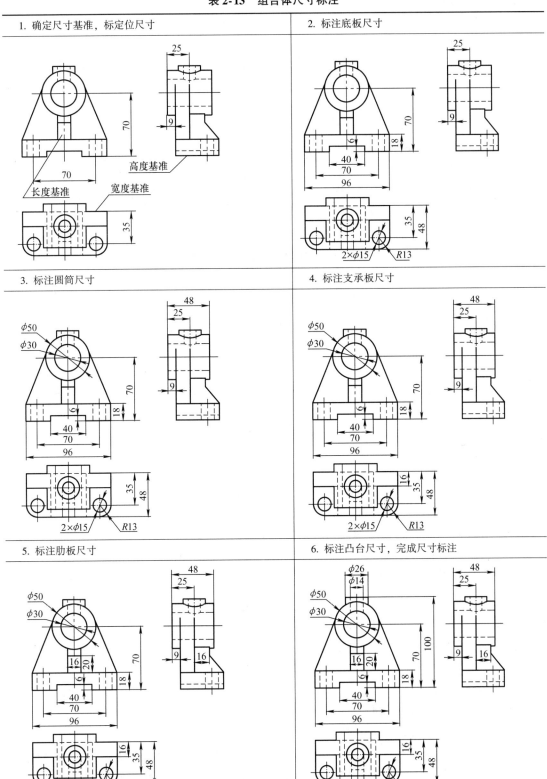

1. 确定尺寸基准，标定位尺寸	2. 标注底板尺寸
3. 标注圆筒尺寸	4. 标注支承板尺寸
5. 标注肋板尺寸	6. 标注凸台尺寸，完成尺寸标注

3）标注总体尺寸。

4）检查、修改或调整所标注的尺寸，完成标注。

4. 标注尺寸应注意的问题

1）为便于看图，同一形体尺寸要相对集中，并尽量注在形状特征最明显的视图上。如底板的尺寸就集中标注在主、俯视图上；肋板和圆筒的尺寸则集中在主、左视图上。

2）两视图共同有关的尺寸，要尽量注在两视图之间，如底板的长度尺寸就注在主、俯视图之间；高度尺寸标注在主、左视图之间。尽量标注在视图的外面。

3）虚线上尽量避免标注尺寸。

4）截交线和相贯线上不标尺寸。

以上只是标注尺寸的一些基本要求，实际工作中应在保证完整、清晰的前提下灵活运用。

5. 组合体常见结构的尺寸注法

表 2-14 列出了在标注组合体尺寸时容易出现错误的尺寸注法。

表 2-14　组合体常见结构尺寸注法

正确注法	错误注法	正确注法	错误注法

2.5.5　看组合体视图的方法

画图是将物体画成视图表达其形状，看图是依据视图及投影关系想象出物体的形状，显然后者难度较大。画图和看图是密切联系、相辅相成的过程。为了能够正确迅速地看懂视图，必须掌握看图的基本要领和基本方法，通过反复实践，培养空间思维能力，提高看图水平。

1. 看组合体视图的方法

（1）看组合体的基本要领

1）必须将几个视图联系起来看。

① 只看一个视图不能看出物体的形状。如图 2-72 所示，按图 2-72b、c 中箭头所指的方向进行投影所得的主视图均为图 2-72a 所示，所以只用一个视图不能确切表示物体空间形状。

② 看两个视图也无法确定物体的形状如图 2-73 所示，按图 2-73b、c 中箭头所指示的方向进行投影，给出主视图、左视图，如图 2-73a 所示。所以两个视图也不能确切表示物体空间形状。

因此，看图时，必须抓住反映形状特征的视图，把所给的视图联系起来看，才能想象出物体的确切形状，如图 2-74 所示。

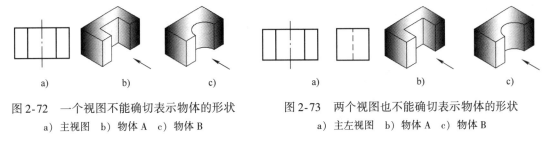

图 2-72　一个视图不能确切表示物体的形状
　　a）主视图　b）物体 A　c）物体 B

图 2-73　两个视图也不能确切表示物体的形状
　　a）主左视图　b）物体 A　c）物体 B

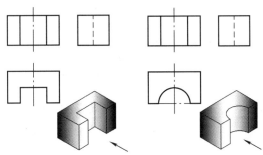

图 2-74　三个视图联系起来看才能确切表示物体的形状

2）必须熟悉各基本体的投影特征：任何复杂物体的视图中都包含基本体的投影，如果熟悉了基本体的投影特征，在看图时就很容易。

3）必须弄清视图中图线和线框的含义：视图是由一个或多个封闭线框围成的，线框又是由图线围成的，看图时必须弄清图线和线框的含义。

视图中图线的含义如下：

① 有积聚性的面的投影。

② 与投影面不垂直的面与面的交线的投影。

③ 与投影面不垂直的曲面的轮廓素线的投影。

如图 2-75 所示，注有 △ 符号的线是具有积聚性面（平面或曲面）的投影；注有 ○ 符号的线则是回转体（内、外圆柱）轮廓素线（或转向线）的投影；注有 × 符号的线是立体表面交线的投影。

视图中线框的含义：

① 一个封闭线框表示物体的一个面（平面、曲面、组合面或孔）。

② 相邻的两个封闭线框，表示物体上位置不同的两个面。

③ 一个大封闭线框内所包含的各个小线框，表示在大平面（曲面）体上凸出或凹下的各个小平面（曲面）体。

如图 2-75 所示，主视图上的 1′ 是立体图中 I 面的投影；2′、3′ 是立体图中圆柱体部分的外表面 II 和内表面 III 的投影。

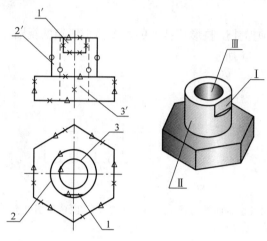

图 2-75　图线和线框的含义

（2）看组合体视图的方法及步骤　常用的看组合体视图的方法及步骤见表 2-15。

表 2-15　看组合体视图的方法和步骤

方法	步骤	说　　明	应 用 范 围
形体分析法	①形体分析	对组合体的整体外观有一个全面的认识	看叠加型、综合型组合体视图
	②对准投影想形状	由图线、线框的含义和三等关系想出各部分形状	
	③综合起来想整体	由各部分的位置关系、组合方式、表面连接形式，最后想象出整体形状	
线面分析法	①形体分析	想象组合体的原始形状	看切割型组合体视图
	②线面分析	由三等关系和线、面的投影特点想象出空间形状	
	③综合起来想整体	搞清面与面的相对位置与空间形状，想象出整体形状	

2. 组合体读图举例

（1）用形体分析法看组合体三视图

1）形体分析：如图 2-76a 所示是一个综合型组合体的三视图。通过形体分析，主视图较明显地反映出该组合体可划分成 I、II、III 三部分，并反映出 I、II 两部分的形状特征；左视图反映出 III 部分的形状特征。

2）对准投影想形状：结合俯视图和左视图再根据三等关系找到这三部分的对应投影，并想象出这三部分的形状。如图 2-76b、c、d 所示。

3）综合起来想整体：II 在 I 的右、后上方，并且 II 的右、后面与 I 的右、后面对齐；III 在 I 的上方与 II 的前面正中靠齐，起连接、加强 I 和 II 的作用。综合想象出组合体的整体形状，如图 2-77 所示。

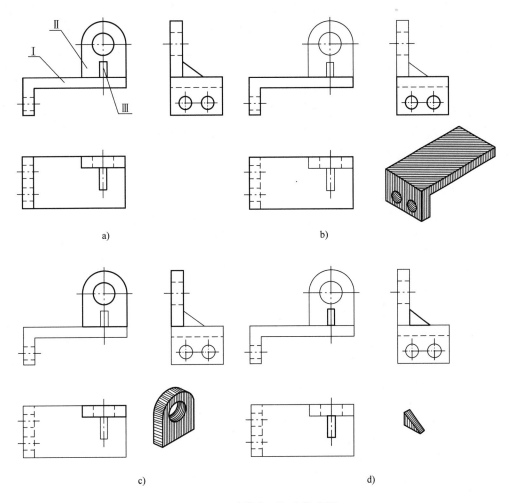

图 2-76　读综合型组合体步骤

a) 综合型组合的三视图　b)、c)、d) 对照投影想组合体形体

（2）用线面分析法看组合体三视图

1）形体分析：如图 2-78 所示是一个切割型组合体的三视图。通过对该形体的分析可以看出它的原始形状是一个长方体，然后经过几次截切得到目前的形状。

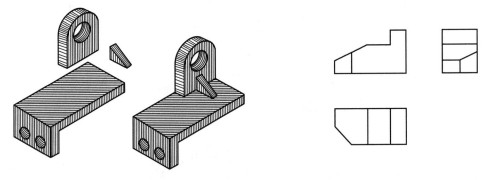

图 2-77　综合型组合体的立体图　　　　图 2-78　切割型组合体三视图

2）线面分析：从主视图上方的缺角可以看出该组合体是由一个正垂面、一个水平面和一个侧平面截切形成的，从俯视图左前方的缺角可以看出是由一个铅垂面截切形成的。

当截平面为"垂直面"时，从该平面截后的截口在三个投影面上的投影特点找出该部分结构。主要运用一个投影具有积聚性并且该投影与两个投影轴都倾斜一个角度，另两个投影都是类似形的投影特点，如图2-79a、b所示。

当截切面为"平行面"时，从该平面截后的截口在三个投影面上的投影特点找出该部分结构。主要是运用两个投影具有积聚性并且这两个投影都平行于投影轴，第三个投影反映该部分真实形状的投影特点，如图2-79c、d、e、f所示。

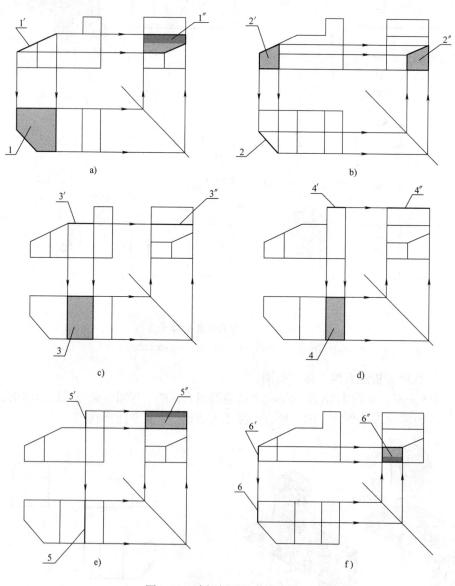

图2-79 读切割型组合体步骤

a）正垂面Ⅰ的投影 b）铅垂面Ⅱ的投影 c）水平面Ⅲ的投影

d）水平面Ⅳ的投影 e）侧平面Ⅴ的投影 f）侧平面Ⅵ的投影

3）综合起来想整体：通过看该组合体各表面的空间位置与形状后，再搞清面与面之间的相对位置，综合起来想象出空间形状，如图 2-80 所示。

还应指出，在以上举例过程中没有涉及尺寸标注，在实际看图过程中，图中完整合理的尺寸还会有助于分析物体的形状，例如直径符号 ϕ、半径符号 R、球面 $S\phi$、SR 等符号。所以在读图过程中不要忽略了尺寸的作用。

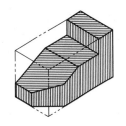

图 2-80　切割型组合体的立体图

2.6　组合体轴测图的绘制

2.6.1　组合体正等轴测图的画法

1. 叠加法

先将组合体分解成若干个基本体，然后按其相对位置逐个画出各基本形体的轴测图，进而完成整体的轴测图，这种方法称为叠加法。

例 2-24　如图 2-81a 所示为组合体三视图，作其正等轴测图。

该组合体由底板、立板及两个三角形肋板叠加而成，画其轴测图时，可采用叠加法。其作图步骤如图 2-81b、c、d、e 所示。

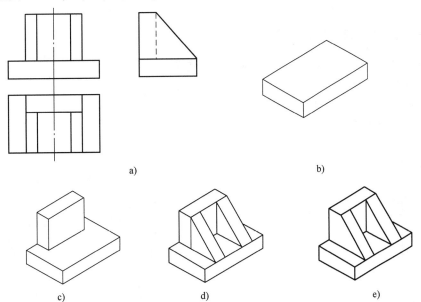

a)　　　　　　　　　　　　　　b)

c)　　　　　d)　　　　　e)

图 2-81　用叠加法画组合体的正等测图

a）视图　b）画底板的正等测图　c）画立板的正等测图

d）画两块肋板的正等测图　e）描深，完成全图

2. 挖切法

画切割体的轴测图，可以先画出完整的简单形体的轴测图，然后按其结构特点逐个切去多余的部分，进而完成切割体的轴测图，这种绘制轴测图的方法称为挖切法。

例 2-25　作出如图 2-82a 所示组合体的正等测图。

该组合体是由一长方体经过多次切割而形成的。画其轴测图时，可用切割法，即先画出整体（方箱），再逐步截切而成。其作图步骤如图 2-82b、c、d、e 所示。

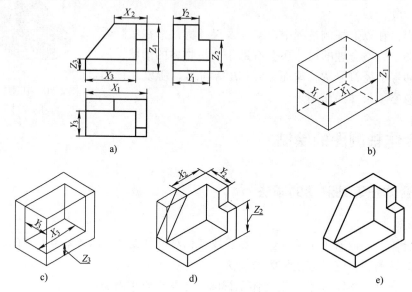

图 2-82　用挖切法画平面立体的正等轴测图

a）三视图　b）画长方体　c）切左前角　d）切斜面和右前角

e）擦去多余图线，描深，完成全图

2.6.2　组合体斜二测图的画法

例 2-26　作出如图 2-83a 所示组合体的斜二测图。

该组合体为一综合型组合体，形体既有叠加部分也有挖切部分，并且在正面投影上还存在圆的结构，所以选择斜二测图比较方便画图，也更加直观。结合前面学习的斜二测图基本知识可得具体作图步骤。

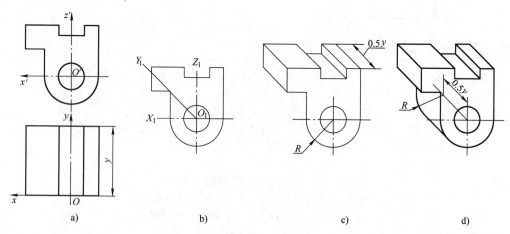

图 2-83　组合体斜二测图的画法

a）在视图上定出直角坐标系，原点设在圆心　b）在 $X_1 O_1 Z_1$ 坐标面内画出物体前面的图形

c）沿 $O_1 Y_1$ 方向按 0.5y 画出上半部分轴测图　d）将前面弧沿 $O_1 Y_1$ 斜移动 0.5y 至后面，作前后圆弧的公切线

学习单元3　机械图样上常用的表达方法

【单元导读】

主要内容：

1. 基本视图、向视图、局部视图及斜视图的画法及应用

2. 剖视图概念、形成、分类、标记及应用

3. 断面图概念、形成、分类、标记及应用

4. 局部放大图、简化画法和规定画法

任务要求：

1. 熟悉基本视图、向视图、局部视图及斜视图的画法及应用

2. 掌握全剖视图、半剖视图、局部剖视图的形成、剖切面的种类及断面图应用场合

3. 区别并灵活应用剖视图、断面图

4. 熟练运用各种表达方法

教学重点：

1. 剖视图、断面图的表达方法、标记和应用

2. 综合运用各种表达方法

教学难点：

1. 剖视图、断面图剖切位置的确定及标记

2. 为复杂形体选择表达方法

3.1　视图

零件结构虽千变万化，但仍有一些共同的特点，根据其特点，可大致将零件分为轴套类零件、轮盘类零件、叉架类零件和箱体类零件，如图3-1所示。

在加工、检验零件的过程中或在设计时需要零件图，工程技术人员必须具有一定的读图能力。在前面已经学习过利用形体分析、线面分析读图的方法，但仅仅从几何形体的角度进行分析是不够的，还必须根据零件的作用，有关机械结构和加工知识以及所注尺寸和技术要求，进一步对零件结构进行分析，才能把零件图完全看懂。在读图的过程中还要重点看看采用了哪些表达方法，一般国家标准《技术制图　图样画法》、《机械制图　图样画法》及《技术制图　简化画法》规定的表达方法包括：基本视图、向视图、局部视图及斜视图，剖视图、断面图，局部放大图及简化画法等。

根据有关标准和规定，用正投影法所绘制出的物体的图形称为视图。视图主要用于表达物体的可见部分，必要时才画出其不可见部分，视图包括基本视图、向视图、局部视图及斜视图。

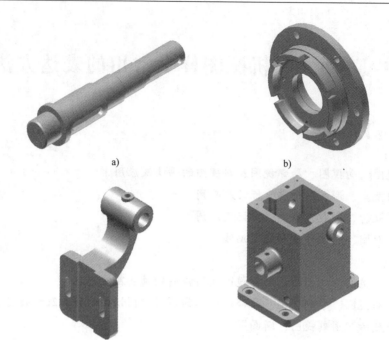

图 3-1　四大类零件

a）输出轴（轴套类零件）　　b）透盖（轮盘类零件）　　c）吊架（叉架类零件）　　d）蜗杆减速箱（箱体类零件）

3.1.1　基本视图（GB/T 17451—1998 和 GB/T 4458.1—2002）

把物体向基本投影面投影所得到的视图称为基本视图。

当物体的结构形状复杂时，为了完整、清晰地表达物体各个方向的形状，国家标准规定，在原有的三个投影面的基础上，再增设三个投影面，成为六个投影面。这六个投影面可以看成是正六面体的六个面，称为六个基本投影面。把物体置于这个正六面体中，按图 3-2 中字母所指方向向这六个基本投影面上投射所得到的视图分别是主视图、俯视图、左视图、右视图、后视图和仰视图，把这六个视图称为基本视图。

主视图（或称 A 视图）——自物体的前方（a 方向）投射所得到的视图。

俯视图（或称 B 视图）——自物体的上方（b 方向）投射所得到的视图。

左视图（或称 C 视图）——自物体的左方（c 方向）投射所得到的视图。

右视图（或称 D 视图）——自物体的右方（d 方向）投射所得到的视图。

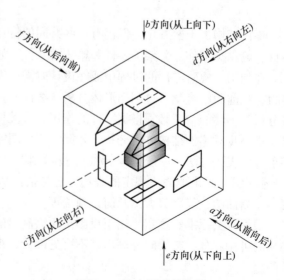

图 3-2　基本视图的获得

仰视图（或称 E 视图）——自物体的下方（e 方向）投射所得到的视图。

后视图（或称 F 视图）——自物体的后方（f 方向）投射所得到的视图。

六个基本投影面展开的方法如图 3-3 所示，即正面保持不动，其他投影面按箭头所指方向旋转到与正面共同处于同一个平面内。

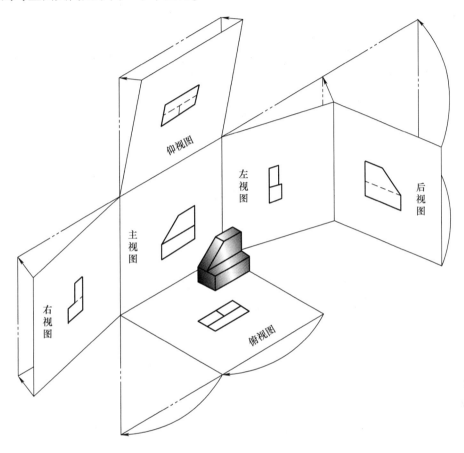

图 3-3　基本视图的展开

六个投影面展开后，在同一张图纸中按图 3-4 所示进行配置，各视图一律不标注图名。六个视图仍保持三等对应关系，即主、俯、仰、后视图长相等；主、左、右、后视图高相等；

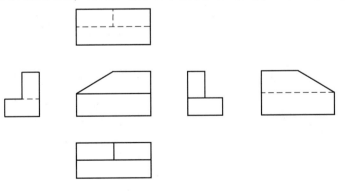

图 3-4　六个基本视图的配置

俯、左、右、仰视图宽相等的投影规律。除后视图外，其他视图仍保持靠近主视图一边是物体的后面，远离主视图的一边是物体的前面。在绘制物体的视图时，根据实际情况选择基本视图，不必将六个基本视图全部画出，优先选择主、俯、左视图。

3.1.2 向视图 （GB/T 17451—1998、GB/T 4458.1—2002）

向视图是可以自由配置的基本视图。

在实际绘图过程中，将六个基本视图按基本视图的位置配置有困难时，可以采用向视图配置，在向视图的上方标注"×"，×为大写的斜体拉丁字母，在相应的视图上方用箭头指明投射方向，并标上相同的字母，如图 3-5 所示。

向视图是基本视图的一种表达形式。向视图中主、俯、左视图的位置不变，与基本视图的主要区别在于右、后、仰视图的配置形式不同。

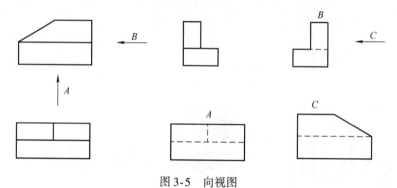

图 3-5 向视图

3.1.3 局部视图 （GB/T 17451—1998、GB/T 4458.1—2002）

局部视图是将物体的某一局部向基本投影面投射所得到的视图，如图 3-6 所示。物体左右两侧的凸台结构在主、俯视图中没表达清楚，而又不必画出左视图和右视图，这时可以用局部视图表示。

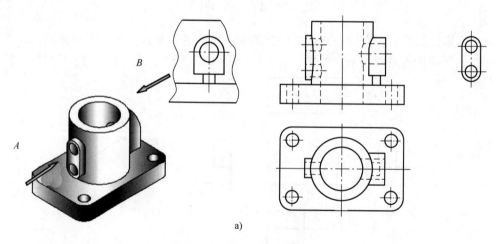

a)

图 3-6 局部视图

a）可省略标注

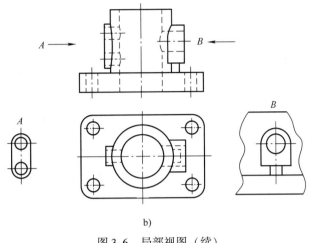

图 3-6　局部视图（续）

b）必须标注

局部视图的表达如下：通常用波浪线（或双折线）表达断裂边界，如图 3-6 中的 *B* 向局部视图所示。当要表达的结构是完整的，且轮廓成封闭时，波浪线可以省略，如图 3-6 中的 *A* 向局部视图所示。

局部视图的配置如下：

1）当按基本视图配置，中间无其他视图隔开时，可省略标注，如图 3-6a 所示。

2）也可以将它放在其他位置，但必须标注。局部视图也可按向视图配置，必须标注，如图 3-6b 所示。

3.1.4　斜视图（GB/T 17451—1998、GB/T 4458.1—2002）

斜视图是将物体向不平行于基本投影面的平面投影所得到的视图，主要表达物体上与基本投影面倾斜的部分。如图 3-7 所示是物体上带有与基本投影面不平行部分的投影，俯视图左侧不反映物体真实形状，表达失去意义。

斜视图的表达如下：设立一个辅助投影面 *P*，使 *P* 与物体上和基本投影面不平行的部分平行，且与某一基本投影面垂直，然后投影，在 *P* 上得到的视图就是斜视图。表达时要用波浪线将它与物体上的其他部分分开，如图 3-8 所示。

斜视图的配置如下：

1）尽量放在符合投影关系的位置上，如图 3-8a 所示。

2）也可以平移到其他位置上，必须标注，如图 3-8b 所示。

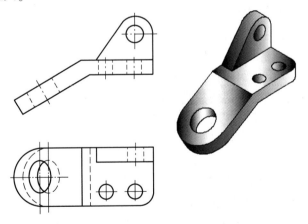

图 3-7　在基本投影面的投影

3）必要时还可以将斜视图旋转，旋转符号箭头指向应与旋转方向一致，字母写在箭头一侧，也允许将旋转角度标注在字母之后，如图 3-8c 所示。

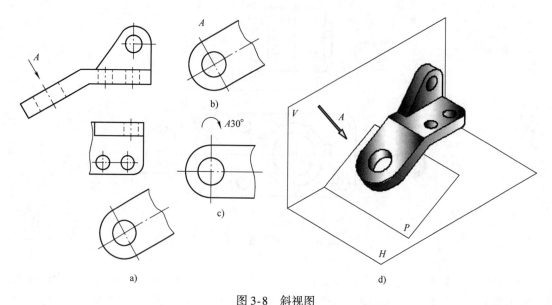

图 3-8 斜视图

a）放在符合投影关系的位置上 b）平移到其他位置 c）将斜视图旋转 d）立体图

3.2 常见的三种剖视图

3.2.1 剖视图的基本概念

如图 3-9 所示为用视图表达物体的结构，视图上的虚线较多，影响到视图的清晰度，给看图带来困难，不利于读图，更不便于标注尺寸。为了清楚地表达物体的内部结构形状，国家标准规定了剖视图的画法。

1. 剖视图的获得（GB/T 17452—1998、GB/T 4458.6—2002）

剖视图就是假想地用剖切平面剖开物体，将处在观察者和剖切平面之间的部分移去，而将其余的部分向投影面上投射所得到的图形，简称剖视，如图 3-10 所示。

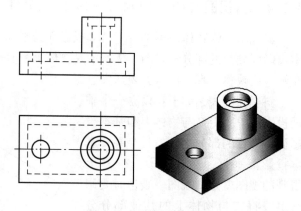

图 3-9 用视图表达物体

2. 剖面区域的表示法（GB/T 17453—2005）

国家标准规定，剖切面与物体接触区域即断面上应画上剖面符号。

1）当不需要在剖面区域中表示物体的材料类别时，应采用国家标准《技术制图 图样画法 剖面区域的表示法》中的规定：

① 剖面符号用通用剖面线表示。通用剖面线是与图形的主要轮廓线或剖面区域的对称线成 45°且间距（≈3mm）相等的细实线，向左或向右倾斜均可，如图 3-11 所示。

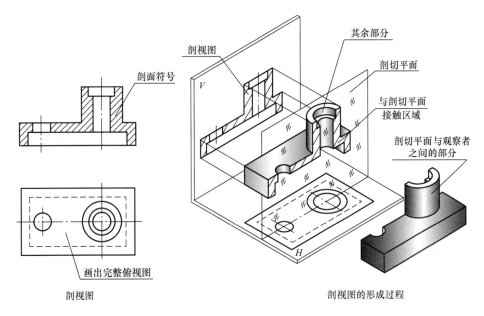

图3-10　剖视图的获得

② 同一物体的各个剖面区域，其剖面线的方向及间隔应一致。在如图3-12所示的主视图中，由于物体倾斜部分的轮廓与底面成45°，而不宜将剖面线画成与主要轮廓线成45°时，可将该图形的剖面线画成与底面成30°或60°的平行线，但其倾斜方向仍应与其他图形的剖面线一致。

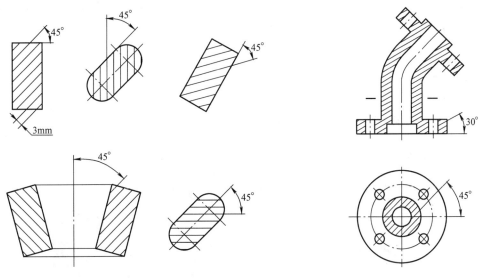

图3-11　通用剖面线的画法　　　　　　图3-12　30°或60°剖面线的画法

2）当需要在剖面区域中表示物体的材料类别时，应按照国家标准GB/T 4457.5—2013《机械制图　剖面区域的表示法》中的规定绘制。

常用的剖面符号见表3-1。由表3-1可见，金属材料的剖面符号与通用剖面线一致。剖面符号仅表示材料的类别，而材料的名称和代号需在机械图样中另行注明。

表 3-1　剖面符号（摘自 GB/T 4457.5—2013）

金属材料（已有规定剖面符号者除外）		木质胶合板（不分层数）	
线圈绕组元件		基础周围的泥土	
转子、电枢、变压器和电抗器等的叠钢片		混凝土	
非金属材料（已有规定剖面符号者除外）		钢筋混凝土	
型砂、填砂、粉末冶金、砂轮、陶瓷刀片、硬质合金刀片等		砖	
玻璃及供观察用的其他透明材料		格网（筛网、过滤网等）	
木材	纵断面	液体	
	横断面		

注：1. 剖面符号仅表示材料的类型，材料的名称和代号另行注明。

　　 2. 叠钢片的剖面线方向，应与束装中叠钢片的方向一致。

　　 3. 液面用细实线绘制。

3. 剖视图的标注

为了便于看图，在画剖视图时，应将剖切位置、剖切后的投射方向和剖视图的名称标注在相应的视图上，如图 3-13 所示。标注的内容有以下三项：

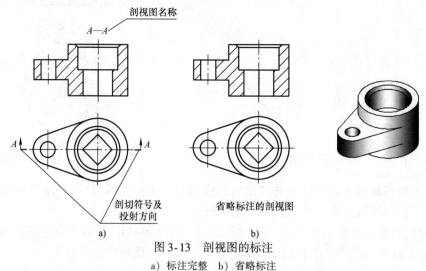

图 3-13　剖视图的标注

a) 标注完整　b) 省略标注

（1）剖切符号　表示剖切面的位置。在相应的视图上，用剖切符号（线长为 5 ~ 8mm 的粗实线）表示剖切面的起、迄和转折处位置，并尽可能不与图形的轮廓线相交。

（2）投射方向　在剖切符号的两端外侧，用箭头指明剖切后的投影方向。

（3）剖视图的名称　在剖视图的上方用大写的拉丁字母标注剖视图的名称" × – ×"，并在剖切符号的起、迄和转折处夹角的外侧，标注上同样的字母，字母一律水平书写。

在下列情况下，可以省略或简化标注：

① 当单一剖切平面通过物体的对称面或基本对称面，且剖视图按投影关系配置，中间又没有其他视图隔开时，可以省略标注，如图 3-13b 所示。

② 当剖视图按投影关系配置，中间又没有其他图形隔开时，可以省略箭头，如图 3-14 所示。

③ 在剖视图中，剖切符号转折处位置有限且不至于引起误解的情况下，允许将字母省略，如图 3-14 所示。

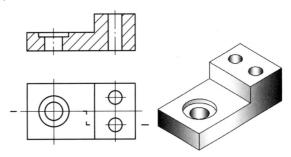

图 3-14　省略箭头和字母的剖视图

4. 画剖视图的注意事项

1）为使剖切到的结构要素反映实形，剖切面一般应通过物体的对称面、基本对称面或内孔、槽的轴线，并与投影面平行，如图 3-10 所示。

2）由于剖切是假想的，所以在一个视图上采取剖视画法后，其他视图仍应按完整物体画出，如图 3-10 所示的俯视图要完整画出。

3）剖视图中的虚线一般不画，仅在不影响视图清晰的情况下，为了减少视图的数量才画出必要的虚线，如图 3-15 所示，画出虚线可以省略左视图以表达台阶的高度。

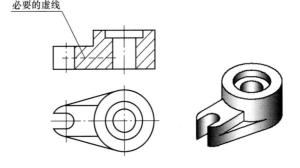

图 3-15　必要的虚线不能省略

4）因为剖视图是物体被剖切后剩余部分的完整投影，所以剖切后的可见轮廓线必须画出，不得遗漏，见表 3-2。

表 3-2　剖视图中易漏图线示例

剖视的立体图	错误画法	正确画法
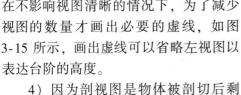		

（续）

剖视的立体图	错 误 画 法	正 确 画 法

3.2.2　剖视图的种类

根据剖开物体的范围，可将剖视图分为全剖视图、半剖视图、局部剖视图。国家标准规定，获得剖视图时所用剖切面可以是平面或曲面，可以是单一剖切面、几个平行的剖切平面或几个相交的剖切面（交线垂直于某一投影面）。

1. 全剖视图

用剖切平面将物体全部剖开所得到的剖视图，称为全剖视图，简称为全剖视。全剖视图主要用于表达外简内繁且不对称的物体。全剖视的标注规则如前所述。

（1）用单一剖切面获得的全剖视图　单一剖切面通常指平面或柱面。图 3-10、图 3-12、图 3-15 所示都是用单一剖切平面获得的全剖视图，是最常用的剖切形式。图 3-16 所示是用单一柱面剖切物体获得的全剖视图。当采用柱面剖切物体时，剖视图应展开绘制，标注剖视图时应在剖视图上方加注"×－×展开"字样。

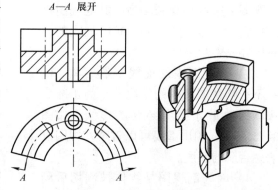

图 3-16　用单一柱面剖切获得的全剖视图

图 3-17 中的"A—A"剖视图采用的是单一剖切面，剖切平面不平行于任何基本投影面，它是全部剖开物体得到的全剖视图，主要用于表达物体上倾斜部分的结构形状。用单一的斜剖切面得到的全剖视图一般按投影关系配置，也可以将剖视图平移到适当的位置，必要时也允许将剖视图旋转配置，但必须标注旋转符号。对于该类剖视图必须进行标注，不得省略。

（2）用几个平行的剖切平面获得的全剖视图　当物体上有若干个不在同一平面上而又需要表达的内部结构时，可以采用几个平行的剖切平面剖开物体。几个平行的剖切平面可以是两个或两个以上，各剖切平面的转折处成直角，剖切平面必须是投影面的平行面或投影面的垂直面。如图 3-18 所示，物体上左侧的孔和中间的长槽不在物体的前后对称面上，用一个单一剖切平面不能同时剖切到，这时可以用三个互相平行的剖切平面分别通过左侧的孔、

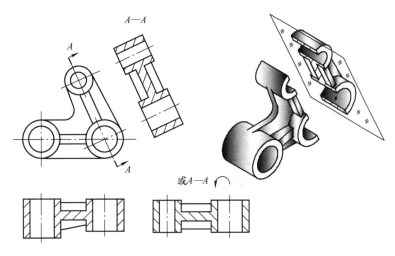

图3-17　用单一斜剖切面获得的全剖视图

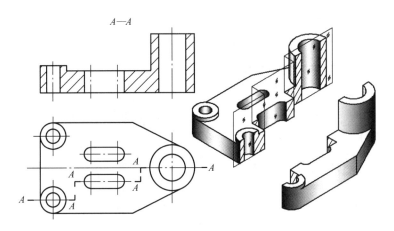

图3-18　用平行的剖切面获得的全剖视图

中间的长槽和前后对称面（都是正平面），再将三个剖切平面后面的部分同时向基本投影面上进行投射，即得到用三个互相平行的平面剖切后的全剖视图。

　　用几个平行的剖切平面剖切时，应注意以下几点：

　　① 在剖视图的上方，用大写的拉丁字母标注剖视图的名称"×－×"，在剖切平面起、迄和转折处画出剖切符号，并注上相同的字母。若剖视图按投影关系配置，中间又没有其他视图隔开，允许省略箭头，如图3-18所示。

　　② 在剖视图中一般不应出现不完整的结构要素，不应画出剖切平面转折处的界线，且剖切平面的转折处也不应与图中的轮廓线重合，如图3-19所示。

　　③ 只有当两个要素在图形上具有公共对称线或轴线时，才可以各画一半，并以对称线或轴线为分界线，如图3-20所示。

　　（3）用几个相交的剖切面获得的全剖视图　当物体上的孔（槽）等结构不在同一平面上，但却沿物体的某一回转轴线分布时，可以采用几个相交于回转轴线的剖切面剖开物体，将剖切面剖开的结构及有关部分旋转到与选定的投影面平行后，再进行投射。几个相交剖切

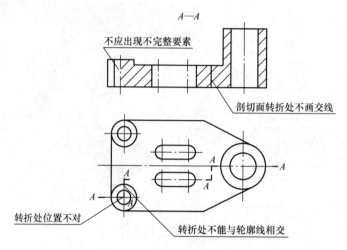

图 3-19　平行的剖切面获得全剖视图时的错误举例

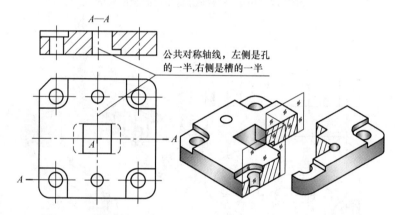

图 3-20　平行剖切面获得全剖视图时允许出现不完整要素举例

面（包括平面或柱面）的交线，必须垂直于某一基本投影面（投影面的垂直线）。

如图 3-21 所示，用相交的侧平面和正垂面（其交线是正垂线）将物体剖切，并将倾斜的部分绕轴线旋转到与侧面平行后再向侧面投射，即得到用两个相交平面剖切的全剖视图。

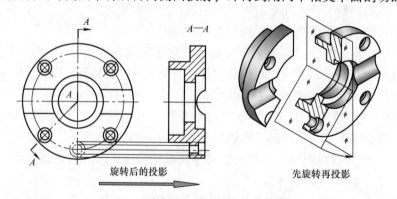

图 3-21　两个相交剖切平面获得的全剖视图

用几个相交的剖切面剖切时，应注意以下几点：

1) 这里应强调的是：切开后旋转，而不是将要表达的结构先旋转，然后再切开。因此，采用几个相交剖切面剖开时，往往有些部分的图形会伸长，如图 3-22 所示。

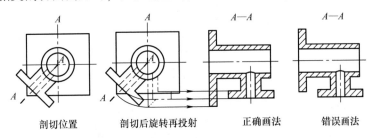

| 剖切位置 | 剖切后旋转再投射 | 正确画法 | 错误画法 |

图 3-22　先旋转再投射的画法举例

2) 剖切面后面的其他结构，一般按原来的位置进行投影，如图 3-23 所示。剖切平面的交线应与物体的回转轴线重合。

3) 当剖切后产生不完整要素时，应按不剖绘制，如图 3-24 所示。

4) 必须对剖视图进行标注，其标注形式及内容与几个平行平面剖切的剖视图的标注相同。

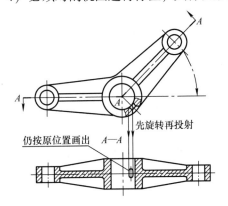

图 3-23　剖切平面后结构的画法

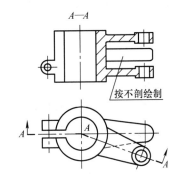

图 3-24　剖切平面后不完整要素的画法

2. 半剖视图

当物体具有对称面且对称面垂直于基本投影面时，在该投影面上的投影图可以以对称线为界，一半画成剖视图，另一半画成视图。这种组合的图形称为半剖视图，简称半剖视，如图 3-25 所示。

半剖视图主要用于内、外形状都需要表达的对称物体。

画半剖视图时应注意以下几点：

1) 视图部分和剖视图部分必须以点画线为界。在半剖视图中，剖视部分的位置通常可以按以下原则配置：

① 在主视图中，位于对称线的右侧。

② 在俯视图中，位于对称线的下方。

③ 在左视图中，位于对称线的右侧。

2) 由于物体的内部形状已经在半剖视图中表达清楚，所以在半剖视图中的虚线可以省略，但对于孔、槽等需要用细点画线表示其中心所在位置。

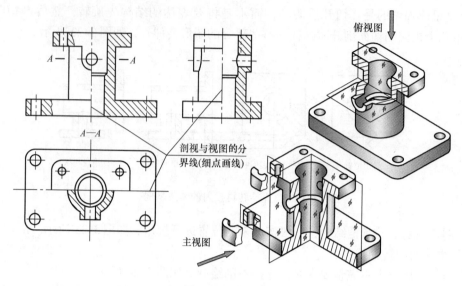

图 3-25　半剖视图

3) 对于在半剖视图中不易表达的对称结构，可以在视图中用局部剖视图的方式表达，如图 3-25 所示。

4) 半剖视图的标注方法与全剖视图相同。应注意的是，要将剖切符号画在图形轮廓线以外，如图 3-25 所示的 "A—A"。

5) 在半剖视图中标注对称结构的尺寸时，由于结构形状只表达出一半，则尺寸线应略超过对称线，并只在另一端画出箭头，如图 3-26 所示。

6) 当物体形状基本对称，且不对称部分已在其他视图中表达清楚时，也可以画成半剖视图，如图 3-27 所示。

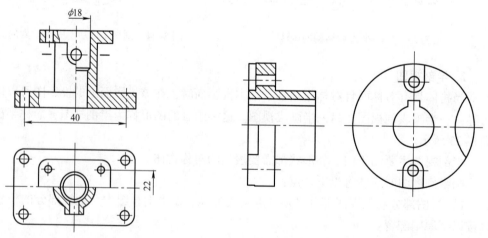

图 3-26　半剖视图尺寸标注

图 3-27　基本对称物体的半剖视图

半剖视图可以采用单一剖切面获得，也可以采用平行剖切面或采用几个相交的剖切面获得。图 3-28 所示是采用平行剖切面（其剖切平面是正平面）获得的半剖视图，图 3-29 所示是采用几个相交的剖切面（其剖切面的交线是铅垂线）获得的半剖视图。

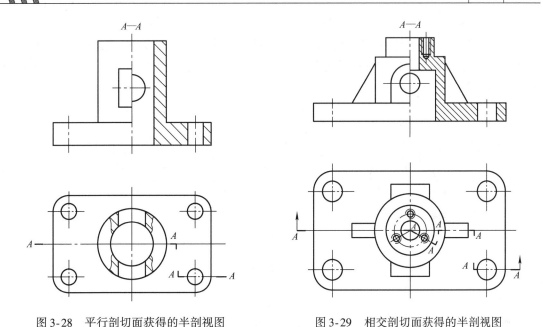

图 3-28　平行剖切面获得的半剖视图　　　　图 3-29　相交剖切面获得的半剖视图

3. 局部剖视图

用剖切面将物体局部剖开得到的剖视图，称为局部剖视图，简称局部剖。当物体只有局部内形需要表达，而又不宜采用全剖视时，可以采用局部剖视图表达，如图 3-30 所示。

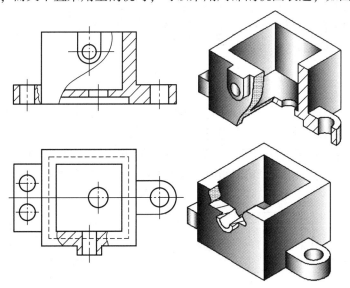

图 3-30　局部剖视图

局部剖视图比较便捷、灵活，它的剖切位置和剖切范围可以根据实际需要来确定。但在一个视图中，若过多地使用局部剖视图，会造成视图凌乱、支离破碎，给看图造成困难，所以剖切部位不宜过多。

画局部剖视图时应注意以下几点：

1）局部剖视图的视图部分和剖视部分以波浪线分界。波浪线要画在物体的实体部分，不应超出视图的轮廓线，也不能与其他轮廓线重合，如图 3-31 所示。

2）被剖的结构为回转体时，允许将该结构的中心线作为局部剖视与视图的分界线。当对称物体的内部（或外部）轮廓线与对称线重合而不宜采用半剖视图时，可以采用局部剖视图，如图 3-32 所示。

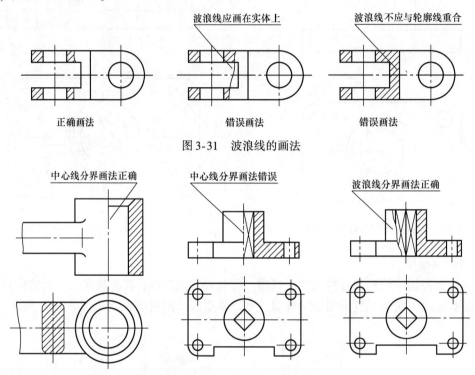

图 3-31　波浪线的画法

图 3-32　局部剖视图的特殊情况

3）对于剖切位置明显的局部剖视图，一般不标注，如图 3-30 所示，必要时按全剖视图标注。局部剖视图可以采用单一剖切面获得，也可以采用平行剖切面或几个相交的剖切面获得。如图 3-33 所示是采用平行剖切面（其剖切平面是正平面）获得的局部剖视图；图 3-34 所示是采用几个相交的剖切面（其剖切面的交线是铅垂线）获得的局部剖视图。

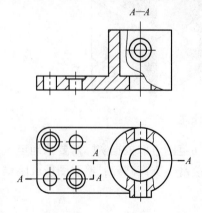

图 3-33　平行剖切面获得的局部剖视图

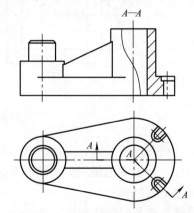

图 3-34　相交剖切面获得的局部剖视图

3.2.3　剖视图中的规定画法

1）画各种剖视图时，对于物体上的肋板、轮辐及薄壁等，若按纵向剖切，这些结构可都不画剖面符号，用粗实线将它们与相邻的部分分开。采用全剖视图时，剖切平面通过中间肋板的纵向对称平面，在肋板的范围内不画剖面符号，肋板与其他部分的分界处均用粗实线画出。如图 3-35 所示的"A—A"剖视图，剖切平面垂直于肋板和支承板（即横向剖切），所以仍需要画出剖面符号。

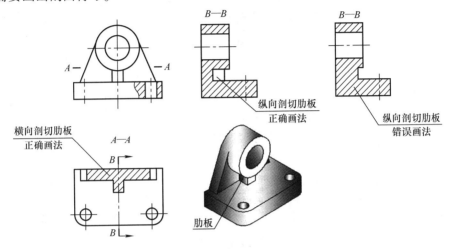

图 3-35　剖视图中肋板的画法

2）回转体上均匀分布的肋板、孔等结构不处于剖切平面上时，可以假想地将这些结构旋转到剖切平面上画出，如图 3-36 所示。

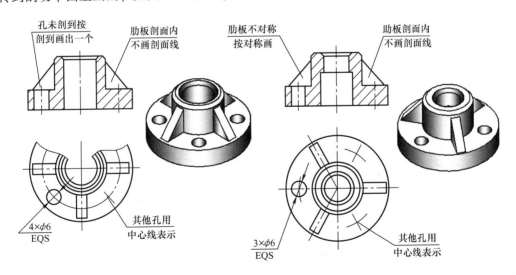

图 3-36　回转体上均布结构的画法

3）当剖切平面通过辐条的基本轴线（即纵向）时，剖视图中辐条部分不画剖面符号，且不论辐条数量为奇数或偶数，在剖视图中都要画成对称的，如图 3-37 所示。

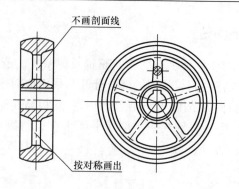

图 3-37　剖视图中辐条的规定画法

3.3　两种断面图

3.3.1　断面图概念

　　假想用剖切平面将物体的某处切断，仅画出该剖切面与物体接触部分的图形，称为断面图，简称断面，如图 3-38 所示。

　　断面图和剖视图的主要区别是断面图仅画出断面的形状，剖视图不仅要画出断面的形状，而且还要画出剖切面后面物体完整的投影。断面图实际上就是使剖切平面垂直于结构要素的中心线（轴线或主要轮廓线）进行剖切，然后将断面图形旋转 90°而得到。

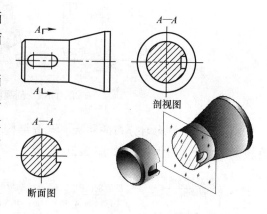

图 3-38　断面图的概念

　　断面图主要用于表达物体上的某一局部断面形状，如肋板、轮辐、键槽、小孔及各种型材的断面形状。

3.3.2　断面图的种类

　　根据断面在图样中的位置不同通常将断面图分为移出断面图和重合断面图。

　　1. 移出断面图（GB/T 17452—1998、GB/T 4458.6—2002）

　　画在视图之外的断面图称为移出断面图，简称移出断面。画移出断面图时的注意事项如下：

　　1）移出断面图的轮廓用粗实线绘制，如图 3-38 所示的断面图 A—A。

　　2）移出断面图应尽量配置在剖切符号或剖切线的延长线上，如图 3-38 所示的断面图 A—A 配置在剖切符号的延长线上。也可以配置在其他位置，如图 3-39 所示。

　　3）当剖切平面通过非圆孔，出现完全分离的两个断面时，这些结构可以按视图绘制，如图 3-40 所示。

　　4）当剖切平面通过回转面形成的孔（或凹坑）的轴线时，这些结构可以按视图绘制，

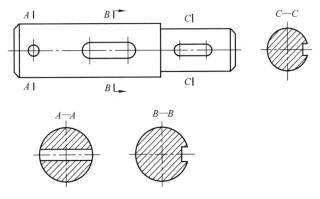

图 3-39　断面配置在其他适当位置

如图 3-41 所示。

5）如断面图对称，可以画在视图的中断处，如图 3-42 所示。

6）当移出断面图由两个或多个相交的剖切平面形成时，断面图应中间断开。为反映断面实形，剖切面一般应与被剖切部分的轮廓线垂直，如图 3-43 所示。

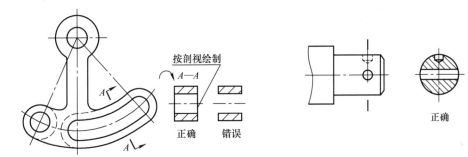

图 3-40　按剖视绘制的断面图

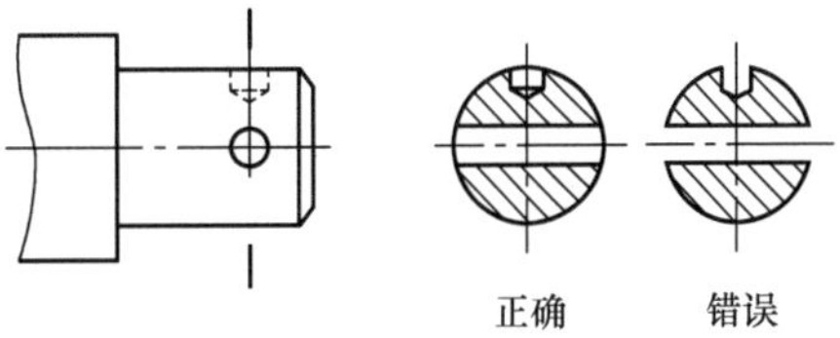

图 3-41　回转结构按剖视绘制的断面图

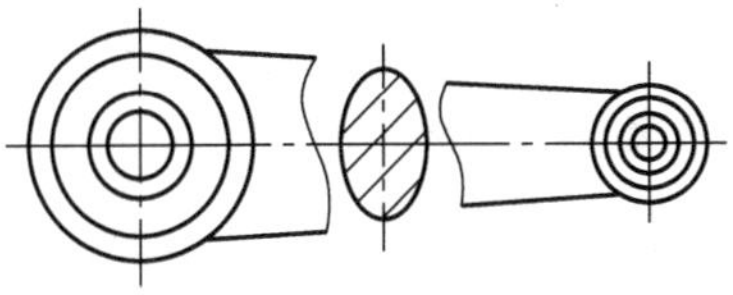

图 3-42　断面图画在视图的中断处

图 3-43　相交剖切平面获得的移出断面图

7）移出断面图一般应用剖切符号表示剖切位置，用箭头表示投射方向，标注字母，在剖视图的上方用同样的字母标出相应的名称"×－×"。根据断面图是否对称及其配置位置，标注可以简化或省略，见表 3-3。

2. 重合断面图（GB/T 17452—1998、GB/T 4458.6—2002）

画在视图之内的断面图，称为重合断面图，简称重合断面，如图 3-44 所示。画重合断面图时的注意事项如下：

1）重合断面图用细实线绘制。

表3-3   移出断面的标注

剖切位置		对称的移出断面	不对称的移出断面
在剖切符号延长线上		不必标注	省略字母
不在剖切符号延长线上	按投影关系配置	省略字母和箭头	省略字母和箭头
	不按投影关系配置	*A—A* 省略箭头	*A—A* 必须标注全部内容 （剖切符号、字母箭头）

2）重合断面图与视图中的轮廓线重叠时，视图的轮廓线应连续画出，不可间断，如图3-44b所示。

3）对称的重合断面图可以省略标注，如图3-44a所示；对于不对称的重合断面图，应标注剖切符号和箭头来表示剖切位置及投射方向，如图3-44b所示。

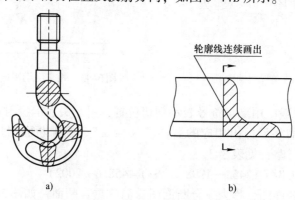

轮廓线连续画出

a)   b)

图3-44   重合断面图

a）对称的重合断面图   b）不对称的重合断面图

3.4　局部放大图和简化画法

3.4.1　局部放大图（GB/T 4458.1—2002）

　　将图样中所表示物体的部分结构，用大于原图形的比例画出的图形称为局部放大图，如图 3-45 所示。局部放大图表达的内容通常是物体上的细小结构及在视图中表达不清楚或不便于标注的部分。局部放大图可以画成视图、剖视图和断面图。

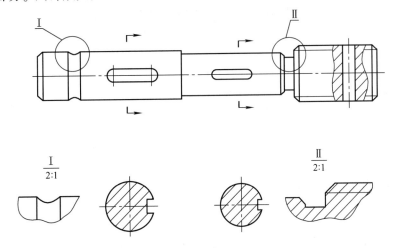

图 3-45　局部放大图（一）

　　局部放大图的放大比例，是指该图形中物体要素的线性尺寸与实际物体相应要素的线性尺寸之比，而与原图形所采用的比例无关。

　　画局部放大图时应注意以下几点：

　　1）局部放大图应尽量配置在被放大部位的附近，在视图上用细实线圈出被放大的部位。

　　2）物体上只有一个被放大部位时，只需在局部放大图上注明采用的比例，如图 3-46 所示。

　　3）同一物体上被放大的部位有多处时，必须由罗马数字依次标明，并且在放大图的上方标注相应的罗马数字和放大比例，如图 3-45 所示。

　　4）同一物体对称或结构相同的放大部位只需画一个，如图 3-47 所示。

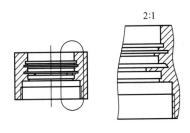

图 3-46　局部放大图（二）

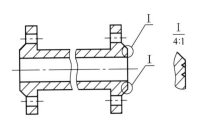

图 3-47　局部放大图（三）

3.4.2 简化画法（GB/T 17452—1998、GB/T 4458.1—2002）

简化画法是包括规定画法、省略画法、示意画法等在内的图示方法。国家标准《技术制图》和《机械制图》规定了一系列的简化画法，目的是减少工作量，提高设计效率及图样的清晰度，满足手工绘图和计算机绘图的要求，以便适应技术交流。

1）零件上成规律均匀分布的重复结构，允许只画出其中一个或几个完整的结构，反映其分布情况，并在图样中注明重复结构的数量及类型；对称的重复结构，用细点画线表示各对称结构要素的位置；不对称的重复结构，用相连的细实线代替，如图 3-48 所示，表示厚度为 5mm、8 组均匀分布的重复结构，图中的位置尺寸表达了重复结构的分布情况。

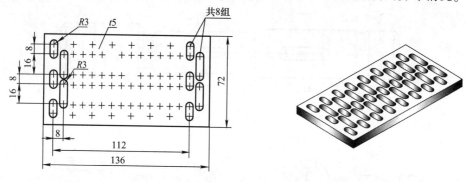

图 3-48　重复结构简化画法

2）轴、杆类较长的零件沿长度方向形状相同或按一定规律变化时，允许断开画出，如图 3-49 所示。

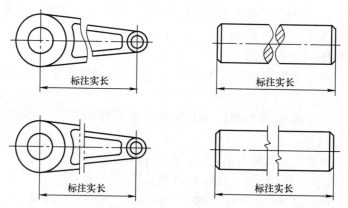

图 3-49　断开画法

3）当回转体零件上某些平面在图形中不能充分表达时，可用平面符号（两条相交的细实线）表示这些平面，如图 3-50 所示。

4）零件上对称结构的局部视图，可采用如图 3-51 所示方法绘制。

5）在不引起误解时，对称零件的视图可以只画一半或 1/4，并在对称中心线的两端画出对称符号，即两条与对称线垂直的平行细实线，如图 3-51 所示。

6）零件上的滚花或网纹可在视图的轮廓线附近用粗实线画出一小部分，并在图样上或

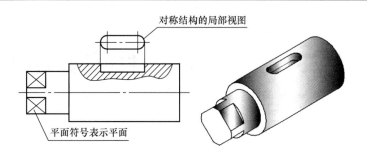

图 3-50　对称结构的局部视图及平面的简化画法

技术要求中指明这些结构的具体要求，如图 3-52 所示。

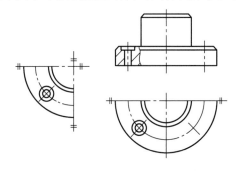

图 3-51　对称零件的简化画法

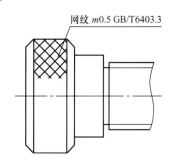

图 3-52　滚花的示意画法

7）在不致引起误解时，零件的小圆角、锐边小倒角或 45° 小倒角允许省略不画，但必须注明尺寸或在技术要求中加以说明，如图 3-53 所示。

8）在不致引起误解的情况下，图形中的过渡线、相贯线可以简化，用圆弧（见图 3-54）代替非圆曲线，也可以采用模糊画法表示相贯线，如图 3-54 所示。

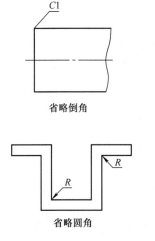

图 3-53　倒角和圆角省略画法

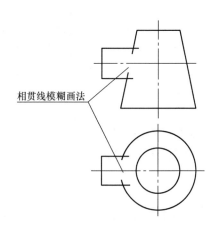

图 3-54　相贯线的简化画法

学习单元4 典型机械零件图的表达与识读

【单元导读】

主要内容：

1. 零件图的表达内容
2. 典型零件的表达与识读
3. 零件测绘方法与步骤

任务要求：

1. 了解零件视图选择的基本要求和尺寸标注
2. 掌握零件图上的技术要求
3. 掌握零件上常见结构的表达方法
4. 掌握零件测绘常用量具的使用方法与技巧

教学重点：

1. 零件图表达方法的运用
2. 典型零件的识读

教学难点：

1. 零件图上技术要求的标注及识读
2. 零件测绘过程中表达方法的选择

4.1 零件图表达概述

根据零件在机器或部件中的作用，可以将零件分为三类：连接件，如螺栓、螺母、垫圈、键、销等，主要起零件之间的连接作用，这些零件已经标准化，不需要画零件图；传动件，如齿轮、带轮、轴、蜗杆、蜗轮等，它们起传递动力和运动的作用，这些零件上都有起传动作用的结构要素，如齿轮的轮齿、螺纹等，其结构要素多数已经标准化，并有规定画法，这些零件根据具体情况画零件图；一般件，如轴承座、轴承盖、箱体、箱盖、支架等，这类零件的作用主要是支撑、包容轴及轴承等零件，同时还有防尘、安全作用，其结构形状和大小都要按部件的性能和结构要求设计，并结合制造工艺要求和选用标准结构要素，同时应按具体情况选用适当视图，画出零件图以供制造。

4.1.1 零件视图的选择要求

（1）完全 零件各部分的结构、形状及其相对位置表达要完全且唯一确定。

（2）正确 视图之间的投影关系及表达方法要正确。

（3）清晰 所画图形要清晰，便于看图。

（4）便捷 利于绘图和尺寸标注。

4.1.2　视图选择的方法及步骤

1. 分析零件

（1）几何形体、结构分析　要分清主要和次要形体。

（2）功用分析　形状与功用有关。

（3）加工方法分析　形状与加工方法有关。

2. 视图选择的步骤

所选的一组视图必须要完整、清晰、充分而准确地表达出零件内、外的结构形状，并且视图、剖视图、断面图等的数量力求要少、制图要简便。

（1）选择主视图　主视图是一组视图的核心。主视图要尽量多地反映零件的结构特征等信息；应尽量表示零件在部件中的工作位置、安装位置，以便于与装配图对照，利于看图；尽量表示零件在机床上的加工位置，以便于加工时直接进行图物对照，方便加工，如图4-1所示。

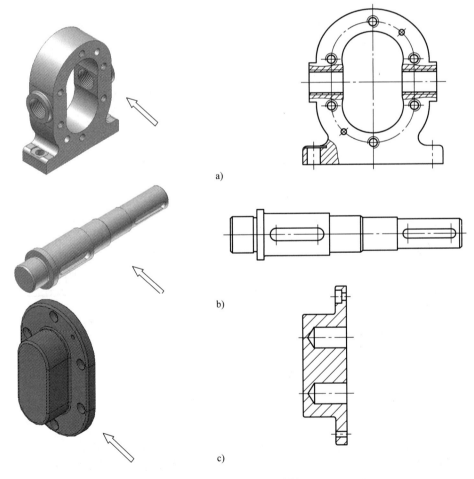

a)

b)

c)

图 4-1　主视图的选择

a) 按形状特征选择主视图的投射方向　b) 按加工位置选择主视图的投射方向

c) 按工作位置选择主视图的投射方向

1）零件的安放位置：考虑加工位置（轴、盘类）、工作位置（支架、壳体类）。

2）投射方向：能清楚地表达主要形体的形状特征。

（2）选择其他视图　首先考虑表达主要形体的其他视图，再补全次要形体的视图。对主视图没有表达清楚的部分，再选择其他视图来表达。

选择其他视图时应注意以下几点：

1）每个视图都要有明确的表达目的，对零件的内、外结构形状及主体、局部形状的表达，每个视图都要有侧重，不能盲目选择。

2）选择视图的数量力求少而简单，便于表达，不出现多余视图和重复表达。

3）尽量选择基本视图，并在基本视图上采用适当的剖视等表达方法来表示主要部分的内部结构。

4）采用局部视图、斜视图时，尽量配置在视图附近符合投射关系的位置上。

4.1.3　零件的尺寸标注

1. 尺寸基准的概念

尺寸基准是在设计、制造和检验零件时，计量尺寸的起点。标注尺寸时也必须从基准出发，以保证零件在机器中工作的要求，并使加工过程中的尺寸测量和检验方便。

尺寸基准的形式有：

点基准——一般是坐标原点、圆的中心。

线基准——回转体零件的轴线。

面基准——零件的加工面（如底面、端面、接触的配合面）、零件的对称中心面，如图4-2所示。

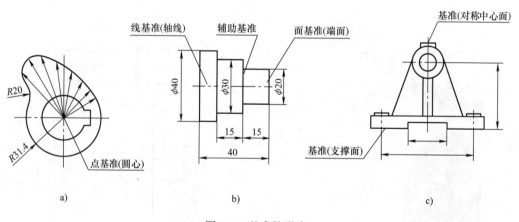

图 4-2　基准的形式

a）点基准　b）线基准、面基准　c）面基准

根据基准作用的不同，又可分为以下两种：

（1）设计基准　根据零件在机器或部件中的位置、作用所选定的基准为设计基准，如图4-2c所示。因为一根轴需要两个轴承座来支持，两者的轴线应在同一个高度上，所以在标注高度方向的尺寸时，应该以轴承座的底面为基准。标注长度方向的尺寸时，应以通过轴线的对称中心面为基准，以便保证底板上两个螺栓孔之间的距离对轴孔的对称关系，故底面

和对称面是轴承座高度方向和长度方向的设计基准。

（2）工艺基准　工艺基准是为加工、测量和检测选定的基准。如图 4-3a 所示为机用虎钳的心轴，在车削外圆后，车刀切断工件是以右端面 A 为基准进行测量，标注尺寸时应以 A 为基准，检测时则以 B 为基准。而图 4-3b 所示的法兰盘在车床上加工时，以左端面 E 作为定位面，标注轴向尺寸时应以左端面 E 为基准，法兰盘上的键槽在检测其深度时，是以孔的最下面的素线 L 为基准，如图 4-3b 所示的 43.3，所以 A、B、E、L 均为工艺基准。

零件有长、宽、高三个度量方向，每个方向均有尺寸基准。决定零件主要尺寸的基准称为主要基准，但有时为了加工或测量方便，除了主要基准外还有辅助基准，主要基准和辅助基准之间应标注尺寸，使其联系起来，如图 4-2b 所示。

合理标注尺寸的主要要求是既要保证设计要求，又要便于加工、测量。为了减少尺寸误差，提高零件的精度，应尽可能使设计基准与工艺基准重合，如图 4-3b 所示，图中尺寸 12、50 的设计基准与工艺基准都是重合的。

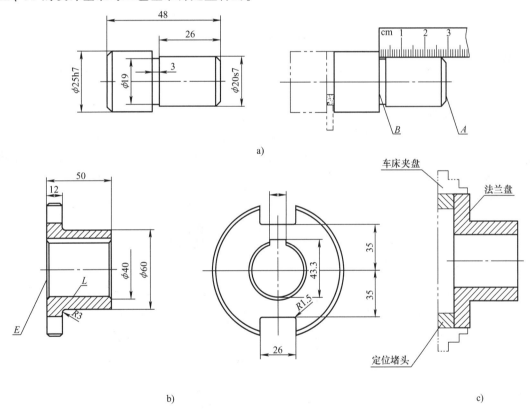

图 4-3　基准分类

a）机用虎钳心轴　b）法兰盘　c）以左端定位

2. 尺寸标注的形式

根据设计和加工制造要求选定基准标注尺寸，同一方向尺寸的排列形式有三种。

（1）链状式　如图 4-4a 所示，a、b、c 三个尺寸首尾相接，前一个尺寸的终点即为后一个尺寸的起点，各段尺寸基准都不相同，即互为基准。各段尺寸的误差积累将影响总长尺寸，即总长的误差是各段误差的总和。

（2）坐标式　如图4-4b所示，c、d、e 三个尺寸均从同一基准右端面注出，这种注法使各段尺寸的误差互不影响。

（3）综合式　如图4-4c所示为上述两种形式的综合，尺寸 c、e 从右端面注出，而尺寸 b 从辅助基准注出，这样标注出的尺寸具有上述两种方法的优点。当零件上一些较重要的尺寸要求误差较小时，常采用这种方法标注。

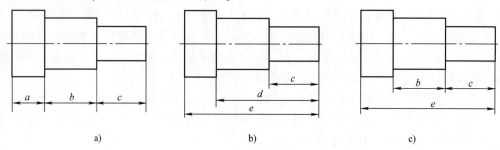

图4-4　尺寸排列形式

a）链状式　b）坐标式　c）综合式

在标注尺寸时，采用何种形式，应根据各尺寸段所要求的精度和所选择的尺寸基准而定，综合式应用较多。

3. 尺寸合理标注

（1）标注尺寸要保证设计要求　零件上的主要尺寸，如有配合要求的尺寸及影响产品性能和质量的尺寸，应该从设计基准直接标出，如图4-5所示，主要尺寸为 70 ± 0.02 和两孔距 95 ± 0.05。

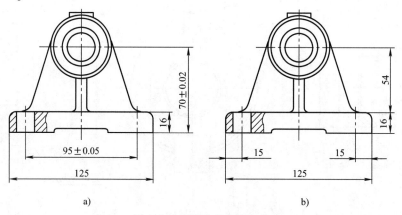

图4-5　主要尺寸直接注出

a）错误　b）正确

（2）不要注成封闭尺寸链　封闭尺寸链是由首尾相接，绕成一个整圈的一组尺寸。每个尺寸是尺寸链中的一个组成环，如图4-6所示为注成封闭尺寸链，在加工时很难保证设计要求。因此在尺寸链中选择一个最不重要的环不标注尺寸，称它为开口环，使其他环的尺寸误差都集中到开口环上去，可以保证设计要求。

（3）标注尺寸要符合工艺要求

1）尺寸标注应考虑加工次序，如图4-7所示。

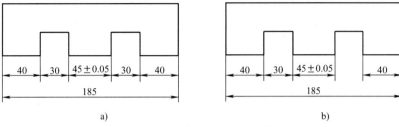

图 4-6　避免出现封闭尺寸链

a）错误　b）正确

2）不同加工方法的有关尺寸应集中标注，如图 4-7f 所示车削加工尺寸标注在上侧，铣削加工尺寸标注在下侧，这样看图方便。

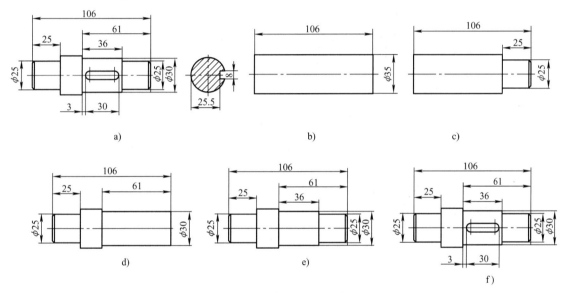

图 4-7　按加工顺序和加工方法标注尺寸

a）轴的零件图　b）毛坯　c）加工 $\phi25$，保证长 25　d）调头加工 $\phi30$，保证长 61

e）加工 $\phi25$，保证长 36　f）铣削键槽

3）考虑加工方法的要求。如图 4-8 所示的轴承座与轴承盖的半圆孔，因加工时合起来镗削，因此应标注直径，不标注半径。

4）考虑测量方便。如图 4-7a 所示，4.5（30 − 25.5）是表示键槽的深度，但通常不从轴线标出，而从相应的圆柱的素线标出。为测量方便，采用图 4-9b 所示的标注方式。

5）在标注毛坯面和加工面的尺寸时，因毛坯面之间的尺寸在机械加工之前已经确定，不会因机械加工改变，因此，在同一个方向上，毛坯面和机械加工面之间只能有一个联系尺寸，如图 4-10 所示。

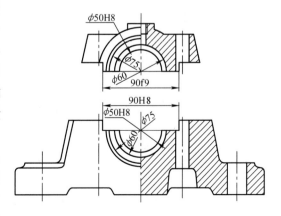

图 4-8　按加工方法标注尺寸

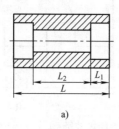 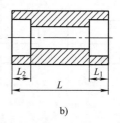

a)   b)

图 4-9 标注尺寸应考虑测量方便
a) 不正确   b) 正确

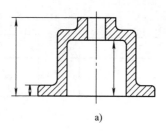 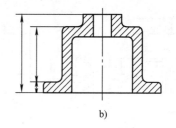

a)   b)

图 4-10 毛坯面和机械加工面之间只能有一个联系尺寸
a) 不正确   b) 正确

4. 零件常见结构的尺寸注法

光孔、锪孔、沉孔和螺纹孔是零件上的常见结构，它们的尺寸标注见表4-1。

表4-1 零件上常见结构的标注方法

类型	旁 注 法		普通注法	说 明
光孔	4×φ4▽10	4×φ4▽10	4×φ4	表示直径为4mm，深度为10mm，均布的4个光孔
	4×φ4H7▽10 孔▽12	4×φ4H7▽10 孔▽12	4×φ4H7	钻孔深12mm，钻孔后需要精加工至φ4H7，深度为10mm
螺纹孔	3×M6-7H	3×M6-7H	3×M6-7H	3×M6-7H 表示螺纹大径为6mm，中径和顶径公差带代号为7H，均布的3个螺纹孔
	3×M6-7H▽10 孔▽12	3×M6-7H▽10 孔▽12	3×M6-7H	深10mm是指螺纹深度，钻孔深度为12mm

（续）

类型	旁 注 法		普通注法	说 明
沉孔	4×φ7 ▽φ13×90°	4×φ7 ▽φ13×90°	90° φ13 6×φ7	锥形沉孔的直径为φ13mm，锥角为90°，应注出
	4×φ6.4 ⊔φ12↧4.5	4×φ6.4 ⊔φ12↧4.5	φ12 4.5 φ4×6.4	柱形沉孔的直径φ12mm及深度4.5mm均需注出
	4×φ9 ⊔φ20	4×φ9 ⊔φ20	φ26 4×φ9	锪平φ20是指锪平直径，深度不需标注，一般锪平到不出现毛坯面为止

4.1.4 零件上常见的工艺结构

由于零件图是直接用于生产的，必须符合实际。画图时应对零件的某些结构进行合理设计及规范表达，以符合加工和使用要求。

1. 铸造工艺结构

（1）起模斜度 为便于将模型从砂型中取出，在铸件的内、外壁上沿起模方向常做成一定的斜度，称为起模斜度，一般为1:20，可不画出，不标注，必要时可在技术要求中用文字说明，如图4-11所示。

（2）铸造圆角及过渡线 为了防止铸件起模时落砂，铸件浇铸时产生裂纹和缩孔，在铸件各表面相交处应做成圆角，即铸造圆角，如图4-12a、b所示易出现裂纹和缩孔，图4-12c所示会避免以上不足。一般铸造圆角在技术要求中统一说明。

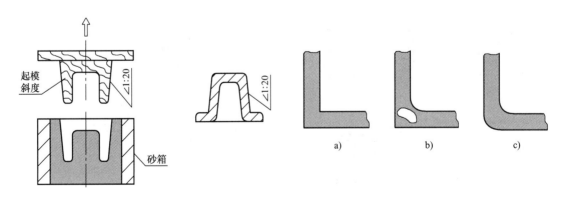

图4-11 起模斜度

图4-12 起模斜度的作用
a）、b）易出现裂纹和缩孔 c）会避免不足

由于铸造圆角的存在，使得圆柱相贯表面的相贯线不明显，为区别于相贯线，在画图时将仍把交线画到理论交点处，但两端不与圆角轮廓线接触，此被称为过渡线，如图 4-13 所示。

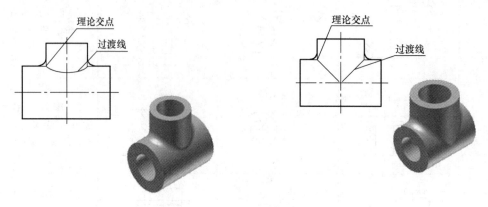

图 4-13　圆柱面相贯过渡线画法

（3）铸件壁厚　为了保证铸件质量，避免各部分铁水冷却速度相差太大，铸件的壁厚应基本一致。如图 4-14 所示，如果壁厚不匀则易出现缩孔。

2. 机械加工工艺结构

（1）倒角和圆角　为了去除毛刺、锐边，便于装配和以防划人，在轴端常加工出倒角。为防止应力集中而引起断裂，在阶梯轴的轴肩处，常加工出圆角，如图 4-15 所示的 $R1.5$、$C2$ 就是常见圆角和倒角的标注。当圆角和倒角部位较多且数值一致时，可以在技术要求中统一说明。

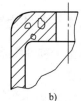

a)　　　　　　b)

图 4-14　壁厚不匀会引起缩孔
a）壁厚均匀　b）壁厚不均匀

（2）退刀槽和砂轮越程槽　切削工件时为了退出刀具或出于装配上的需要，常在被加工表面的末端，预先加工出退刀槽或砂轮越程槽，如图 4-16 所示。

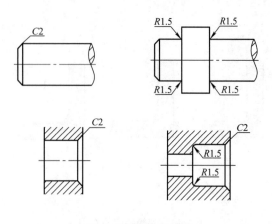

图 4-15　倒角和圆角

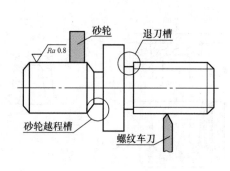

图 4-16　退刀槽和砂轮越程槽

（3）孔的结构　为避免钻孔时钻头受力不均而产生偏斜或折断钻头，在孔的外端面应设计成与钻头行进方向垂直的结构，如图 4-17 所示。

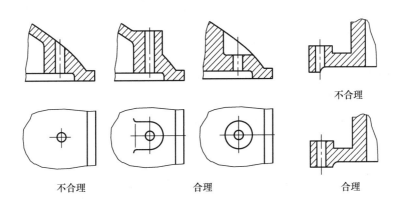

不合理

不合理　　　　　　合理　　　　　　合理

图 4-17　孔的结构

（4）凸台和凹坑　为使零件的某些装配表面与相邻零件接触良好，也为减少加工面积，常在零件加工面处做出凸台、锪平成凹坑或凹槽，如图 4-18 所示。

4.1.5　零件上的螺纹结构

螺纹是零件上最常见的一种结构，在圆柱或圆锥表面上，它是沿着螺旋线形成的具有相同断面的连续凸起和凹槽（凸起是螺纹的实体部分，又称其为牙）。

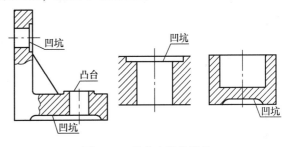

图 4-18　凸台和凹坑结构

机械制造中，螺纹的加工制造方法很多，各种螺纹都是根据螺旋线形成的原理加工制造而成。如图 4-19 所示是在车床上加工制造螺纹的过程。工件做等速旋转运动，车刀沿轴线做等速直线运动，车刀的刀尖即形成螺

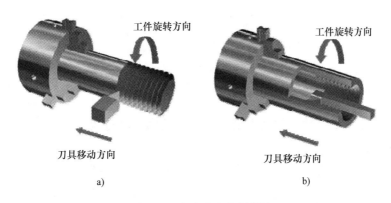

a)　　　　　　　　　　　　b)

图 4-19　在车床上车削螺纹

a）外螺纹　b）内螺纹

旋线运动。车刀刀尖的形状不同，工件表面被切掉的截面形状也不同，加工制造出的螺纹牙型也就不同，因而可得到各种牙型的螺纹。

1. 螺纹的分类和要素

（1）螺纹分类

1）按螺纹分布的内、外回转面分：

分布在圆柱或圆锥外表面上的螺纹叫外螺纹。

分布在圆柱或圆锥内表面上的螺纹叫内螺纹。

2）按国家标准规定分：

螺纹大径、牙型和螺距都标准化的螺纹称为标准螺纹，生产中无特殊要求均采用标准螺纹。

牙型不符合标准的称为非标准螺纹；

牙型符合标准，大径、螺距不符合标准称为特殊螺纹。

3）按生产实际应用分：

① 联接和紧固螺纹：粗牙普通螺纹、细牙普通螺纹。

② 管用螺纹：55°密封管螺纹、55°非密封管螺纹。

③ 传动螺纹：起传递作用的梯形螺纹、锯齿形螺纹。梯形螺纹可以传递两个方向的动力，常用于各种机床的传动丝杠上；锯齿形螺纹用于承受单向压力，如起重用的丝杠和螺旋压力机的传动丝杠。

④ 专门用途螺纹：气瓶螺纹、灯泡螺纹、自行车螺纹等。

（2）螺纹的结构要素　包括牙型、直径、线数、导程和螺距、旋向，如图 4-20 和图 4-21 所示。

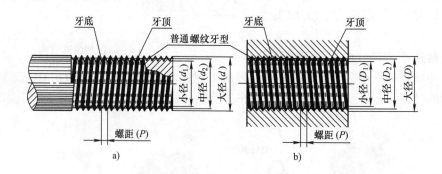

图 4-20　螺纹的各部分名称及代号

a）外螺纹　b）内螺纹

1）牙型：在通过螺纹轴线的断面上，螺纹的轮廓形状称为牙型。常见的牙型有三角形、梯形和锯齿形。

2）直径：螺纹的直径有大径（d、D）、中径（d_2、D_2）和小径（d_1、D_1）之分，如图 4-20 所示。

大径是指与外螺纹牙顶或内螺纹牙底相切的假想圆柱或圆锥的直径。

小径是指与外螺纹牙底或内螺纹牙顶相切的假想圆柱或圆锥的直径。

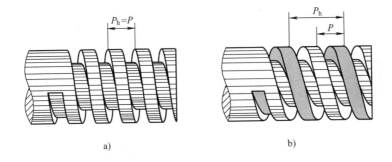

图 4-21　螺距与导程

a) 单线螺纹　b) 双线螺纹

中径是指通过内螺纹（或外螺纹）的大径与小径之间，假想有一圆柱或圆锥的直径，它的母线通过实际螺纹上牙槽宽度等于半个基本螺距的地方。

普通螺纹大径的公称尺寸称为公称直径，它是代表螺纹尺寸的直径。

3）线数：螺纹分为单线螺纹和多线螺纹。沿一条螺旋线形成的，称为单线螺纹；沿两条或两条以上在轴向等距分布的螺旋线形成的，称为多线螺纹。线数用 n 表示，如图 4-21 所示。

4）螺距和导程：螺距用 P 表示，是指相邻两牙在中径线上对应两点间的轴向距离；导程用 P_h 表示，是指同一条螺旋线上的相邻两牙上对应两点间的轴向距离，如图 4-21 所示。P_h、P 和 n 之间的关系如下：

多线螺纹　　　　　　　　　　$P = P_h / n$

单线螺纹　　　　　　　　　　$P = P_h$

5）旋向：内、外螺纹旋合时的旋转方向称为旋向。螺纹的旋向有左、右旋之分。顺时针旋入时，称为右旋螺纹；逆时针旋入时，称为左旋螺纹。当需要判断螺纹的旋向时，可以将螺纹沿轴线垂直放置，如图 4-22 所示。螺纹左高右低的为左旋螺纹，右高左低的为右旋螺纹。

2. 螺纹的规定画法

（1）外螺纹的规定画法　如图 4-23 所示为外螺纹的规定画法。按国标规定，外螺纹牙顶（大径 d）及螺纹终止线用粗实线表示；牙底（小径 $d_1 \approx 0.85d$）用细实线表示。在螺杆的倒角或倒圆部分，牙底线也应画出。在垂直于螺纹轴线的投影面的视图中，表示牙底的细实线的圆只画 3/4，倒角省略不画。当外螺纹被剖切时，剖切部分的螺纹终止线只画到小径处，剖面线画到表示牙顶的粗实线处。

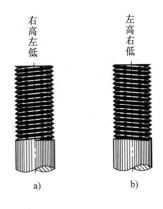

图 4-22　螺纹的旋向

a) 右旋螺纹　b) 左旋螺纹

（2）内螺纹的规定画法　图 4-24 所示为内螺纹的规定画法。按国标规定，内螺纹牙顶（小径 $D_1 \approx 0.85D$）及螺纹终止线用粗实线表示；牙底（大径 D）用细实线表示。在剖视中，剖面线画到表示牙顶的粗实线处。在垂直于螺纹轴线的投影面的视图中，表示牙底的细实线的圆只画 3/4，倒角省略不画。在内螺纹视图中均用虚线表示，如图 4-24 所示。

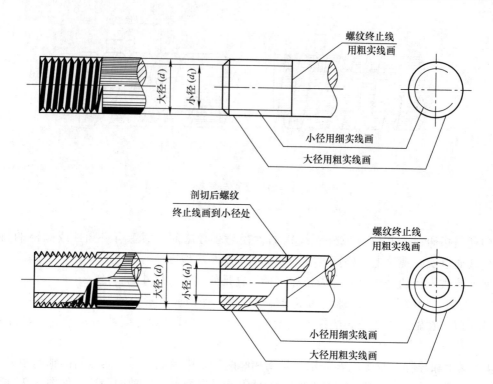

图 4-23　外螺纹的规定画法

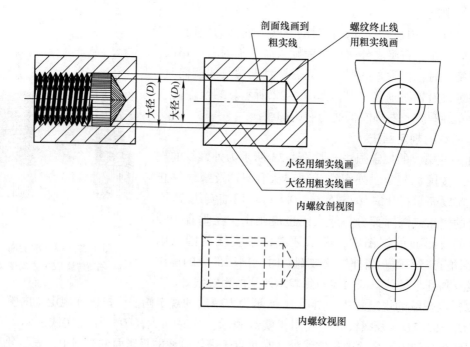

图 4-24　内螺纹的规定画法

如图 4-25 所示,对于不穿通的螺纹孔,由于钻头的锥顶角接近 120°,钻孔底部应画出 120°的锥顶角,但不必标注角度尺寸。钻孔深度与螺纹深度应分别画出,钻孔深度应比螺纹孔深约 0.5D。

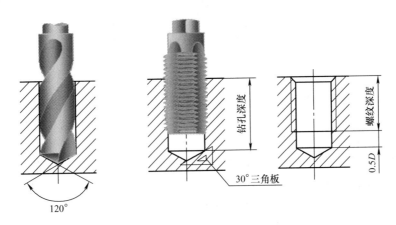

图 4-25 用钻孔和攻螺纹的方法加工的内螺纹

在加工阶梯孔时,阶梯孔的过渡处也存在 120°的部分尖角,作图时也应画出,如图 4-26 所示。

(3)螺纹联接的规定画法 如图 4-27 所示,用剖视表示内外螺纹联接时,其旋合部分应按外螺纹规定画法画,其余部分仍按各自的画法表示。注意内外螺纹联接时大小径的线型变换及对应关系。

3. 螺纹的标记格式

由于螺纹的规定画法不能代表螺纹的种类和螺纹的要素,因此需要熟知国家标准所规定的标记格式和相应代号的含义。

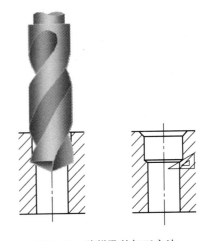

图 4-26 阶梯孔的加工方法

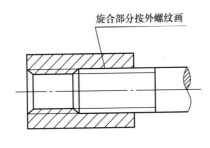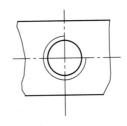

图 4-27 内外螺纹联接画法

(1)普通螺纹的标记格式

螺纹特征代号 公称直径×Ph导程P螺距－中径公差带代号　顶径公差带代号－螺纹旋合长度代号－旋向代号

└─── 螺纹代号 ───┘ └── 螺纹公差带代号──┘ └── 旋合长度代号 ──┘

1）普通螺纹特征代号用 M 表示，粗牙普通螺纹不标注螺距，细牙普通螺纹标注螺距，左旋螺纹用 "LH" 表示，右旋螺纹不标注旋向（适用于所有螺纹）。

2）公差带代号由中径公差带代号和顶径公差带代号两组公差带代号组成。大写字母代表内螺纹，小写字母代表外螺纹。若两组公差带代号相同，则只写一组（常用的螺纹公差带见附表3）。

3）螺纹的旋合长度分为短（S）、中等（N）和长（L）三种。一般采用中等旋合长度，N 可以省略标注。

（2）管螺纹的标记格式　管螺纹是在管子上加工的，主要用于管件联接，故称为管螺纹。管螺纹的数量仅次于普通螺纹，是使用数量最多的螺纹之一。由于管螺纹具有结构简单、拆装方便的优点，所以在机床、汽车、冶金、纺织、石油、化工等行业广泛应用。常用的管螺纹有 55°密封管螺纹和 55°非密封管螺纹。

1）55°密封管螺纹的标记格式：螺纹特征代号　尺寸代号　旋向代号。

① 螺纹特征代号：Rc 表示圆锥内螺纹；Rp 表示圆柱内螺纹；R_1 表示与圆柱内螺纹相配合的圆锥外螺纹；R_2 表示与圆锥内螺纹相配合的圆锥外螺纹。

② 尺寸代号用 1/2、3/4、1、$1\frac{1}{2}$ 等表示，详见附表2。

2）55°非密封管螺纹的标记格式：螺纹特征代号　尺寸代号　公差带代号 – 旋向代号。

① 螺纹特征代号为 G。

② 尺寸代号用 1/2、3/4、1、$1\frac{1}{2}$ 等表示，详见附表2。

③ 螺纹公差带代号：对于外螺纹分 A、B 两级标记；因为内螺纹公差带只有一种，所以不加标记。

4. 螺纹的标注方法

公称直径以 mm 为单位的普通螺纹、梯形螺纹等，其标记应直接注在大径的尺寸线上或引出线上。管螺纹的标记一律注在引出线上，引出线应由大径处或对称中心处引出。常见螺纹的种类、标注示例及标记含义见表4-2。

表4-2　常见标准螺纹的种类、标注示例及标记含义

螺纹种类		标注示例	标记含义	备注
联接螺纹	普通螺纹	M20-5g6g-S	粗牙普通外螺纹，公称直径是 20mm，右旋，中径、大径公差带是 5g、6g，短旋合长度	在标注螺纹的规格尺寸时，螺纹公差带不允许简化
		M20×2-6H-LH	细牙普通内螺纹，公称直径是 20mm，螺距是 2mm，左旋，中径、小径公差带是 6H，中等旋合长度	

（续）

螺纹种类		标注示例	标记含义	备 注
联接螺纹	管螺纹	G3/4A	非密封管螺纹，尺寸代号为 3/4，公差等级是 A 级，右旋	管螺纹的尺寸代号并非公称直径，也不是管螺纹本身的任何一个直径的真实尺寸，而是该螺纹所在的管子的公称通径，它代表做在公称通径管子上的螺纹尺寸。管螺纹的大径、中径、小径及螺距的具体尺寸，可根据尺寸代号查阅相关国家标准得到
		Rc1/2	密封圆锥内螺纹，尺寸代号为 1/2，右旋	
		Rp3/4-LH	密封圆柱内螺纹，尺寸代号为 3/4，左旋	
		$R_1 1/2$	$R_1 1/2$ 表示与圆柱内螺纹相配合的圆锥外螺纹，尺寸代号为 1/2，右旋	
传动螺纹	梯形螺纹	Tr36×12(P6)-7e	梯形螺纹，公称直径是 36mm，双线，导程为 12mm，螺距为 6mm，右旋，中径公差带是 7e，中等旋合长度	
	锯齿形螺纹	B40×7LH-8c	锯齿形螺纹，公称直径是 40mm，单线，螺距为 7mm，左旋，中径公差带是 8c，中等旋合长度	

4.1.6 零件上常见的技术要求

零件图上除了有表达零件结构形状的图形及尺寸大小外，还必须有加工制造该零件时应达到的一些技术要求。零件的技术要求主要有：表面结构、极限与配合公差、几何公差及材料热处理等方面的要求。

1. 表面结构

（1）表面结构的评定参数　评定表面结构的参数分为轮廓参数（根据 GB/T 3505—2009）、图形参数（根据 GB/T 18618—2009）和支承率曲线参数（基于 GB/T 18778.2—2003 和 GB/T 18778.3—2006）三种。

目前在生产中主要用 R 轮廓的幅度参数 Ra（a 表示轮廓的算术平均偏差）和 Rz（z 表示轮廓的最大高度）来评定表面结构，其中以 Ra 应用最广。

（2）评定表面结构的表面粗糙度参数规定数值　在加工零件时，由于刀具在零件表面上留下刀痕和切削分裂使金属表面产生塑性变形等原因，使工件表面存在着间距较小的轮廓峰谷，这种表面上具有较小的峰谷所组成的微观几何特性被称为表面粗糙度。表面粗糙度参数从轮廓的算术平均偏差 Ra 和轮廓的最大高度 Rz 中选取。在幅度参数常用的参数值范围内（Ra 为 $0.025 \sim 6.3\mu m$，Rz 为 $0.1 \sim 25\mu m$）推荐优先选用 Ra，Ra 的数值规定见表4-3。

表 4-3 轮廓算术平均偏差 Ra 的数值（摘自 GB/T 1031—2009） （单位：μm）

Ra	0.012	0.2	3.2	50
	0.025	0.4	6.3	100
	0.05	0.8	12.5	—
	0.1	1.6	25	—

（3）表面结构符号及其参数值的标注方法　给出表面结构要求时，应标注其参数代号和相应数值，并包括要求解释的以下四项重要信息：三种轮廓（R、W、P）中的一种；轮廓特征；满足评定长度要求的取样长度的个数；要求的极限值。

1）表面结构的图形符号及其含义见表4-4。

表 4-4 表面结构的图形符号及其含义（摘自 GB/T 131—2006）

符号名称	符号	含义及说明
基本图形符号		表示未指定工艺的表面。仅用于简化代号的标注，当通过一个注释解释时可单独使用，没有补充说明时不能单独使用
扩展图形符号		要求去除材料的图形符号。表示用去除材料方法获得的表面，如通过机械加工（车、铣、钻、磨等）的表面，仅当其含义是"被加工并去除材料的表面"时可单独使用
		不允许去除材料的图形符号。表示不去除材料的表面，如铸、锻等。也可用于表示保持上道工序形成的表面，不管这种状况是通过去除材料或不去除材料形成的
完整图形符号	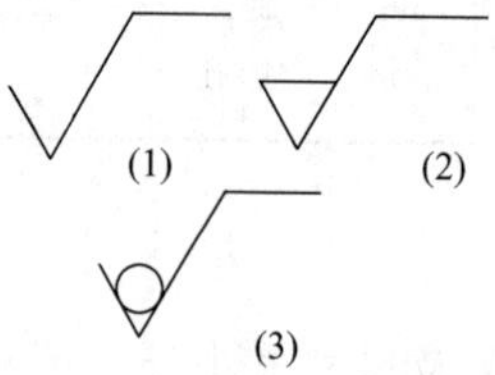 (1) (2) (3)	用于标注表面结构特征的补充信息。（1）、（2）、（3）分别用于标注"允许任何工艺"、"去除材料"、"不去除材料"方法获得的表面
工件轮廓各表面的图形符号	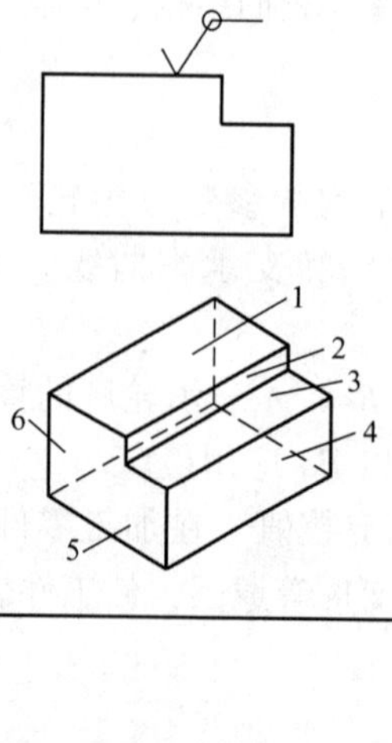	工件轮廓各表面的图形符号。当在图样某个视图上构成封闭轮廓的各表面有相同的表面结构要求时，应在完整符号上加一圆圈，标注在图样中工件的封闭轮廓线上。当标注会引起歧义时，各表面应分别标注。左图所示符号是指对图形中封闭轮廓的六个面的共同要求（不包括前后面）

2）表面结构完整图形符号的组成：为了明确表面结构要求，除了标注表面结构参数和数值外，必要时应标注补充要求，补充要求包括传输带、取样长度、加工工艺、表面纹理及方向、加工余量等。

在完整符号中对表面结构的单一要求和补充要求应注写在如图 4-28 所示的指定位置。

位置 a——注写表面结构的单一要求，包括表面结构参数代号、极限值、传输带或取样长度。在参数代号和极限值间应插入空格。

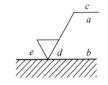

位置 a 和 b——注写两个或多个表面结构要求，如位置不够时，图形符号应在垂直方向扩大，以空出足够的空间。

图 4-28　补充要求的注写位置

位置 c——注写加工方法、表面处理、涂层或其他加工工艺要求等。

位置 d——注写所要求的表面纹理和纹理的方向，如 " = "、"X" 等。

位置 e——注写所要求的加工余量。

3）表面结构代号的含义：表面结构代号的含义见表 4-5。

表 4-5　表面结构代号的含义（摘自 GB/T131—2006）

序　号	符　号	说　明
1	$\sqrt{Rz\ 0.4}$	表示不允许去除材料，单向上限值，默认传输带，R 轮廓，粗糙度的最大高度为 0.4μm，评定长度为 5 个取样长度（默认），"16% 规则"（默认）
2	$\sqrt{Rz\ \max 0.2}$	表示去除材料，单向上限值，默认传输带，R 轮廓，粗糙度最大高度的最大值为 0.2μm，评定长度为 5 个取样长度（默认），"最大规则"
3	$\sqrt{0.008-0.8/Ra3.2}$	表示去除材料，单向上限值，传输带为 0.008 ~ 0.8mm，R 轮廓，算术平均偏差为 3.2μm，评定长度为 5 个取样长度（默认），"16% 规则"（默认）
4	$\sqrt{-0.8/Ra3\ 3.2}$	表示去除材料，单向上限值，传输带：根据 GB/T 6062—2009，取样长度为 0.8μm（λ_s，默认 0.0025mm）；R 轮廓：算术平均偏差为 3.2μm，评定长度包含 3 个取样长度，"16% 规则"（默认）
5	$\sqrt{\begin{array}{l}U\ Ra\ \max 3.2\\ L\ Ra\ 0.8\end{array}}$	表示不允许去除材料，双向极限值，两极限值均使用默认传输带，R 轮廓，上限值：算术平均偏差为 3.2μm，评定长度为 5 个取样长度（默认），"最大规则"，下限值：算术平均偏差为 0.8μm，评定长度为 5 个取样长度（默认），"16% 规则"（默认）
6	$\sqrt{0.8-25/Wz3\ 10}$	表示去除材料，单向上限值，传输带为 0.8 ~ 25mm，W 轮廓，波纹度最大高度为 10μm，评定长度包含 3 个取样长度，"16% 规则"（默认）

4）表面结构要求在图样中的注法：表面结构要求在图样中的注法见表 4-6。

表 4-6　表面结构要求在图样中的注法

序号	标 注 示 例	解　释
1		应使表面结构的注写和读取方向与尺寸的注写和读取方向一致
2		表面结构要求可标注在轮廓线上，其符号应从材料外指向并接触表面，必要时表面结构符号也可以用带箭头或黑点的指引线引出标注
3		表面结构符号可以用带箭头或黑点的指引线引出标注
4		在不致引起误解时，表面结构要求可以标注在给定的尺寸线上
5		表面结构要求可标注在几何公差框格的上方

（续）

序号	标 注 示 例	解　释
6		表面结构要求可以直接标注在延长线上，或用带箭头的指引线引出标注
7		圆柱和棱柱表面的表面结构要求只标注一次，如果每个棱柱表面有不同的表面结构要求，则应分别单独标注

5）表面结构的简化注法：表面结构的简化注法见表4-7。

表 4-7　表面结构的简化注法（摘自 GB/T 131—2006）

序号	标 注 示 例	解　释
1		如果工件的多数（包括全部）表面具有相同的表面结构要求，则可统一标注在图样的标题栏附近。此时（除全部表面具有相同要求的情况外），表面结构要求的符号后面应有： 在圆括号内给出无任何其他标注的基本符号
2		在圆括号内给出不同的表面结构要求 不同的表面结构要求应直接标注在图形中
3		当多个表面具有的表面结构要求或图纸空间有限时，可用带字母的完整符号，以等式的形式，在图形或标题栏附近，对有相同表面结构要求的表面进行简化标注

（续）

序号	标注示例	解　释
4		多个表面有共同的要求可以用基本符号、扩展符号以等式的形式给出多个表面共同的表面结构要求
5		由几种不同的工艺方法获得的同一表面，当需要明确每种工艺方法的表面结构要求时，可按图中所示方法标注。如左图所示，同时给出了镀覆前后的表面结构要求

6）表面结构新旧标准在图样标注方法上的变化：表面结构标准 GB/T 131—2006 与 GB/T131—1993 相比在图样标注方法上有很大的不同。考虑到在新旧标准的过渡时期，采用旧标准的图样还会存在一段时间，故在表 4-8 中列出了表面结构新旧标准在图样标注方法上的变化，供参考。

表 4-8　表面结构新旧标准在图样标注方法上的变化

GB/T 131—1993	GB/T 131—2006	说　明
		参数代号和数值的标注位置发生变化，且参数代号 Ra 在任何时候都不可以省略
		新标准用 Rz 代替了旧标准的 Ry
		评定长度中的取样长度个数如果不是5
		在不致引起歧义的情况下，上、下限符号 U、L 可以省略
		对下面和右面的标注用带箭头的引线引出

（续）

GB/T 131—1993	GB/T 131—2006	说　明
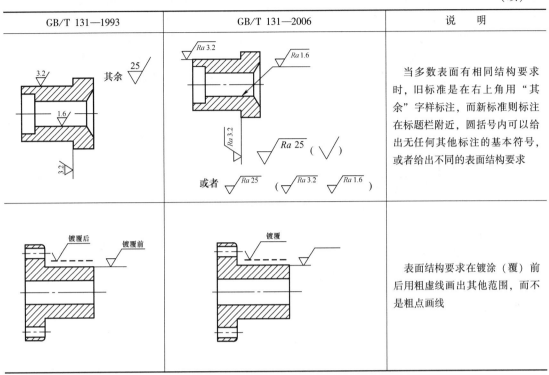		当多数表面有相同结构要求时，旧标准是在右上角用"其余"字样标注，而新标准则标注在标题栏附近，圆括号内可以给出无任何其他标注的基本符号，或者给出不同的表面结构要求
		表面结构要求在镀涂（覆）前后用粗虚线画出其他范围，而不是粗点画线

2. 零件图上的尺寸公差

在大批量的生产中，为了提高生产率，相同的产品应具有互换性。所谓互换性是指在一批相同的零件中任取一个，不需要修配便可以装到机器上并满足使用要求的性质。

为使零件具有互换性要求，必须保证零件的表面粗糙度、尺寸、几何形状及零件上各要素的位置等精度，但并不是要求制造出绝对一样尺寸的零件，而是将零件的尺寸限定在一个合理的范围内使其变动，以满足不同的使用要求。

（1）有关尺寸的术语及其定义

1）尺寸：尺寸是用特定单位（mm）表示长度值的数字。长度值包括直径、半径、长度、宽度、高度及中心距等。

2）公称尺寸：公称尺寸是设计给定的尺寸。它是根据零件的使用要求，通过强度计算、刚度计算，并考虑结构和工艺的因素，一般是按标准尺寸所给出的。通过它应用上、下极限偏差可算出极限尺寸。

3）实际尺寸：实际尺寸是通过测量获得的尺寸。

4）极限尺寸：极限尺寸是允许尺寸变化的两个界限值。其中最大的尺寸叫上极限尺寸，最小的尺寸叫下极限尺寸。

（2）有关极限偏差和公差的术语及其定义

1）极限偏差：极限偏差是极限尺寸减去其公称尺寸所得的代数差。

① 上极限偏差：上极限尺寸减去其公称尺寸所得的代数差。

② 下极限偏差：下极限尺寸减去其公称尺寸所得的代数差。

2）尺寸公差（简称公差）：公差是上极限尺寸减去下极限尺寸或上极限偏差减去下极

限偏差所得的代数差，它是尺寸允许的变动量，公差永远是正值。公差值越大，尺寸精度越低，公差值越小，尺寸精度越高。

3）公差带和零线：在公差分析中，通常把公称尺寸、上下极限偏差、公差之间的关系画成简图，如图4-29所示。在这个图形中，由代表上、下极限偏差的两条直线所限定的一个区域称为公差带，确定上、下极限偏差位置的一条基准直线称为零线，零线表示公称尺寸。

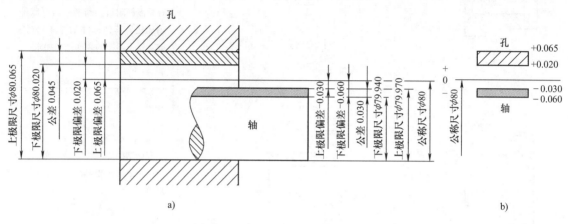

图 4-29　术语图解及公差带示意图

a）术语图解　b）公差带示意图

4）标准公差和基本偏差：公差带包括"公差带的大小"和"公差带的位置"两个要素。标准公差确定公差带的大小，基本偏差确定公差带的位置。

① 标准公差和公差等级：国家标准规定的标准公差分为20个等级，各级标准公差的代号由 IT 和公差等级号组成，即 IT01、IT0、IT1、IT2、…、IT18。从 IT01 到 IT18，数字越大，公差值越大，尺寸精度越低。其中 IT01 级精度最高，公差值最小；IT18 级精度最低，公差值最大。在满足使用要求的前提下，尽量选用较低的公差等级，以便很好地解决零件的使用要求与制造工艺及成本之间的矛盾。附表13列出了标准公差值。

标准公差与公称尺寸有关，同时与公差等级有关。同一公差等级中对所有的公称尺寸虽然标准公差不同，但应认为具有同等的精确程度。

举例：公称尺寸为50，公差等级为7级，查附表13可得公差值为25μm或0.025mm。

② 基本偏差：为了确定公差带相对零线的位置，将上下极限偏差中的某一偏差规定为基本偏差，一般为靠近零线的那个偏差。当公差带位于零线上方时，基本偏差为下极限偏差；当公差带位于零线下方时，基本偏差为上极限偏差。国家标准对孔和轴分别规定了28种基本偏差，基本偏差代号用拉丁字母表示。大写字母表示孔，小写字母表示轴，构成基本偏差系列。基本偏差系列中 A～H（a～h）用于间隙配合；J～ZC（j～zc）用于过渡配合和过盈配合。

图 4-30 所示为基本偏差系列示意图，图中各公差带表示了公差带的位置，即基本偏差，另一端是开口，由相应的标准公差确定。孔、轴的公差带代号由基本偏差代号和公差等级代号组成。例如：公差带代号分别是 h7、F8，h 和 F 分别是基本偏差代号，7 和 8 分别是公差等级代号；φ45f8 表示轴的公称尺寸是 45mm，基本偏差代号为 f，公差等级是 8 级。

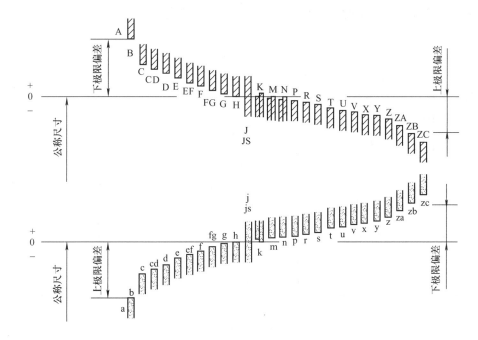

图 4-30　基本偏差系列示意图

例 4-1　如图 4-29 所示，孔、轴的公称尺寸是 $\phi 80$，孔的上极限尺寸是 $\phi 80.065$，孔的下极限尺寸是 $\phi 80.020$；轴的上极限尺寸是 $\phi 79.970$，轴的下极限尺寸是 $\phi 79.940$。求孔的上、下极限偏差和公差，轴的上、下极限偏差及公差，并绘制公差带示意图。

解　（1）孔

$$上极限偏差 = 上极限尺寸 - 公称尺寸 = 80.065 - 80 = +0.065$$

$$下极限偏差 = 下极限尺寸 - 公称尺寸 = 80.020 - 80 = +0.020$$

$$公差 = 上极限偏差 - 下极限偏差 = 0.065 - 0.020 = 0.045$$

$$= 上极限尺寸 - 下极限尺寸 = 80.065 - 80.020 = 0.045$$

（2）轴

$$上极限偏差 = 上极限尺寸 - 公称尺寸 = 79.970 - 80 = -0.030$$

$$下极限偏差 = 下极限尺寸 - 公称尺寸 = 79.940 - 80 = -0.060$$

$$公差 = 上极限偏差 - 下极限偏差 = -0.030 - (-0.060) = 0.030$$

$$= 上极限尺寸 - 下极限尺寸 = 79.970 - 79.940 = 0.030$$

公差带示意图如图 4-29b 所示。

3. 零件图上的几何公差

在生产实践中，被加工的零件不但会产生尺寸误差，而且还会产生几何形状误差和相对位置误差，如果零件存在严重的形状和位置误差，就会影响机器的寿命和质量，因此对于加工精度要求较高的零件，除给出尺寸公差外，还应合理定出形状和位置误差的最大允许值。这个最大允许值被称为几何公差，包括形状公差、位置公差、方向公差、跳动公差，如图 4-31 所示。

（1）几何公差符号的种类　GB/T 1182—2008 规定用代号来标注几何公差。几何公差特征符号见表 4-9。几何公差框格、指引线及箭头、几何公差值和其他有关符号以及基准符号等如图 4-32 所示。框格中的字体与图样中的尺寸数字等高。

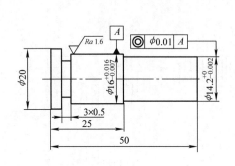

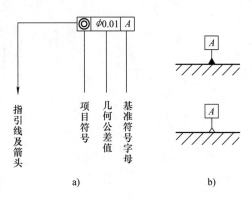

图 4-31 有几何公差要求的小轴

图 4-32 几何公差代号及基准符号

a）几何公差代号 b）基准符号

表 4-9 几何公差特征符号

公差类型	几何特征	符号	有、无基准	公差类型	几何特征	符号	有、无基准
形状公差	直线度	—	无	方向公差	平行度	//	有
	平面度	▱	无		垂直度	⊥	有
	圆度	○	无		倾斜度	∠	有
	圆柱度	⌭	无	位置公差	同轴度	◎	有
	线轮廓度	⌒	有或无		对称度	=	有
					位置度	⊕	有或无
	面轮廓度	⌓	有或无	跳动公差	圆跳动	↗	有
					全跳动	⌰	有

（2）几何公差标注识读 识读几何公差标注时应该搞清哪些要素是被测要素和基准要素。一般被测要素或基准要素为零件的表面、轮廓或轴线。当被测要素或基准要素为表面或轮廓时，指引线箭头或基准代号应该指向该要素的轮廓或其延长线上；当被测要素或基准要素为轴线时，指引线箭头或基准代号应该与该要素的尺寸线对齐。

如图 4-33 所示为一根气门阀杆，从图中可以看出有 4 处有几何公差要求。图中所标注的几何公差的含义如下：

| ↗ | 0.003 | A |　表示 SR75 的球面对于 $\phi16$ 轴线的圆跳动公差是 0.003。

| ⌭ | 0.005 |　表示 $\phi16$ 杆身的圆柱度公差是 0.005。

| ◎ | $\phi0.1$ | A |　表示 M8×1 的螺纹轴线对 $\phi16$ 轴线的同轴度公差是 $\phi0.1$。

| ↗ | 0.1 | A |　表示底面对于 $\phi16$ 轴线的圆跳动公差是 0.1。

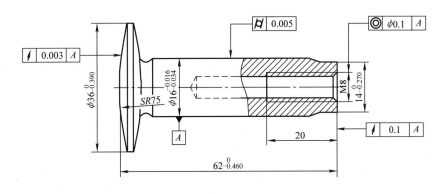

图 4-33　几何公差标注识读示例

4.2　典型零件的表达与识读

4.2.1　轴套类零件的表达与识读

轴套类零件在机器中应用比较普遍。轴的毛坯多为棒料和锻件，主要作用是支撑传动件，如齿轮、带轮等，并通过传动件来实现旋转运动和传递动力。套的毛坯常为铸件，主要是装在轴上起轴向定位、支撑和保护运动件作用，如衬套、套筒、轴套等。

轴套类零件的主要表面为回转面，轴向尺寸大于径向尺寸，其加工主要在车床、磨床上进行。现以减速器输出轴（图 4-34）为例进行分析。

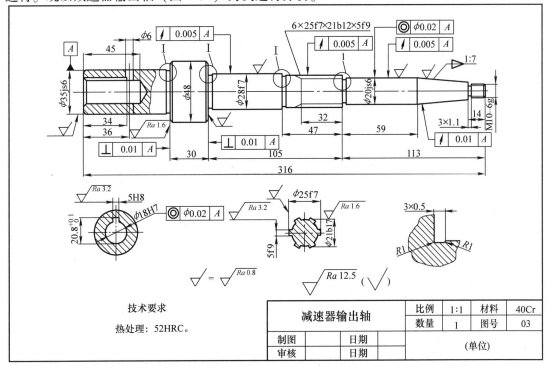

图 4-34　减速器输出轴零件图

1. 看标题栏

零件的名称为输出轴，材料为 40Cr，比例为 1:1，图号为 03。

2. 分析视图

轴套类零件通常只画一个轴线水平放置的基本视图作为主视图，这样安放反映了轴的结构特点，如轴的总长、各轴段长度以及各种结构的位置，同时也符合加工的位置，便于加工时看图。轴上结构要素如键槽、退刀槽、花键等，可根据其结构特点，选画局部剖视图、断面图、局部视图和局部放大图等，配合主视图将其表达清楚。如图 4-34 所示，除了主视图外，还画了两个移出断面图和一个局部放大图。对于实心轴，可以根据需要作一些局部剖视，如图 4-34 中的主视图。但对于较长的轴，在同一断面上或有规则变化的断面上，常采用折断画法。

3. 分析零件的结构

轴套类零件一般由同一轴线上数个不同直径的圆柱和圆锥等回转体组合而成，这主要是根据强度要求和轴向定位及便于拆装其他零件而设计的。轴套类零件上常见的结构有：

（1）轴向定位结构　传动件在轴上的结构除了轴肩外，有的还有螺纹、卡环槽、销孔，凹坑等结构，如图 4-34 所示输出轴右端 M10 的螺纹，就是为了装上垫圈和螺母，使其他零件在轴上定位用的。

（2）径向定位结构　径向定位结构一般有键槽、花键、销孔等。为使定位可靠、有利于加工和装配，轴上还有退刀槽、砂轮越程槽、倒角等。

4. 分析零件上的主要尺寸及技术要求

（1）分析尺寸标注　轴套类零件的轴向尺寸，通常以轴肩作为主要基准。如轴的端面 B 是确定轴承位置的定位面，它是设计基准，左右两端面是工艺基准，一般按加工顺序标注尺寸。

（2）分析技术要求　要求较高的轴套类零件，其配合表面要注出表面粗糙度、尺寸公差和几何公差。

从图中可以看出，该轴的配合表面有三段，都标出了尺寸公差。$\phi35$js6、$\phi20$js6 与轴承孔配合，$\phi28$f7 与齿轮内孔配合，其公差等级较高，需要磨削加工，故表面粗糙度为 $\sqrt{^{Ra\,0.8}}$。

采用平键联接，其两侧为工作面，配合要求为 H8、H7，其键槽两侧表面粗糙度为 $\sqrt{^{Ra\,3.2}}$，花键大径 $\phi25$ 与定心的精度有关，其表面粗糙度为 $\sqrt{^{Ra\,0.8}}$，两侧表面粗糙度为 $\sqrt{^{Ra\,3.2}}$。

轴肩 B 是轴承的定位面，其表面粗糙度为 $\sqrt{^{Ra\,1.6}}$，其余为 $\sqrt{^{Ra\,12.5}}$，在图样右下角统一注写。

该轴的几何公差主要体现在该轴的主要轴段，包括：位置公差要求，以 $\phi35$js6 的轴线为基准，基准代号为 A，要求 $\phi28$f7、$\phi25$f7 和 $\phi20$js6 轴段的圆跳动公差为 0.005；1:7 锥度轴段的圆跳动公差为 0.01。由于 $\phi48$ 轴段左右两轴肩是轴向定位面，以 A 为基准，其垂直度公差为 0.01。轴左端 $\phi18$H7 与孔 $\phi35$js6 轴段有同轴度要求，$\phi20$js6 与 $\phi35$js6 也有同轴度要求，以 A 为基准分别注出同轴度公差 $\phi0.02$。

另外，还有热处理要求 52HRC。

4.2.2　轮盘类零件图的表达与识读

轮盘类零件包括齿轮、带轮、链轮、飞轮、压盖、端盖等，它们在机器中的作用不同，但其结构却大体相同。这类零件的毛坯多为铸件，也有锻件，一般需要经过车、铣、钻等多道工序加工。

现以图 4-35 所示透盖为例分析如下：

1.　结构分析

1）轮盘类零件有一条公共的回转轴线，其轴向尺寸较小，而径向尺寸较大，因而具有轮、盘的特征。

2）轮盘类零件上的常见结构有键槽、螺孔、销孔、倒角等，大都以轴线对称分布。

3）为便于安装或减轻重量，一般有均匀分布在圆周上的孔。

4）$\phi130f7$ 与 $\phi180$ 的内端面相交处有一 3×2 的退刀槽，便于切削加工。

5）为便于安装定位、加工拆装等，常加工有不同的台阶，如图 4-35 所示 $\phi180$、$\phi130f7$ 等。

6）$\phi130f7$ 上均匀分布 6 个槽，其宽度为 10，深度为 12，以流通润滑油。

2.　视图表达

一般有两个视图，主视图表示其径向结构，一般轴线水平放置，以便与加工位置一致，而且多采用全剖视图。左视图表达其径向结构，如图 4-35 中的 $6 \times \phi11$、$4 \times M8$ 和宽为 10、深为 12 的 6 个槽的分布情况，就是在左视图中清楚地表达出来的。

3.　尺寸标注

轮盘类零件的轴向尺寸，一般都是以主要结合面为尺寸基准，图 4-35 中是以左端面 A 为主要基准。

由于这类零件的主要表面为回转面，沿径向的结构多数为对称分布，因此径向尺寸以回转轴线为基准，其中 $\phi80H8$ 和 $\phi130f7$ 为重要尺寸。

4.　技术要求

（1）尺寸公差　图 4-35 中的 $\phi130f7$ 是与箱体和箱盖上的轴承孔配合的，要求把轴承外圈压紧、压正，其公差带为 f7，即 $\phi130f7$。$\phi80$ 孔是要安装密封装置的，公差带为 H8，即 $\phi80H8$。此箱盖是沿轴向压紧轴承、靠压片调整，所以未规定轴向尺寸公差。

（2）表面粗糙度　$\phi130f7$ 的圆柱面是配合表面，表面粗糙度为 $\sqrt{Ra\,3.2}$，端面 A 为 $\sqrt{Ra\,6.3}$，$\phi180$ 的左端面、$\phi80H8$ 孔的内表面为 $\sqrt{Ra\,3.2}$，而 $\phi80H8$ 的端为 $\sqrt{Ra\,12.5}$，$\phi110$ 的表面和底面为非接触表面，要求为 $\sqrt{\ }$，其余表面为 $\sqrt{Ra\,25}$，在标题栏上方统一注出。

（3）几何公差　轮盘类零件的几何公差一般包括以下内容：

1）几何精度：如摩擦轮应保证二者的紧密接触，就要限制其形状公差。

2）圆跳动：如胶带轮，为保证胶带有张力，就应限定径向圆跳动公差。为防止透盖装入内孔后产生歪斜，要求端面 A 的轴向圆跳动公差为 0.05。

4.2.3　叉架类零件图的表达与识读

叉架类零件包括摇杆、拨叉、支架等。毛坯多为铸件和锻件，其工作部分和安装部分需要加工，通常需要经过车、刨、铣等多道工序。

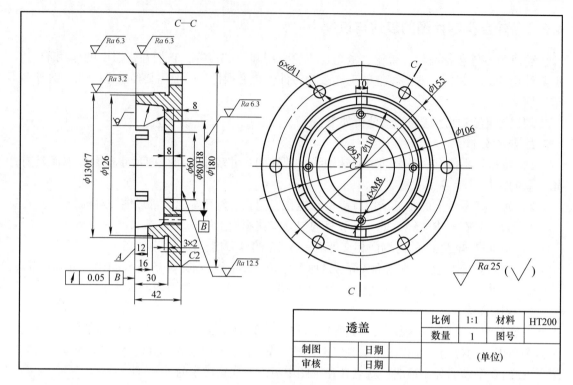

图 4-35 透盖零件图

现以图 4-36 所示摇杆为例分析如下:

1. 结构分析

这类零件的结构形状复杂程度差别较大,但仍可用形体分析法将其分解为若干个部分。按照零件在机器中的作用和与相邻零件的关系,其结构可分为:

(1)支撑部分 一般是圆筒形轴套,安装在轴上作为该零件的支撑,如图 4-36 所示的 φ25H8。

(2)工作部分 对相关零件施加作用的部分,如图 4-36 所示的 φ20H8 和 φ17 部分。

(3)连接部分 用以将上述两部分连接为一个整体,其结构一般是不同断面形状的肋板,因此受空间限制或其他因素的影响,其形状多变。

2. 视图表达

根据这类零件的形状和结构特点,其视图表达特点是:

1)因零件的加工面少,主视图的选择是以最大限度地表达其形状为主。如图 4-36 所示,主视图清楚地表达出工作部分和支撑部分的相对位置,以及连接部分的轮廓形状。

2)因零件的形状弯曲扭转较多,仅选用基本视图往往不能反映实形,所以除主视图外,一般再用 1~2 个视图或剖视图来表达其相对形状,如图 4-36 所示用局部视图、两处局部剖视图和斜视图表示三部分在前后方向的相对位置和形状及连接肋板的斜度。

3)连接部分的结构形状用断面图表示。

3. 尺寸标注

形体之间的相对位置复杂,选定正确的尺寸基准很重要,一般以主要孔的轴线、重要接触面、对称面为基准。

1）零件的主要尺寸应是与控制运动有关的尺寸，如图4-36所示的摇杆工作部分和支撑部分相关的尺寸，即是用角度和长度来控制的，如45°、60、80等。

2）连接部分的各段曲线轮廓要有足够的尺寸。为了简便，曲线一般都是由不同半径的圆弧连接而成。

4. 技术要求

在这类零件中，技术要求是紧紧围绕着支撑部分和工作部分提出的，一般从以下方面考虑：

1）支撑部分和工作部分的工作表面的尺寸公差和表面粗糙度，如图所示，$\phi20H8$ 和 $\phi25H8$ 的表面粗糙度为 $\sqrt{Ra\,12.5}$。

2）有关支撑部分和工作部分的相对关系尺寸，如主视图中的45°和60±0.5。

3）叉架类零件中一般还有平行度、垂直度等要求。

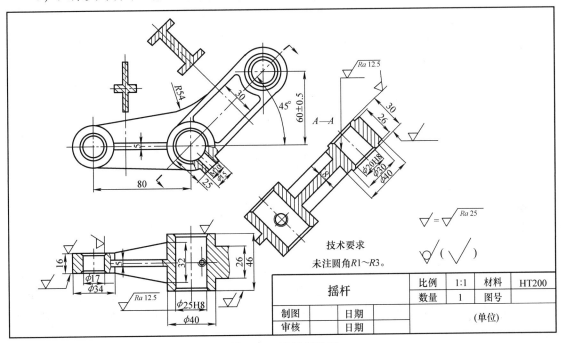

图 4-36 摇杆零件图

4.2.4 箱体类零件图的表达与识读

箱体类零件是机器或部件的主要组成部分，如各种变速器的箱体、车床的尾座以及一些设备的壳体、阀体、泵体、机座等。这类零件既要起支撑作用，又要起包容、密封等作用。毛坯多为铸件，加工位置多变，以铣、刨、钻、镗为主。

现以图 4-37 所示蜗杆减速器箱体为例分析如下：

1. 结构分析

箱体类零件一般比较复杂，内部有较大的空腔，壁上有通孔（如轴承孔）、台阶或凹坑等，以容纳和支撑其他各种零件，便于存贮液体。另外还有加强肋、油沟、螺孔和螺栓孔等结构。如图 4-37 所示的蜗杆减速器箱体是一空腔的壳体零件，空腔用于容纳蜗轮、蜗杆和

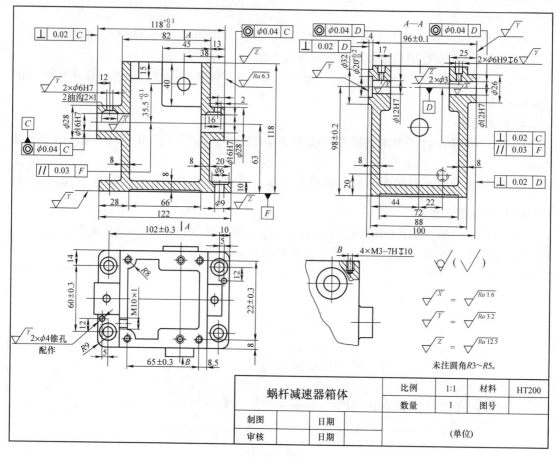

图 4-37　蜗杆减速器箱体

轴等，其结构大致分为以下几部分：

（1）**工作部分**　即实现其工作原理的结构部分。由于考虑防尘、润滑、密封、安全等因素，这部分常设计为内部构造，如图 4-37 中主、左视图所示，两个 ϕ16H7 孔为蜗轮轴孔，两个 ϕ12H7 孔为蜗杆轴孔。为了运动件的润滑，一般还有油槽、油池、加油孔及安装油标等零件的结构。箱体类零件的外形，很大程度上取决于其内部结构，如图 4-37 中的俯视图所示。

（2）**安装部分**　借以固定在机体或机座上，一般设计成底板并加工出安装孔，如俯视图中的长方形底板和 4 个螺栓孔。

（3）**连接部分**　起连接上述两部分的作用，有时采用加强肋，以提高零件的刚性。

2. 视图表达

一般用 3 个以上基本视图来表达。主视图一般按工作位置来绘制，并采用剖视。如图 4-37 所示画了 3 个基本视图，主视图是沿着箱体前后对称面剖切，以表达支撑蜗轮轴的结构形状；左视图为 A – A 全剖视图，以表达支撑蜗杆的结构形状；俯视图为箱体的外形图。另外还画了一个 B 向局部视图。

3. 尺寸标注

箱体类零件的尺寸标注，一般以主要轴孔的轴线、底面、结合面、端面、对称平面等为尺寸基准。

如图 4-37 所示，长、宽、高三个方向的尺寸基准如下：

（1）长度方向　以右边 ϕ16H7 轴孔凸台端面为基准标注定位尺寸 38，确定蜗轮轴在长度方向的位置。对于要求不高的其他尺寸，则以底板和空腔的非加工面为基准注出长度方向的其他定位尺寸。

（2）宽度方向　以支撑蜗杆的凸台端面和箱体宽度方向的对称平面为基准，标注出定位尺寸 25、4、22。

（3）高度方向　以箱体底面和蜗轮轴线为基准，标注出定位尺寸 98 ± 0.2、$35^{+0.1}_{0}$。

箱体各部分的尺寸大小，按形体分析法标注。

4. 技术要求

（1）尺寸公差和表面粗糙度　重要尺寸一般要规定公差，表面粗糙度相应也比较高，如图 4-37 所示箱体前后壁上的 ϕ12H7 和左右壁上的 ϕ16H7 孔的公差带选为 H7，表面粗糙度为 $\sqrt{Ra\,1.6}$。箱体底板是镗孔和安装的基准面，表面粗糙度为 $\sqrt{Ra\,3.2}$。各孔的端面与孔的轴线垂直度要求较高，这些表面粗糙度为 $\sqrt{Ra\,6.3}$ 或 $\sqrt{Ra\,3.2}$。其他次要加工面为 $\sqrt{Ra\,12.5}$。毛坯面为 $\sqrt{}$，标注在标题栏的上方。

（2）几何公差和其他要求　轴孔和重要表面有形状要求与几何要素相互位置的要求。

1）ϕ16H7 和 ϕ12H7 孔的轴线对底面的平行度公差为 0.03。

2）两个 ϕ16H7 孔的同轴度公差为 ϕ0.04，两个 ϕ12H7 孔的同轴度公差为 ϕ0.04。

3）ϕ16H7 和 ϕ12H7 孔的外端面对轴线的垂直度公差为 0.02。

4）ϕ12H7 孔的轴线对 ϕ16H7 孔的轴线的垂直度公差为 0.03。

此外，铸造圆角标注在图样右下角标题栏上方附近。

学习单元 5　装配图识读与绘制

【单元导读】

主要内容：

1. 装配图的作用及表达方法

2. 装配体的测绘

3. 装配图识读步骤及零件拆画注意事项

任务要求：

1. 熟悉装配体上常见结构的表达方法

2. 了解装配体测绘的方法、步骤

3. 熟练掌握装配图的识读方法、步骤

4. 能够拆画装配体上的零件并绘制零件图

教学重点：

1. 识读装配图，掌握装配图上的特殊表达方法

2. 由装配图拆画零件图

教学难点：

1. 装配图上各种配合性质的判断

2. 由装配图拆画零件图

5.1　装配图表达概述

5.1.1　装配图的作用及内容

在生产实际中，用于表示产品及其组成部分的连接、装配关系的图样，称为装配图。如图 5-1 所示，一张完整装配图的具体内容如下：

1. 一组图形

除选用的视图、剖视图、断面图等表达方法外，装配图还另有一些规定画法和特殊画法，用以正确、完整、清晰和简便地表达机器或部件的工作原理、零件之间的装配关系和零件的主要结构形状。

（1）装配图中的规定画法（如图 5-2 所示）

1）装配图中剖面线的画法。两个或两个以上的零件相邻接时，剖面线方向相反或方向一致，若方向一致则剖面线间隔必须不同；同一零件在各视图上的剖面线方向和间隔必须一致。

2）相邻零件的画法。对于相接触和相配合的两个零件的接触处，规定只画一条线。

3）对于紧固件等的画法。紧固件及轴、连杆、销等实心件，若按纵向剖切且剖切平面

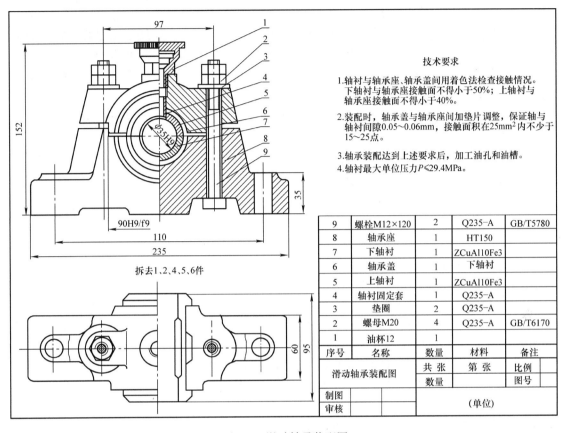

技术要求

1. 轴衬与轴承座、轴承盖间用着色法检查接触情况。
   下轴衬与轴承座接触面不得小于50%；上轴衬与
   轴承座接触面不得小于40%。

2. 装配时，轴承盖与轴承座间加垫片调整，保证轴与
   轴衬间隙0.05~0.06mm，接触面积在25mm²内不少于
   15~25点。

3. 轴承装配达到上述要求后，加工油孔和油槽。

4. 轴衬最大单位压力$P \leqslant 29.4$MPa。

9	螺栓M12×120	2	Q235-A	GB/T5780
8	轴承座	1	HT150	
7	下轴衬	1	ZCuAl10Fe3	
6	轴承盖	1	下轴衬	
5	上轴衬	1	ZCuAl10Fe3	
4	轴衬固定套	1	Q235-A	
3	垫圈	2	Q235-A	
2	螺母M20	4	Q235-A	GB/T6170
1	油杯12	1		
序号	名称	数量	材料	备注
滑动轴承装配图		共　张	第　张	比例
		数量		图号
制图			（单位）	
审核				

图 5-1　滑动轴承装配图

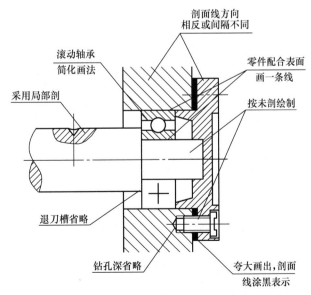

图 5-2　装配图上的一些规定画法及夸大画法

通过其中间平面或轴线时，则按不剖绘制；若需要特别表明零件的构造，如凹槽、销孔等，
可用局部剖视图表示。

（2）装配图中的特殊画法

1）假想画法。对某些零件的运动范围和极限位置，可用双点画线表示出其轮廓，如图 5-3 所示；对于与本部件有关但不属于本部件的相邻零件、部件，可用双点画线表示其与本部件的连接关系；当需要表达工件在夹具中的位置时，可以用双点画线表示零件的外形结构，如图 5-4 所示。

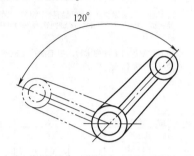

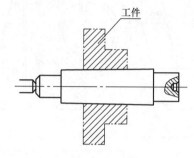

图 5-3　摇臂的运动范围及极限位置　　　　　图 5-4　零件在夹具中的位置

2）拆卸画法。在装配图中，可以假想地沿着某些零件的结合面剖切，零件的结合面不画剖面线，但被剖到的部分，如紧固件及轴、连杆、销等实心件剖切面垂直于轴线剖切，则断面画剖面线；剖切面通过或平行于轴线剖切，则不画剖面线。如图 5-1 所示，拆去 1、2、4、5、6 号零件，并且是沿着轴承盖和轴承座的接合面得到的俯视图，俯视图中的螺栓是被剖切面垂直剖切，所以断面画剖面线；主视图中的螺栓是剖切平面通过螺栓的轴线剖切的，所以不画剖面线。

3）夸大画法。在装配图中较小的零件、两零件之间较小的间隙等可以夸大尺寸画出，如图 5-2 所示。

4）简化画法。在装配图中，零件上的倒角、圆角、退刀槽等可以不画，如图 5-2 所示。

5）单独表达画法。在装配图中可以单独画出某一零件的视图，但必须标注。

6）展开画法。为了表达传动机构的传动路线和装配关系，可以假想按传动顺序沿轴线剖切，然后依次将各剖切平面展开在一个平面上，画出剖视图，此时应该在展开图上方注明"×—×"字样。

2. 几类尺寸

根据装配图拆画零件图以及装配、检验、安装、使用的需要，在装配图中必须标注出反应机器或部件的性能、规格、安装情况、零件间的相对位置、配合要求等的尺寸。

（1）性能（或规格）尺寸　表示性能（或规格）的尺寸，它是产品设计的主要依据。

（2）外形尺寸　表示形体外形轮廓的尺寸，包括总长、总宽、总高。根据外形尺寸可以考虑包装、运输、放置的空间等。

（3）装配尺寸　保证装配体中各零件装配关系的尺寸称为装配尺寸，主要包括配合尺寸和相对位置尺寸，而配合尺寸是非常重要的尺寸，有关配合的术语及其定义叙述如下：

1）配合：配合是指公称尺寸相同的孔和轴公差带之间的关系。孔和轴公差带相对位置不同，将有松紧程度不同的配合性质，即有大小不同的间隙或过盈，从而满足不同的使用要求。

2）间隙或过盈。在孔、轴配合中，孔的尺寸减去与之配合的轴的尺寸所得的代数差，此值为正时是间隙，为负时是过盈。

3）配合的类型。

① 间隙配合：孔的下极限尺寸大于或等于轴的上极限尺寸的配合为间隙配合。如图4-29所示，孔的下极限尺寸 $\phi80.020$，大于轴的上极限尺寸 $\phi79.970$，所以是间隙配合。

② 过盈配合：孔的上极限尺寸小于或等于轴的下极限尺寸的配合为过盈配合。

③ 过渡配合：轴、孔之间可能具有间隙或过盈的配合为过渡配合，其间隙、过盈量都很小。

4）配合制度：国家标准规定，孔、轴配合时有两种制度，即基孔制配合和基轴制配合。在一般情况下优先选用基孔制。

① 基孔制配合：它是孔的基本偏差保持一定，以改变轴的基本偏差来得到各种不同配合的一种制度，如图5-5所示。基孔制的孔称为基准孔，其下极限偏差为零，基本偏差代号为 H。

从图4-30中的基本偏差系列图和图5-5可以看出，在基孔制的条件下，轴的基本偏差从 a 到 h 为间隙配合，从 j 到 n 为过渡配合，从 p 到 zc 为过盈配合。其中 n、p、r 可能为过渡配合，也可能为过盈配合。

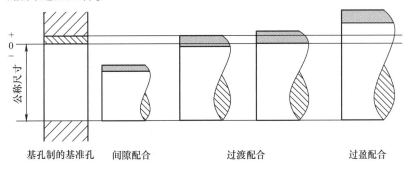

图 5-5　基孔制配合

② 基轴制配合：它是轴的基本偏差保持一定，以改变孔的基本偏差来得到各种不同配合的一种制度，如图5-6所示。基轴制的轴称为基准轴，其上极限偏差为零，基本偏差代号为 h。

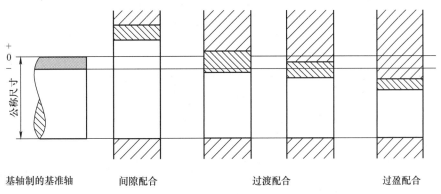

图 5-6　基轴制配合

从图 4-30 中的基本偏差系列和图 5-6 可以看出，在基轴制的条件下，孔的基本偏差从 A 到 H 为间隙配合，从 J 到 N 为过渡配合，从 P 到 ZC 为过盈配合。其中 N 可能为过渡配合，也可能为过盈配合。

5）极限与配合在图样上的标注与识读。

① 装配图上的标注：在装配图上的标注配合代号如图 5-7a 所示。在公称尺寸后面用分式表示，分子是孔的公差带代号，分母是轴的公差带代号。

② 零件图上的标注：在零件图上的标注有三种形式，即在公称尺寸后只标注公差带代号（图 5-7b）；只标注极限偏差（图 5-7c）；公差带代号和极限偏差同时标注（图 5-7d）。

③ 配合代号识读举例

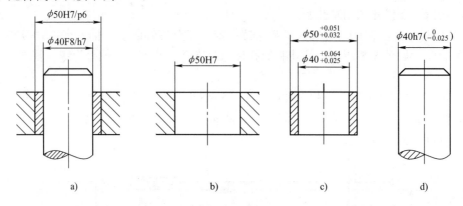

图 5-7　极限与配合在图样上的标注

a）装配图上的标注配合代号　b）零件图上公称尺寸后只标注公差带代号
c）零件图上公称尺寸后只标注极限偏差　d）零件图上公称尺寸后公差带代号和极限偏差同时标注

例 5-1　配合代号是 $\phi55H8/f7$，查表确定孔、轴的极限偏差，计算出孔、轴的公差，判断配合制度与类别，画出公差带图。

极限偏差值可以根据孔、轴的公差带代号从附录中的"孔的极限偏差"和"轴的极限偏差"表中查出，再根据公差计算公式算出公差值。

从"孔的极限偏差"表中，先从左边纵行查找公称尺寸 55，它是在 50～65 范围内，再从表的上边横行查基本偏差代号 H 栏中公差等级 8，两者纵横相交处有 $^{+46}_{0}$ 数值，即上极限偏差为 +46μm，下极限偏差为 0，将其化为毫米，并标注为 $\phi55^{+0.046}_{0}$。同理，可以查找轴的极限偏差，再根据极限偏差，画出公差带示意图，从该示意图也可以判断出配合制度和类别。详细见表 5-1。

表 5-1　配合代号识读举例

配合代号	公称尺寸	孔的极限偏差	轴的极限偏差	公差	配合制度与类别	公差带图
$\phi55H8/f7$	$\phi55$	+0.046 0		0.046	基孔制 间隙配合	
	$\phi55$		−0.030 −0.060	0.030		

（4）安装尺寸　把部件安装到其他设备或地基上时需要的尺寸为安装尺寸。

（5）其他重要尺寸　其他重要尺寸包括根据部件的个体特点和需要，必须标注的尺寸。如经计算得到的重要的设计尺寸、定位尺寸等。

在装配图中并非以上几种尺寸均需标注，要根据需要进行标注。

3. 技术要求

1）用文字或符号注写出部件或机器的装配、检验、使用等方面的要求。

2）关于装配体装配后的性能指标等要求。

3）安装、运输以及使用、维护及保养等方面的要求。

技术要求一般写在明细栏上方或图样下方空白处，如内容较多，则可以另外编写图样的附件。

4. 装配图的零件编号

1）装配图中零件都应有对应的编号，一个或一种零件只能有一个编号，只标注一次。

2）零件的编号应有顺序地（逆时针或顺时针）标注在装配图的周围，整齐地水平或垂直排列。

3）单个零件及很薄的零件或涂黑的剖面编号的编写形式如图 5-8a 所示。

4）编号的字号应比装配图中尺寸数字大一号或二号。

5）一组螺纹紧固件或其他零件组可以采用如图 5-8b 所示的标注方法。

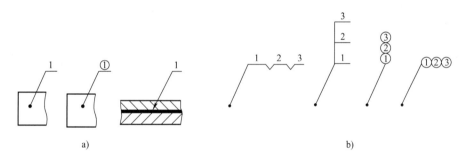

图 5-8　零件序号的编写形式

a）单个、很薄的零件或涂黑的剖面引线　b）一组螺纹紧固件或其他零件组引线

5.1.2　装配图中常见的结构

1. 装配结构简介

部件或机器的结构不仅要满足加工工艺要求，而且还应满足装配体的性能要求和拆装方便。常见的装配工艺结构见表 5-2 和表 5-3。

2. 装配图中常见的联接及画法

（1）螺纹紧固件联接的画法　螺纹紧固件的三种连接形式包括：螺栓联接、螺柱联接、螺钉联接。画连接图时必须遵守以下规定：

1）在装配图中，当剖切平面通过螺栓、螺柱、螺钉、螺母及垫圈等标准件的轴线时，应按未剖切画，即只画外形图。

2）螺栓联接尽量采用简化画法，六角头螺栓和六角头螺母的头部曲线可以省略不画；螺纹紧固件上的工艺结构，如倒角、退刀槽等均可以省略不画。

表 5-2　常见接触面结构

内容	结 构 示 例		说　明
	不合理结构	合理结构	
接触面数量			两零件在同一方向只能有一对接触表面，这样既能保证装配精度，又便于零件的加工
接触面拐角处的结构			当两个不同方向的表面需同时良好接触时，在它们的拐角处加工成不同尺寸的圆角、倒角和退刀槽
合理减少接触面积	接触面		零件的接触面一般均需机械加工，接触面越大，加工后不平的可能性也越大。为保证接触的可靠性和降低加工成本，将接触面中间凹下一部分以减少接触面积

表 5-3　常见的装配结构

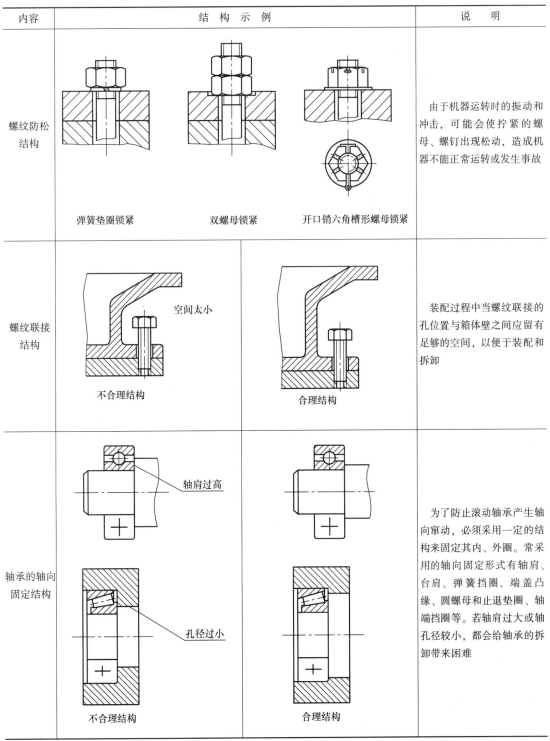

内容	结构示例	说明
螺纹防松结构	弹簧垫圈锁紧　　双螺母锁紧　　开口销六角槽形螺母锁紧	由于机器运转时的振动和冲击，可能会使拧紧的螺母、螺钉出现松动，造成机器不能正常运转或发生事故
螺纹联接结构	空间太小　不合理结构　　合理结构	装配过程中当螺纹联接的孔位置与箱体壁之间应留有足够的空间，以便于装配和拆卸
轴承的轴向固定结构	轴肩过高　孔径过小　不合理结构　　合理结构	为了防止滚动轴承产生轴向窜动，必须采用一定的结构来固定其内、外圈。常采用的轴向固定形式有轴肩、台肩、弹簧挡圈、端盖凸缘、圆螺母和止退垫圈、轴端挡圈等。若轴肩过大或轴孔径较小，都会给轴承的拆卸带来困难

3）两个零件接触面只画一条粗实线，不接触面必须画两条线。不论间隙多小，在图上也应画出间隙。

4）在剖视图中，相邻两零件的剖面线方向应相反；而同一个零件在各个剖视图中的剖面线方向和间隔应相同。

（2）三种联接的画法

1）螺栓联接：当两个被紧固零件的厚度较小，且均可以穿孔时，一般采用螺栓联接。螺栓联接就是将螺栓的杆身穿过两个被联接零件上的通孔（光孔），套上垫圈，再拧紧螺母使两个零件联接在一起的一种联接方式。

为提高画图速度，对联接件的各个尺寸，可以不按相应的标准值画出，而是采用近似画法，如图 5-9 所示。采用简化画法时，螺栓的公称长度可以按下式计算：

$$l \approx t_1 + t_2 + h(s) + m + a$$

式中　　t_1、t_2——被联接件的厚度（设计给定）；

　　　　$h(s)$——平垫圈（弹簧垫圈）厚度（根据标记查附表 8 ≈ 0.15d）；

　　　　m——螺母高度（根据标记查附表 7 ≈ 0.9d）；

　　　　a——螺栓末端超出螺母的长度（≈ 0.3d）。

其中 d 为螺栓直径。

注意：按上式计算的螺栓长度，还应根据螺栓的标准长度系列，选取标准长度值，见附表 4。

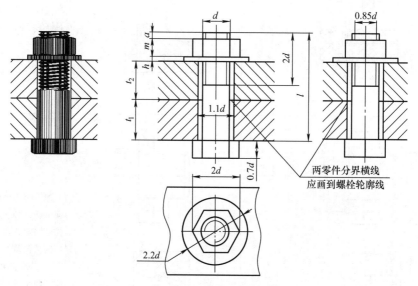

图 5-9　螺栓联接的近似画法

2）螺柱联接：当两个被紧固零件中一个零件的厚度较小，而另一个较厚或不允许穿孔时，一般采用双头螺柱联接。双头螺柱联接是在较厚的零件上加工出螺纹孔，在另一个较薄的零件上加工出通孔（光孔），双头螺柱的一端穿过通孔拧在螺纹孔上，再在另一端放上弹簧垫圈后拧紧螺母使二者连在一起。

用弹簧垫圈的目的是：依靠其弹性所产生的摩擦力和斜角防止螺母松动。

双头螺柱旋入螺纹孔的一端被称为旋入端，旋入端长度 b_m 与被联接零件的材料有关；与螺母旋合的另一端被称为紧固端。螺柱联接的简化画法如图 5-10b 所示。

画螺柱联接时应注意两点：

① 螺柱旋入端的螺纹长度终止线与两个被联接件的接触面应画成一条线。

② 螺孔可以采用简化画法，即只画出螺孔深度，而不画钻孔深度。

③ 弹簧垫圈的开口，在主视图中应画成与水平线成75°的一条特粗的实线（≈2d）。

3）螺钉联接：螺钉联接一般用于受力不大、不经常拆卸的地方。这种联接是在较厚的零件上加工出螺纹孔，在被联接零件上加工出通孔，用螺钉穿过通孔拧入螺纹孔从而达到联接的目的，如图5-10c所示。

画图时应注意：

① 螺纹终止线不应与结合面平齐，而应在结合面之上。

② 螺纹头部的一字槽在主视图中应放正，俯视图中应画成右斜45°，如图5-10所示。

说明：在装配图中，若需要画螺纹紧固件时，应尽量采用简化画法，既可以减少画图的工作量，又可以提高画图速度，增加图样的清晰度，突出图样重点。

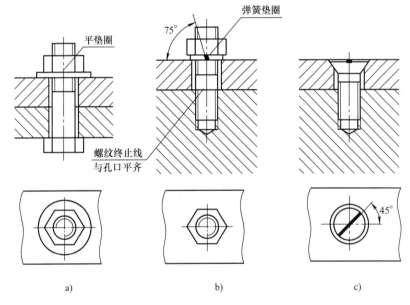

图 5-10 螺纹紧固件联接简化画法的比较

a）螺栓联接 b）螺柱联接 c）螺钉联接

（3）键、销联接画法

1）键联接：为了使齿轮、带轮等零件和轴一起转动，通常在轮孔和轴上分别加工出键槽，将键嵌入，用键将轮和轴联接起来一起转动，如图5-11所示。

① 普通平键的种类和标记：如图5-11所示，普通平键的应用最广，分为 A、B、C 三种型式。普通平键是标准件，其结构型式、尺寸、规定标记和键槽联接尺寸可以在附表9中查出。

② 键联接：如图5-12所示为轴上、轮毂上普通平键键槽的画法。普通平键联接时，键的侧面是工作面，因此键和槽的侧面紧密接触，图上只画一条线。键的顶面是非工作面，与轮毂孔上的键槽的顶面应有间隙，画图时应画两条线。如图5-13所示为普通平键联接的画法。

画键联接图时，键的倒角省略不画；沿键的纵向剖切时，键按不剖处理；横向剖切时，断面上要画剖面线。

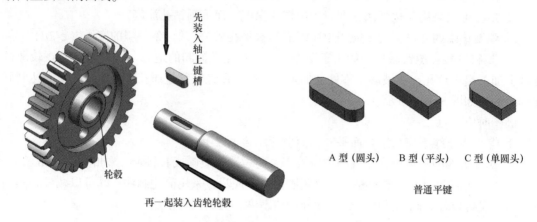

图 5-11　键联接及普通平键的型式

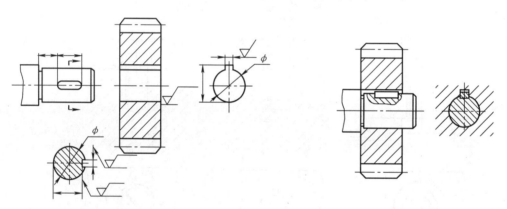

图 5-12　键槽的表达方法和尺寸注法　　　　图 5-13　普通平键联接的画法

2）销联接

① 销的种类和标记：销的类型较多，如图 5-14 所示为最常见的圆柱销和圆锥销，主要用于联接或定位。销是标准件，其结构型式、尺寸、规定标记可以在附表 10 中查出。

圆柱销和圆锥销在联接和定位时有较高的位置精度要求，因此两个零件上的销孔是在装配时一起加工的，在零件图上应注明"与件×配作"的字样。

圆柱销　　　　　圆锥销

图 5-14　销的基本类型

② 销联接的画法：销的回转表面与销孔的内表面是工作面，紧密接触，所以画图时应画一条线，如图 5-15 所示。

圆锥销的公称直径是指小端直径；在销联接画法中，销的倒角可省略不画；当剖切平面沿销的轴线剖切时，销按不剖处理；垂直轴线剖切时，断面上要画剖面线。

3. 装配图中齿轮啮合的画法

齿轮是一个有齿的机械构件，在机械传动中应用非常广泛，可以改变传递速度的大小和方向，传递运动准确。

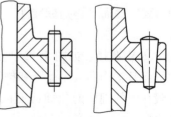

图 5-15　销联接的画法

齿轮上用于啮合的每个凸起部分被称为轮齿。一对齿轮的齿，依次交替地接触，从而实现具有一定规律的相对平稳的运动过程和形态，称之为啮合。

图 5-16　齿轮传动

a）圆柱齿轮啮合　b）圆锥齿轮啮合　c）蜗轮蜗杆啮合

（1）齿轮　两个啮合的齿轮组成基本机构称为齿轮副。常用的齿轮副按照两轴相对位置的不同，分为以下几种形式，如图 5-16 所示。

平行轴齿轮副（圆柱齿轮啮合）——用于传递平行轴之间的运动。

相交轴齿轮副（锥齿轮啮合）——用于传递两相交轴之间的运动。

交错轴齿轮副（蜗轮蜗杆啮合）——用于传递两交叉轴之间的运动。

分度曲面为圆柱面的齿轮为圆柱齿轮。圆柱齿轮的轮齿有直齿、斜齿、人字齿等，其中最常用的是直齿圆柱齿轮，简称直齿轮。齿轮最常用的齿形曲线是渐开线。

（2）直齿轮各部分名称、代号及基本参数

1）直齿圆柱齿轮的名称及代号（如图 5-17 所示）。

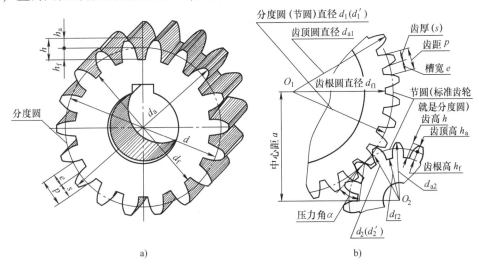

图 5-17　直齿圆柱齿轮的名称及代号

a）单个齿轮　b）一对啮合齿轮

① 齿顶圆（d_a）：过齿顶的圆柱面与端平面（垂直于齿轮轴线的平面）的交线。

② 齿根圆（d_f）：过齿根的圆柱面与端平面的交线。

③ 分度圆（d）：处于齿顶圆和齿根圆之间，是一个假想的圆，在该圆上槽宽（e）与

齿厚（s）相等。分度圆是设计和制造齿轮时计算和测量的依据。

④ 节圆（d'）：一对齿轮啮合时，在连心线上啮合点所在的圆。标准齿轮的节圆和分度圆重合。

⑤ 齿顶高（h_a）：齿顶圆到分度圆之间的径向距离。

⑥ 齿根高（h_f）：齿根圆到分度圆之间的径向距离。

⑦ 齿高（h）：齿顶圆到齿根圆之间的径向距离。

⑧ 齿距（p）：在分度圆上相邻两齿同侧齿廓对应两点之间的弧长。

⑨ 齿厚（s）：在分度圆上一个轮齿齿廓之间的弧长。

⑩ 槽宽（e）：在分度圆上一个齿槽齿廓之间的弧长。$p = s + e$。

⑪ 齿宽（b）：沿齿轮轴线方向轮齿的宽度。

2）直齿圆柱齿轮基本参数。

① 齿数（z）：它是由设计、计算确定的，与传动比有关。若主动齿轮的转数和从动齿轮的转数分别是 n_1、n_2（r/min），齿数分别是 z_1、z_2，则传动比为

$$i = n_1/n_2 = z_2/z_1$$

② 模数（m）：从图 5-17 中可以看出齿轮分度圆周长为

$$\pi d = zp \text{ 则 } d = zp/\pi$$

p/π 定义为齿轮的模数，用 m 表示，$m = d/z$，所以 $d = mz$。

模数是设计齿轮的重要参数，与齿距 p 有关，模数越大，齿轮轮齿就越大；模数越小，齿轮轮齿就越小。轮齿大，传递力矩就越大。一对啮合齿轮其齿距应相等，因此模数也必然相等。不同模数的齿轮，要用不同的刀具加工制造。为了设计制造方便，模数值已经标准化，见表 5-4。

表 5-4　标准模数（摘自 GB/T 1357—2008）　（单位：mm）

齿轮类型	模数系列	标准模数 m
圆柱齿轮	第一系列	1、1.25、1.5、2、2.5、3、4、5、6、8、10、12、16、20、25、32、40
	第二系列	1.75、2.25、2.75、（3.25）、3.5、（3.75）、4.5、5、（6.5）、7、9、（11）、14、18、22

注：选用模数时，优选第一系列，其次第二系列，括号内的尽量不用。

③ 压力角（α）：一对齿轮啮合时，在分度圆上齿廓曲线接触点的法线方向与该点的瞬时速度方向所夹的锐角为压力角，标准齿轮的压力角采用 20°，如图 5-17 所示。

3）模数与直齿圆柱齿轮各部分的尺寸关系见表 5-5。

表 5-5　模数与直齿圆柱齿轮各部分的尺寸关系

名称代号	关 系 式	名称代号	关 系 式
模数 m	$m = d/z$	齿顶圆直径 d_a	$d_a = d + 2h_a = m\,(z+2)$
齿顶高 h_a	$h_a = m$	齿根圆直径 d_f	$d_f = d - 2h_f = m\,(z-2.5)$
齿根高 h_f	$h_f = 1.25m$	齿距 p	$p = m\pi$
全齿高 h	$h = h_a + h_f = 2.25m$	中心距 a	$a = m\,(z_1 + z_2)\,/2$
分度圆直径 d	$d = mz$		

（3）直齿圆柱齿轮的规定画法

1）单个齿轮的规定画法：通常用两个视图表示，轴线水平放置，如图 5-18a 所示；也

可以用一个视图，再用一个局部视图表示孔和键槽的形状，如图 5-18b 所示。

　　齿轮轮齿部分的规定画法：

　　① 齿顶圆和齿顶线用粗实线绘制。

　　② 分度圆和分度线用细点画线绘制。

　　③ 齿根圆和齿根线用细实线绘制或省略不画。

　　④ 在剖视图中，当剖切平面通过齿轮轴线时，轮齿一律按不剖处理，不画剖面线，齿顶、齿根均用粗实线。

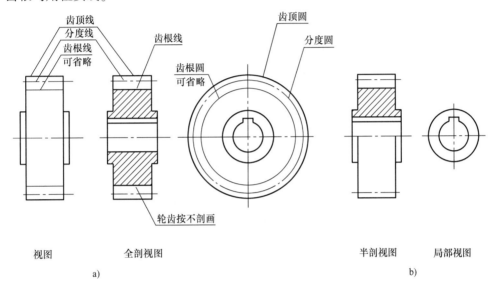

图 5-18　单个直齿圆柱齿轮的画法

a）用两个视图表示，轴线水平放置　b）一个视图和一个局部视图表示孔和键槽的形状

　　2）齿轮啮合时的规定画法。

　　① 在投影为圆的视图上，啮合区内两齿轮的节圆相切，两齿顶圆用粗实线绘制，齿顶圆在啮合区内的部分一般省略不画，齿根圆通常省略不画，如图 5-19b 所示。

　　② 在非圆的视图上，采用剖视绘制时，齿轮啮合区内节线重合，用细点画线绘制；两齿根线都为粗实线；两齿顶线一条为粗实线，另一条为虚线或省略不画，如图 5-19a 所示。

　　③ 一个齿轮的齿顶线与另一个齿轮的齿根线之间应有 $0.25m$（m 为模数）的间隙，如图 5-19a 所示。

　　④ 在非圆的视图上不采用剖视时，节线重合，画成粗实线，如图 5-19c 所示。

　　（4）直齿轮测绘　根据齿轮实物，通过测量和计算，确定主要参数，并画出齿轮零件图，称为齿轮的测绘。测绘步骤如下：

　　1）数出齿数 z。

　　2）量得齿顶圆直径 d_a：若为偶数则直接测量，如图 5-20a 所示；若为奇数，则应先测量出孔径及孔壁到齿顶间的径向距离，$d_a = 2H + D$，如图 5-20b 所示。

　　3）算出 m：根据 $d_a = m(z + 2)$ 得 m 值，根据标准值校核，取接近的标准模数值。

　　4）计算 d：$d = mz$，与相啮合齿轮两轴中心距校对，应符合 $a = (d_1 + d_2)/2 = m(z_1 + z_2)/2$。

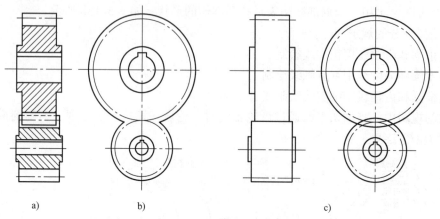

图 5-19　齿轮啮合的画法

a）非圆视图采用剖视　b）投影为圆的视图　c）非圆视图不采用剖视

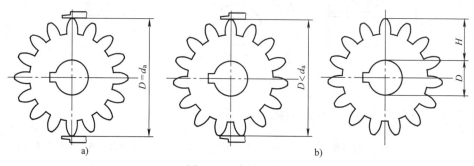

图 5-20　齿轮测绘

a）偶数齿　b）奇数齿

5）测量与计算齿轮的其他各部分尺寸。

6）绘制标准直齿轮零件图，如图 5-21 所示。

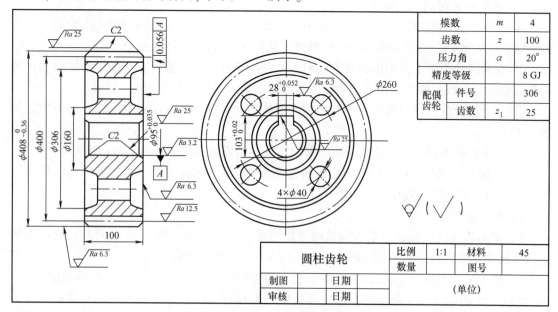

模数	m	4
齿数	z	100
压力角	α	20°
精度等级		8 GJ
配偶齿轮	件号	306
	齿数 z_1	25

圆柱齿轮		比例	1:1	材料	45
		数量		图号	
制图	日期				
审核	日期		（单位）		

图 5-21　齿轮零件图

4. 装配图中滚动轴承及弹簧的画法

（1）滚动轴承　滚动轴承是机械设备中常用的支承轴类零件的标准件，它具有结构紧凑、摩擦力小的特点，在生产实践中得到广泛应用。

1）滚动轴承的结构和类型。

① 滚动轴承的结构：如图 5-22 所示，滚动轴承一般由外圈、内圈、滚动体和保持架组成。

a）外圈：与机座孔内配合，一般不动。

b）内圈：与轴表面紧密配合，并与轴一起转动。

c）滚动体：装在内圈、外圈之间的滚道中，有滚珠、滚柱、滚锥等型式。

d）保持架：用来固定和隔离滚动体，防止相互之间的摩擦。

② 滚动轴承的类型：滚动轴承的类型很多，按照所承受的载荷方向分为三种类型。

a）向心轴承：主要承受径向载荷，如深沟球轴承，如图 5-22a 所示。

b）推力轴承：只承受轴向载荷，如推力球轴承，如图 5-22c 所示。

c）向心推力轴承：同时承受轴向和径向载荷，如圆锥滚子轴承，如图 5-22b 所示。

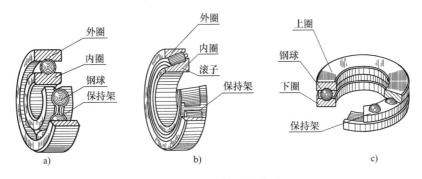

图 5-22　滚动轴承的类型

a）深沟球轴承　b）圆锥滚子轴承　c）推力球轴承

2）滚动轴承的代号。

① 滚动轴承基本代号：滚动轴承代号是表示轴承的结构、尺寸、公差和技术性能等特征的产品符号。具体内容可查阅国家标准 GB/T 272—1993，这里只介绍其基本代号。

基本代号表示滚动轴承的基本类型、结构和尺寸，是滚动轴承代号的基础，其组成方式如下：

$$\boxed{轴承类型代号} + \boxed{尺寸系列代号} + \boxed{内径代号}$$

② 轴承基本代号的含义。

举例 1：说明"滚动轴承　6204"的含义。

6 2 04

04 表示内径代号：$d = 4×5mm = 20mm$

2 表示尺寸系列代号(02)：宽度系列代号 0 省略，直径系列代号为 2

6 表示轴承类型代号：深沟球轴承

举例 2：说明"滚动轴承　31312"的含义。

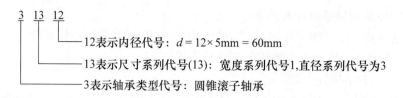

3 表示轴承类型代号：圆锥滚子轴承
13 表示尺寸系列代号(13)：宽度系列代号1,直径系列代号为3
12 表示内径代号：$d = 12 \times 5mm = 60mm$

③ 说明。

a）滚动轴承的类型代号、尺寸系列代号和内径代号可从相应的标准中查取。

b）滚动轴承类型代号可以用数字或字母表示：0、1、2、3、4、5、6、7、8、N、U、QJ，具体表示轴承的类型可查阅 GB/T 272—1993。

c）滚动轴承内径代号 00、01、02、03 所对应的内径为 10、12、15、17；从 04～96 开始所对应的内径应乘以 5 得到，其中内径为 22、28、32 和 ≥500 的可以直接表示。例如：230/500 表示内径为 500，62/22 表示内径为 22。具体表示轴承内孔代号可查阅 GB/T 272—1993。

3）滚动轴承表示方法：滚动轴承有三种表示方法：通用画法、特征画法和规定画法，前两者又称为简化画法。在同一图样中只采用一种表示方法，常用滚动轴承的画法见表 5-6。

表 5-6　常用滚动轴承的画法（摘自 GB/T 4459.7—1998）

名称、标准号、查表主要数据	画　法			装配示意画法
	简　化　画　法		规定画法	
	通用画法	特征画法		
深沟球轴承（GB/T 276—1994）D、d、B				
圆锥滚子轴承（GB/T 297—1994）D、d、B、C、T				
推力球轴承（GB/T 301—1995）D、d、T				

① 简化画法。

a）通用画法：在剖视中，当不需要确切地表示滚动轴承的外形轮廓、载荷特征和结构特征时，可以用矩形线框及位于线框中央正立的十字形符号表示滚动轴承。

b）特征画法：在剖视中，如果需要形象地表示滚动轴承的结构特征时，可以采用在矩形线框内画出其结构要素符号表示滚动轴承。

通用画法和特征画法应绘制在轴的两侧，矩形线框、符号和轮廓均用粗实线表示。

② 规定画法：必要时，在滚动轴承的产品图样、产品样本和产品标准中，采用规定画法表示滚动轴承。

采用规定画法绘制滚动轴承的剖视图中，轴承的滚动体不画剖面线，其内、外圈可画成间隔和方向相同的剖面线，在不致引起误解时可以省略不画。规定画法一般绘制在轴一侧，另一侧按通用画法绘制。

（2）弹簧　弹簧用途很广，种类也繁多，主要用于减振、夹紧、测力和存储能量等。弹簧的种类很多，常见的有螺旋弹簧、涡卷弹簧和板弹簧。根据受力不同，螺旋弹簧又分为压缩弹簧（Y）、拉伸弹簧（L）和扭力弹簧（N），如图 5-23 所示。

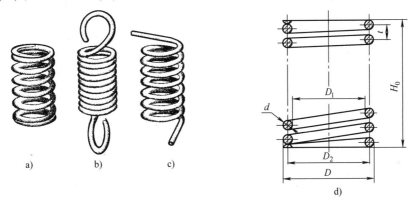

图 5-23　圆柱螺旋弹簧及各部分尺寸

a）压缩弹簧　b）拉伸弹簧　c）扭力弹簧　d）压缩弹簧尺

1）圆柱螺旋弹簧各部分名称（如图 5-23 所示）。

① 簧丝直径 d。

② 弹簧外径 D。

③ 弹簧内径 D_1。

④ 弹簧中径 D_2：$D_2 = (D + D_1)/2$。

⑤ 弹簧节距 t：除支承圈外，相邻两圈之间的轴向距离。

⑥ 有效圈数 n、支承圈数 n_0 和总圈数 n_1：为使弹簧受力均匀、保证轴线垂直于支承端面，制造时将两端并紧且磨平，这部分起支承作用，所以叫支承圈，一般有 1.5、2、2.5 圈三种。2.5 圈用得最多，即两端并紧 1/2 圈，磨平 3/4 圈。除支承圈外，保持相同节距的圈数称为有效圈数，有效圈数与支承圈数之和是总圈数。

⑦ 自由高度 H_0：弹簧在不受力时的高度。

⑧ 弹簧展开长度 L：弹簧钢丝展直后的全长。

⑨ 弹簧的旋向：分左旋和右旋，右旋弹簧不标记，左旋弹簧应加注"LH"。

2）圆柱螺旋压缩弹簧的规定画法：圆柱螺旋压缩弹簧可以画成视图、剖视图或示意图，如图 5-24 所示。

3）圆柱螺旋弹簧在装配图中的画法。

a）弹簧被看做实心件，被弹簧挡住的结构一般不画，可见部分应画至弹簧的外轮廓或中径线。

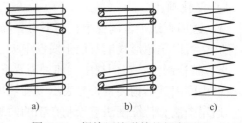

图 5-24　螺旋压缩弹簧的规定画法
a）视图　b）剖视图　c）示意图

b）弹簧中间各圈采取省略画法，剖视图的断面画剖面线，断面很小时可涂黑，如图 5-25b 所示。

c）当弹簧簧丝直径在图上小于等于 2 时，采用示意画法，如图 5-25c 所示。

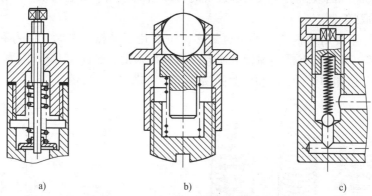

图 5-25　螺旋压缩弹簧在装配图中的画法
a）弹簧剖视图断面　b）涂黑表示弹簧断面图　c）弹簧的示意画法

5.2　装配体的测绘

部件测绘是指对现有的部件或机器进行测量、计算，先画出装配图和零件工作图等全部图样的过程。下面以齿轮油泵为载体，介绍部件测绘的方法及步骤。

5.2.1　齿轮油泵部件分析

齿轮油泵是机器润滑系统中的一个部件，主要作用是将润滑油压入机器，使其内部相对运动的零件之间产生油膜，从而降低零件之间的摩擦和减少磨损，确保各运动零件如轴承、齿轮等正常工作。齿轮油泵的实体装配图如图 5-26 所示。

1. 齿轮油泵的工作原理

如图 5-27 所示，当一对齿轮在泵体内做啮合传动时，啮合区右边的油被齿轮带走，压力降低形成负压，油池内的油在大气压作用下进入油泵低压区内的吸油口，随着齿轮的转动，齿槽中的油不断沿箭头方向被带至左侧的压油口，把油压出去，送至机器中需要润滑的部位。

图 5-26　齿轮油泵的实体装配图

2. 齿轮油泵的结构分析

该齿轮油泵由 18 种零件装配而成，它们分别为：泵体、泵盖、主动轴、主动齿轮、从动轴、从动齿轮、带轮、压盖、挡圈、垫片、填料、螺钉、螺母、螺栓、垫圈、键、销等。泵体内容纳一对齿轮。将从动齿轮与从动轴通过过渡配合连接，主动齿轮与主动轴通过键连接，装入泵体后，由左端盖与泵体支撑；泵盖与泵体通过销定位，由螺钉连接在一起，为防止泄漏通过垫片密封；主动轴伸出部分的键槽与带轮通过键连接在一起，主轴通过处填

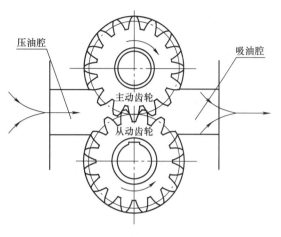

图 5-27 齿轮油泵工作原理图

入填料，通过压盖压紧，然后由螺钉连接在泵体上，该连接不能过紧，否则影响主动轴转动。主动轴右端有一挡环，在该处起到轴肩作用，目的是防止轴向窜动。

5.2.2 画齿轮油泵的装配示意图和拆卸齿轮油泵

1. 画装配示意图

为了便于装配体拆后仍能顺利装配复原，对于较为复杂的装配体，在拆卸过程中应尽量做好记录。最常用的方法即绘制装配示意图。装配示意图记录了各种零件的名称、数量及在装配体中的相对位置及装配连接关系，同时为绘制正式装配图做好准备。

如图 5-28 所示，画装配示意图时，一般用简单的线条和机构符号来表达部件中的零件的大致形状和装配关系，用简单图形画出大致轮廓。形状简单的零件，如螺栓、螺钉、轴等可用线段表示，常用的标准件可用国标《机械制图 机构运动简图符号》绘制。装配示意

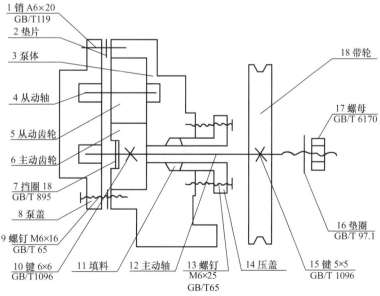

图 5-28 齿轮油泵装配示意图

图一般是把装配体看成是透明体，因此不需画虚线。装配示意图画好后，要将全部零件编号，并填写明细栏。在画正式装配图时，零件的序号要与装配示意图上的编号一致。

2. 拆卸齿轮油泵

1）螺母 17→垫圈 16→带轮 18、键 15→螺钉 13→压盖 14→填料 11。

2）销 1→螺钉 9→泵盖 8→垫片 2→挡圈 7→主动轴 12、主动齿轮 6→键 10→从动轴 4、从动齿轮 5→泵体 3。

在拆卸过程中做好记录，还要注意了解和分析齿轮油泵中零件之间的连接方式、装配关系以及密封结构，拆卸时边拆卸边记录。如果装配示意图没完成，还应在拆卸过程中同时完成装配示意图。

表 5-7　齿轮油泵拆卸记录

步骤次序	拆卸内容	遇到问题及注意事项	说明
1	销，2 个		GB/T 119
2	垫片		
3	泵体		
4、5	从动轴、从动齿轮		
6	主动齿轮		
7	挡圈 18		GB/T 895
8	泵盖		
9	螺钉，6 个		GB/T 65
10	键 6×6		GB/T 1096
11	填料		
12	主动轴		
13	螺钉 M6×25，2 个		GB/T 65
14	压盖		
15	键 5×5		GB/T 1096
16、17	垫圈、螺母		GB/T 6170　GB/T 97.1
18	带轮		

5.2.3　绘制齿轮油泵零件草图

绘制零件草图是装配体测绘的重要步骤和基础工作。装配体中的零件可分为两类：一类是标准件，如螺栓、螺母、垫圈、键、销及滚动轴承等，只要测出规格尺寸，然后查阅标准手册，按规定标记记录在明细栏内，不必绘制草图；另一类零件是非标准件，应该绘制全部零件草图。绘制草图是目测、徒手完成，零件草图不是潦草的图样，它的内容与零件图相同，主要区别是不用绘图工具，而零件图是用仪器或绘图软件绘出。零件草图是绘制零件图和装配图的依据。零件图的测绘过程见 4.1 节，绘制草图的方法、步骤见 4.3 节，在此不再叙述。

5.2.4　绘制齿轮油泵的装配图和零件图

零件草图完成后，根据装配示意图和零件草图绘制装配图。在绘制装配图的过程中，对草图中存在的零件形状和尺寸的不妥之处作必要的修正。

（1）齿轮油泵装配图表达方案的确定 该齿轮油泵组成零件见表 5-7，其中 1、7、9、10、13、15、16、17 是标准件。装配图有两个视图可以表达清楚，主视图选择全剖视图，表达出各个零件之间的装配关系。左视图采用了半剖视图，沿着左端泵盖与泵体的结合面剖开，一半剖开的视图表达出油泵的内部齿轮啮合情况及吸、压油的工作原理；另一半视图则表达出外结构形状。左视图上的局部剖视图用来表达进油口。油泵的外形尺寸是 185、132、168，可知该齿轮油泵的体积不大。

（2）确定图纸幅面和绘图比例 图纸幅面和绘图比例应根据装配体的大小和其复杂程度选用，应该清楚简洁地表达出主要装配关系和主要零件的结构。选用图幅时，还应注意在视图之间留有足够的空间，以便标注尺寸、编写零件序号、注写技术要求及绘制明细栏和标题栏。

（3）绘制装配图的步骤 齿轮油泵装配图绘图步骤见表 5-8。

（4）齿轮油泵上应标注的尺寸

1）性能尺寸：中心距 48±0.05；进出油孔的规格尺寸 G3/8。

2）装配尺寸：主动轴与左端盖的配合尺寸 $\phi18H7/n6$；主动轴与主动齿轮的配合尺寸 $\phi18H7/n6$；主动轴与泵体的配合尺寸 $\phi20H7/f6$；填料压盖与泵体配合尺寸 $\phi32H9/d8$；从动轴与左端盖的配合尺寸 $\phi18H7/n6$；从动轴与从动齿轮的配合尺寸 $\phi18H7/p6$，从动轴与泵体的配合尺寸 $\phi20H7/p6$。

3）外形尺寸：长 185，宽 132，高 168。

4）安装孔尺寸：78，$2\times\phi11$。

5）其他重要尺寸：齿轮与泵体之间的配合尺寸 $\phi54H7/e7$；主动轴与带轮的配合尺寸 $\phi16H7/n6$。

（5）齿轮油泵的技术要求

1）齿轮安装后，用手转动时应灵活。

2）两齿轮齿面啮合面应占尺长 3/4 以上。

完整的图如图 5-29 所示。

表 5-8   齿轮油泵装配图绘图步骤

步骤 1：画出各个视图的主要轴线、中心线和图形定位基准线

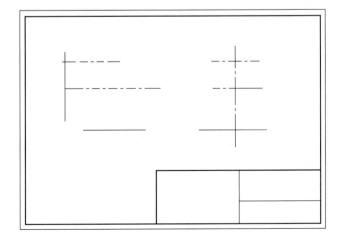

（续）

步骤 2：由主视图入手配合其他视图，按装配顺序，从主动轴、主动齿轮开始，由里向外逐个画出从动轴、从动齿轮、泵体、垫片、泵盖、填料、压盖、带轮、螺钉、销等

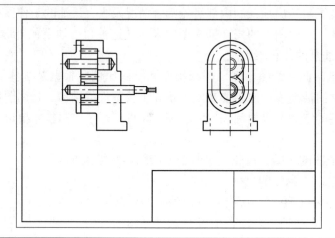

步骤 3：校核底稿，擦去多余的图线，加深图线，绘制剖面线、尺寸线、尺寸界线和箭头

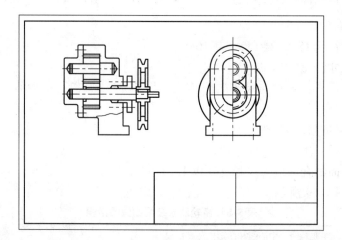

步骤 4：编注零件序号，注写尺寸数字，填写标题栏、明细栏和技术要求，最后完成尺寸线、尺寸界线和箭头

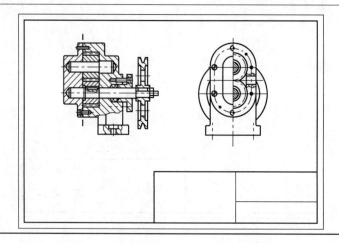

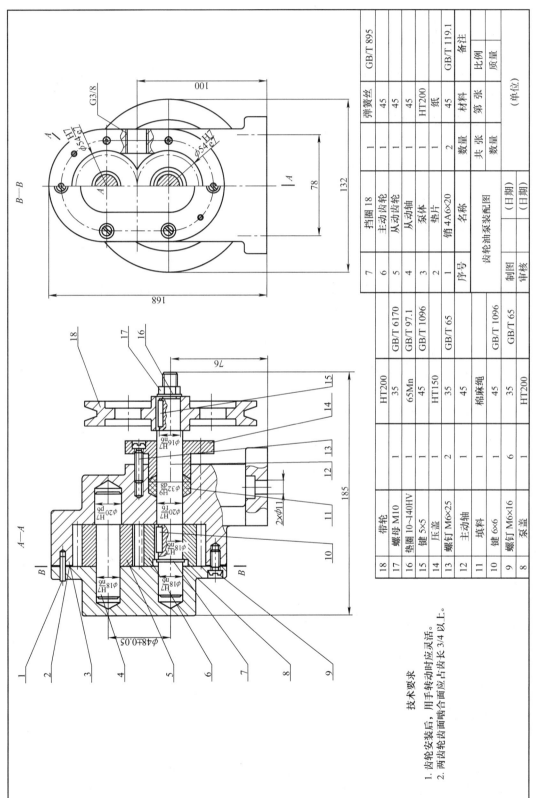

图 5-29　齿轮油泵装配图

技术要求

1. 齿轮安装后，用手转动时应灵活。
2. 两齿轮齿面啮合面应占齿长 3/4 以上。

18	带轮	1	HT200	
17	螺母 M10	1	35	GB/T 6170
16	垫圈 10~140HV	1	65Mn	GB/T 97.1
15	键 5×5	1	45	GB/T 1096
14	压盖	1	HT150	
13	螺钉 M6×25	2	35	GB/T 65
12	主动轴	1	45	
11	填料	1	棉麻绳	
10	键 6×6	1	45	GB/T 1096
9	螺钉 M6×16	6	35	GB/T 65
8	泵盖	1	HT200	

7	挡圈 18	1	弹簧丝	GB/T 895
6	主动齿轮	1	45	
5	从动齿轮	1	45	
4	从动轴	1	45	
3	泵体	1	HT200	
2	垫片	1	纸	
1	销 4A6×20	2	45	GB/T 119.1
序号	名称	数量	材料	备注
	齿轮油泵装配图			
制图		(日期)	共　张　第　张	比例
审核		(日期)	数量	质量
			(单位)	

5.3 装配图识读及零件拆画

在生产实践中，经常要看装配图，要想顺利无误地看懂装配图，就必须掌握识读装配图的方法和步骤，综合运用装配图的相关知识，以便达到预期目的。

1. 识读装配图的基本要求

1）了解装配体的名称、性能、功用、工作原理。

2）弄清零件间的相对位置和装配关系。

3）弄清各零件的结构形状，想象出装配体中各零件的运动过程等。

4）了解装配体的尺寸和技术要求。

2. 识读装配图的方法和步骤

（1）概括了解　首先看标题栏和明细表等，了解装配体的名称、性能、功用和零件的种类、性能、材料、数量及其在装配体上的大致位置。

（2）分析视图　需要确定整个装配图上有哪些视图，采用什么表达方法，为什么采用它们。找出各视图间的投影对应关系，进而明确各视图所表达的内容，为下一步深入看图做准备。

（3）深入了解部件的工作原理、配合关系

1）从主视图入手，对照零件在各视图中的投影关系。

2）由各零件剖面线的不同方向和间隔，分清零件轮廓的范围。

3）由装配图上所标注的配合代号，了解零件间的配合关系。

4）根据常见零件的表达方法来识别零件。

5）根据零件序号对照明细栏，找出零件数量、材料、规格，帮助了解零件的作用，确定零件在装配图中的位置。

6）利用一般零件有对称性及相互连接的两零件接触面大致相同的特点，帮助想象零件的结构形状。有时还要借助于阅读有关的零件图，才能彻底读懂机器或部件的工作原理，装配关系及各零件的功用和结构特点。

（4）分析零件　主要弄清零件的结构形状和各零件间的装配关系。对于标准件、常用件一般较容易弄懂。对于一般零件结构有简有繁，它们的作用和地位又各不相同，应先从主要零件开始分析，运用上述六条方法确定零件的范围、结构、形状、功用和装配关系。

（5）归纳总结　在作了具体分析的基础上，还要对技术要求、全部尺寸进行进一步研究，完善构思，归纳总结，进一步了解机器或部件的设计意图和装配工艺性。此外还要弄清装配体的装拆顺序，通过装拆顺序的分析，可以检查装配体及各零件的设计是否合理，也是衡量是否看懂装配图的重要标志。

5.3.1 装配图识读

1. 识读拆卸器装配图

识读装配图时，每一个步骤都不是孤立进行的，如图 5-30 所示为拆卸器装配图。

（1）概括了解　由标题栏了解部件名称、用途及绘图比例。由明细栏了解零件数量，估计部件的复杂程度。

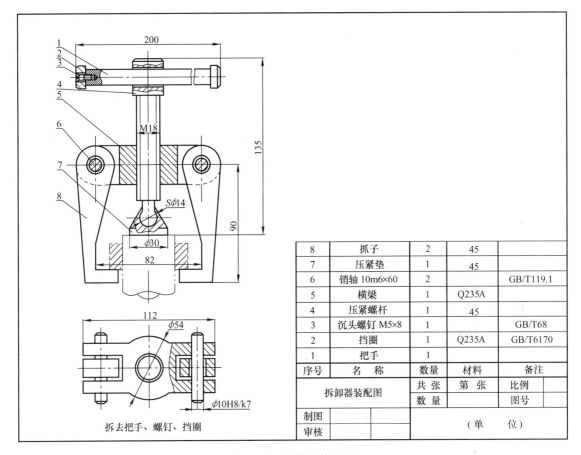

图 5-30　拆卸器装配图

8	抓子	2	45	
7	压紧垫	1	45	
6	销轴 10m6×60	2		GB/T119.1
5	横梁	1	Q235A	
4	压紧螺杆	1	45	
3	沉头螺钉 M5×8	1		GB/T68
2	挡圈	1	Q235A	GB/T6170
1	把手	1		
序号	名　称	数量	材料	备注

拆卸器装配图	共　张	第　张	比例	
	数　量		图号	
制图				
审核		（单　　位）		

从标题栏可知该装配体为拆卸器，用来拆卸紧固在轴上的零件。从绘图比例和图中的尺寸可知，这是一个小型拆卸工具。它共有 8 种零件，是一个很简单的装配体。

（2）分析视图　了解各个视图、剖视图、断面图的相互关系及表达意图，为下面看图做好准备。主视图主要表达了整个拆卸器的结构外形，并在上面画了全剖视图，但压紧螺杆4、把手 1、抓子 8 等紧固件或实心零件按规定均未剖，为了表达它们与其相邻零件的装配关系，又画了三个局部剖视图。而轴与套本不是该装配体上的零件，用双点画线画出其轮廓（假想画法）即可，以体现其拆卸功能。为了节省图纸幅面，较长的把手 1 则采用了折断画法。

俯视图采用了拆卸画法，拆去了把手 1、沉头螺钉 3 和挡圈 2，并取了一个局部剖视，以表示销轴 6 与横梁 5 的配合情况，以及抓子与销轴和横梁的装配情况。同时，也将主要零件的结构形状表达得很清楚。

（3）分析工作原理和传动路线　分析时，应从机器或部件的传动入手。该拆卸器的运动应由把手开始分析，当顺时针转动把手时，则使压紧螺杆转动。由于螺纹的作用，横梁即同时沿螺杆上升，通过横梁两端的销轴，带着两个抓子上升，被抓子勾住的零件套也一起上升，直到从轴上拆下。

（4）分析尺寸和技术要求　尺寸 82 是规格尺寸，表示此拆卸器能拆卸零件的最大外径不大于 82mm。尺寸 112、200、135、$\phi54$ 是外形尺寸。尺寸 $\phi10H8/k7$ 是销轴与横梁孔的配合尺寸，是基孔制，过渡配合。

（5）分析装拆顺序　由图中可分析出，整个装卸器的装配顺序是：先把压紧螺杆 4 拧过横梁 5，把压紧垫 7 固定在压紧螺杆的球头上，在横梁 5 的两旁用销轴 6 各穿上一个抓子 8，最后穿上把手 1，再将把手的穿入端用螺钉 3 将挡圈 2 拧紧，以防止把手从压紧螺杆上脱落。拆卸顺序与装配顺序相反。

2. 识读铣刀头装配图

如图 5-31 所示为铣刀头装配图。

（1）概括了解　由标题栏和明细栏可知，该部件为专用铣床上的铣刀头，是用来铣削零件端面用的。在 16 种零件当中，标准件就有 10 种，看来其结构并不复杂。

（2）分析视图　主视图是全剖视图，并在轴的两端作了局部剖，在右端用假想画法表示出了铣刀盘和铣刀的轮廓，它们都清楚地表达了各零件的结构及其装配关系；V 带轮 4 套在轴 7 上，两者之间用键 5 联接；轴则用两个滚动轴承 6 支承，轴承装在座体 8 的轴孔内；轴承外圈用端盖 11 压紧；左、右端盖各用六个圆柱头内六角螺钉 10 紧固在座体的左、右端面上，防止轴 7 工作时产生轴向窜动；端盖内的毡圈 12 可防止切屑、灰沙等杂物进入座体内部；调整环 9 用来调整轴向间隙，使轴承外圈得到适当的压紧力。

左视图采用了拆卸画法，并作了局部剖，表示端盖上螺孔的配置、座体左右支板的形状、中间肋板和底板的结构形状等。

（3）分析工作原理和传动路线　了解了零件的作用和相互关系，铣刀头的工作原理和传动路线就清楚了。电动机通过它本身的 V 带轮（图上未画），把动力传给 V 带轮 4，又把动力传给平键 5 以带动轴 7 旋转，最后通过双键 13 带动刀盘旋转进行铣削加工。

（4）分析尺寸和技术要求　装配图中所注的尺寸，注明了规格尺寸、装配尺寸、安装尺寸、外形尺寸和配合尺寸。

装配图中的配合尺寸共有五种：①$\phi80k7$：表示轴承外圈与座体孔是基轴制的过渡配合（图中只注出了孔的公差带代号，因为轴承外圈已不能再加工，其"轴"的公差带是不变的）；②$\phi35k6$：表示轴承内圈与轴是基孔制的过渡配合（图中只注出了轴的公差带代号，也是因为轴承内圈孔的公差带是不变的）；③$\phi80K7/f7$：表示端盖与座体孔之间为混合基制的配合。从其偏差值来看，它实际上是一种间隙配合（因 $\phi80$ 孔与轴承外圈的配合关系已确定，公差带 K7 已固定，再选用基轴制已无必要，故采用了任一孔、轴公差带组成的配合）；④$\phi28H8/k7$：表示 V 带轮轴孔与轴之间是基孔制的过渡配合；⑤$\phi25k6$：表示右端的轴与铣刀盘孔为基孔制的过渡配合。

此外，在文字说明的装配和检验要求中，又提出了几项位置公差和轴向窜动误差要求，主要目的是方便读图。

5.3.2　由装配图拆画零件图

由装配图拆画零件图，即拆图，它是设计工作的一个重要环节，必须是在读懂装配图的基础上，将装配图中的非标准件分离出来，画出其零件图的过程。拆图通常拆画主要零件，再逐一画出与之有关的零件，以保证有关的零件结构合理，并使尺寸、配合和技术要求等协调一致。

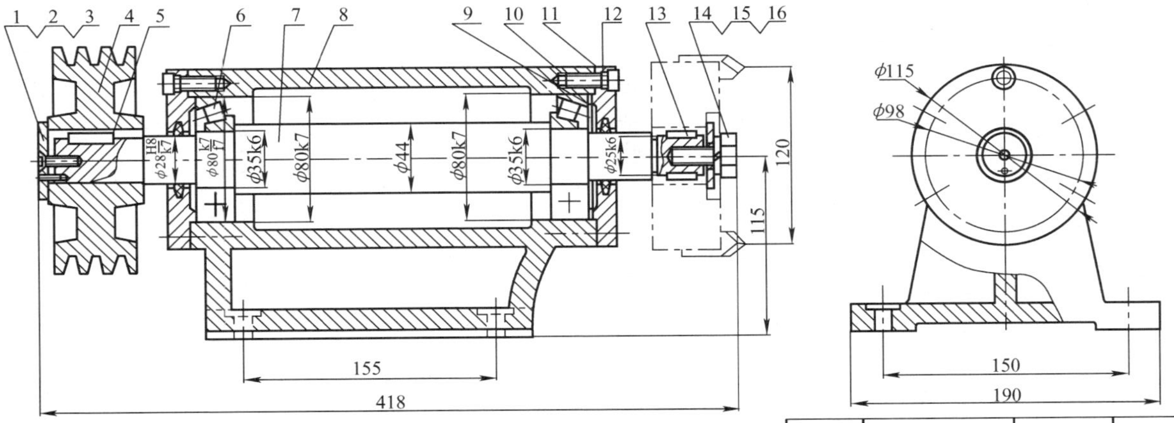

图 5-31　铣刀头装配图

技术要求

1. 主轴轴线对底面的平行度公差为 0.04/100。
2. 刀盘定位轴颈 A 对两个 φ35k6 公共轴线的径向圆跳动公差为 0.02。
3. 刀盘定位端面 B 对两个 φ35k6 公共轴线的轴向圆跳动公差为 0.02。
4. 铣刀轴端的轴向窜动为 0.01。

16	垫圈6	1	65Mn	GB/T 97.1
15	螺栓 M16×20	1	Q235-A	GB/T 5781
14	挡圈 B32	1	35	GB/T 892
13	键 6×20	2	45	GB/T 1096
12	毡圈	2	粗羊毛	
11	端盖	2	HT200	
10	螺钉 M8×32	12	Q235-A	GB/T 65
9	调整环	1	35	
8	座体	1	HT200	
7	轴	1	45	

6	轴承 30307	2		GB/T 4459
5	键 8×40	1	45	GB/T 1096
4	V 带轮	1	HT150	
3	销 3m6×12	1		GB/T 68
2	螺钉 M6×18	1	Q235	GB/T 65
1	把手	1	35	
序号	名　称	数　量	材料	备注
	铣刀头装配图			
制图		共　张	第　张	比例
审核		数　量		图号
	（单　位）			

1. 拆图的要求

1）拆图前要认证读懂装配图，全面深入了解设计意图，弄清每个零件的形状、作用和它们之间的装配关系，这样才能正确画出零件图。

2）拆画零件图时，既要考虑部件或机器对零件的要求，又要满足制造和装配此零件的工艺要求，否则会给生产带来困难，造成损失。

3）拆画的零件图必须做到视图选择恰当，使视图清晰、正确、合理，便于看懂零件的结构形状和加工制造要求。

2. 对各种零件的处理方法

部件或机器中的零件类型不同，拆图时处理的方法也就不同。一般将零件分为标准件、常用件和一般件。标准件不需要拆画零件图，只需列表填写标准件的国标号即可；常用件（如齿轮）需要拆画零件图。测绘方法前面已经介绍过。一般件是拆图的主要对象，对这类零件基本上是按着装配图所示的形状、大小和有关技术要求来绘制。但部件与零件在表达上各有重点，再拆图是不可简单地从装配图上照抄，而要根据零件的视图选择原则，确定零件的表达方案，将零件的结构形状表达出来。如齿轮油泵装配图中 3 号零件泵体，在拆画该零件时就不能简单地从装配图上照抄，而是根据它的结构特点采用表达方案，如图 5-32 所示。

3. 确定零件尺寸的方法

拆画的零件图，其尺寸可以从以下几个方面获得：

（1）抄注装配图中的尺寸　这类尺寸在装配图上已经标注出，均可以直接将其抄在零件图上。如 $\phi48 \pm 0.05$、78、76、168、$2 \times \phi11$、$\phi20H7$、$\phi32H9$ 等。

（2）查表确定的尺寸　这类尺寸一般包括螺栓、螺母、垫圈、螺钉孔、倒角、退刀槽、沉孔、键槽、销孔等，可查有关手册确定。

（3）计算确定尺寸　这类尺寸都是零件上的重要尺寸，如齿轮的分度圆、顶圆、根圆等直径尺寸，是根据明细栏中的所给数据计算确定。

（4）在装配图上直接量取的尺寸　装配图上未标注的尺寸结构，可按装配图的比例，用分规或比例尺在图上量得，并查阅有关标准使其符合标准系列。

在标注反映配合关系的尺寸时，应注意协调一致。在标注过程中还要合理地选择尺寸基准。

4. 注写技术要求

零件图中应注写表面结构的代号和技术要求，表面粗糙度的选择由零件表面的作用和要求确定。配合表面要注写尺寸偏差或公差带代号，对于有些零件还要注写几何公差要求、热处理、表面修饰等。如图 5-32 所示为泵体零件图，图中显示表面有 4 种表面粗糙度的要求。$\phi20H7$、$\phi54H7$、$\phi32H9$、$\phi48 \pm 0.5$ 等有尺寸偏差或公差带代号要求。

5. 检查校对

首先看零件表达是否清楚，投影关系是否正确；其次检查尺寸是否重复、相互配合，尺寸能否满足性能要求，技术要求是否合理。

6. 填写标题栏

根据装配图的明细栏，在零件图的标题栏中填写名称、数量、材料、绘图比例及绘图者姓名、绘图日期。

拆画的齿轮油泵泵体零件图如图 5-32 所示。

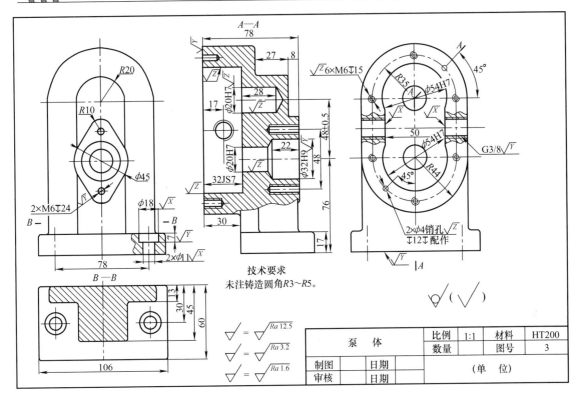

技术要求
未注铸造圆角R3~R5。

泵　体		比例	1:1	材料	HT200
		数量		图号	3
制图	日期		（单　位）		
审核	日期				

$\sqrt{} = \sqrt{Ra\,12.5}$

$\sqrt{} = \sqrt{Ra\,3.2}$

$\sqrt{} = \sqrt{Ra\,1.6}$

图 5-32　泵体零件图

第二部分　AutoCAD

学习单元 6　AutoCAD2012 概述

【单元导读】

主要内容：

1. AutoCAD2012 的启动与退出

2. AutoCAD2012 绘图环境的设置

任务要求：

1. 掌握 AutoCAD2012 绘图软件的启动和退出方法

2. 掌握绘图环境的创建和修改

教学重点：

根据图样特点合理创建及设置绘图环境

教学难点：

1. 对图层概念的理解

2. 对图层打开/关闭、冻结/解冻、锁定/解锁意义的理解

6.1　AutoCAD2012 启动和退出

6.1.1　AutoCAD2012 的启动

AutoCAD2012 常用的启动方法有两种：①在桌面上双击 AutoCAD2012 的图标▲；②选择 "开始" → "程序" → "Autodesk" → "AutoCAD2012 – Simplified Chinese" → "Auto-CAD 2012"。通过这两种启动方法均可进入 AutoCAD2012 的界面。

6.1.2　AutoCAD2012 的退出

绘制或编辑完图形后，退出 AutoCAD 的方法有以下四种：

1) 单击标题栏右上角的 "关闭" 按钮■。

2) 选择菜单栏中的 "文件" → "退出" 命令。

3) 在命令提示行输入：Quit 或 Exit↙。

4) 双击标题栏左端的控制图标▲。

6.2 绘图环境设置

在使用 AutoCAD 绘图前，经常需要对绘图环境的某些参数进行设置，使其更符合自己的使用习惯，从而提高绘图效率。

6.2.1 修改系统配置

用"选项"对话框修改以下 3 项默认的系统配置。

1）选择"显示"选项卡，修改绘图区背景色为白色。

2）选择"用户系统配置"选项卡，设置线宽随图层。

3）根据操作习惯自定义右键功能。

6.2.2 图形界限的设置

设置图形界限即设置"图纸"（也就是设置绘图区的界限），是在 AutoCAD 的模型空间中设置一个虚拟的矩形绘图区域。这个矩形区域由两个对角点的坐标确定。系统默认的图形界限两个对角点是矩形的左下角点（0，0）和右上角点（420，297）。用户可根据需要设置新的图形界限。

图形界限设置命令的输入方法有两种：

1）选择菜单栏中的"格式"→"图形界限"命令。

2）在命令提示行输入：Limits ✓。

系统在命令窗口提示：指定左下角点或 ［开（ON）/关（OFF）］ ＜0.000，0.000＞：0，0 ✓，指定右上角点＜420.000，297.000＞：297，210 ✓，这样就完成了 A4 图纸的设置。

提示：命令提示行中的开（ON）和关（OFF）功能如下：

① 开（ON）：输入 ON，就是打开了图形界限检查功能。系统会自动检查用户输入的点是否在设置的图形界限之内，超出图形界限的点不被接受，并有"超出图形界限"的提示。即在"开"状态下，不能在图形界限外给点绘图。但圆、圆弧及文字行等对象，只要它们的圆心或文字的起点在图形界限内，则该类对象可以越界。

② 关（OFF）：系统默认选项为"关"，即关闭了图形界限检查功能，可以在图形界限外绘制图形。

6.2.3 图形单位的设置

绘制不同类别的图样所采用的计数制及精度也不相同，在绘制一张新图时，应进行图形单位的设置。

（1）打开"图形单位"对话框

1）选择菜单栏中的"格式"→"单位"命令。

2）在命令提示行输入：Units ✓。

输入命令后，弹出"图形单位"对话框，如图 6-1 所示。

（2）设置长度 默认的类型为"小数"，从"精度"下拉列表中选择精度为 0.00。

（3）设置角度 默认的单位为十进制度数，精度为 0。

（4）设置方向　单击"方向（D）..."按钮，弹出"方向控制"对话框，如图 6-2 所示，通过该对话框可设置起始角度的方向。系统默认"东"向为 0°方向，逆时针方向为角度增加的正方向。如果用户不想用东、北、西、南作为 0°方向，则要选中"其他"，然后在"角度"文字框中输入角度值就确定了 0°方向，还可以通过"拾取/输入"转到图形窗口中拾取两个点，以两点连线与水平向右方向的夹角来确定 0°方向。

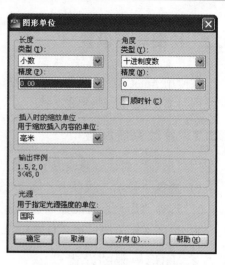

图 6-1　"图形单位"对话框

6.2.4　图层的设置

1. 图层的概念

绘制工程图时，需要有多种线型，还需要用多种颜色来区别各种线型，在 AutoCAD 中，可利用 Layer（图层）命令将一张纸分成若干层。图层就相当于没有厚度的透明纸片，可将实体画在上面。一个图层只能画一种线型或赋予一种颜色，所以要画多种线型就要设置多个图层。这些图层就像几张重叠在一起的透明纸，构成一张完整的图样。使用图层可以管理和控制复杂的图形。从而实现对相同种类图形的统一管理。

2. 图层的特性

1）每个图层都赋予一个名称，其中"0"层是系统自动定义的，其余图层用户根据需要自己定义。

图 6-2　"方向控制"对话框

2）AutoCAD2012 中，可以创建无限个图层，一般应根据需要设定。

3）用户可以自行设置图层的颜色、线型和线宽。同一图层上图形对象的颜色、线型、线宽都应该是相同的。

4）图层可以处于打开和关闭、冻结和解冻、锁定和解锁、允许绘图输出与禁止绘图输出等状态。被关闭的图层上的图形不显示，也不能被编辑或绘图输出，但仍参与运算；被冻结的图层上的图形不显示，不能被编辑或绘图输出，不参与运算；被锁定的图层上的图形不能被编辑，但可被显示和绘图输出。因此，在图形编辑时，为防止某些图形被误删和误改，可将该图形所在图层锁定。

5）在任一时刻有且仅有一个当前图层。绘图操作只能在当前图层进行，当前图层不能被冻结。

3. 图层的创建

（1）打开图层特性管理器

1）单击"图层"工具栏中的"图层特性管理器"按钮 。

2）选择菜单栏中的"格式"→"图层"命令。

3）在命令提示行输入：Layer ↙。

执行上述操作后，弹出"图层特性管理器"对话框，如图 6-3 所示。

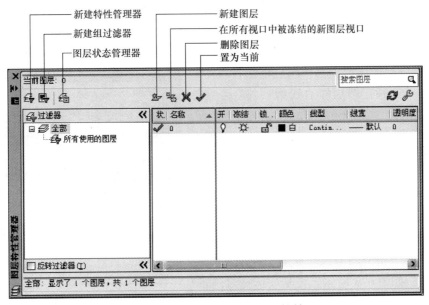

图 6-3 "图层特性管理器"对话框

（2）图层的设置 在绘图过程中，为了方便绘图、编辑及显示输出，要对图层的线型、线宽、颜色及状态进行相应的定义，从而提高作图效率。

1）建立新图层。单击"图层特性管理器"中的"新建图层"按钮，则在图层列表框中自动生成一个名字为"图层 1"的新图层，用户可对其重新命名，如图 6-4 所示。要创建多个图层，可连续单击"新建图层"按钮，并输入新图层名。

2）改变图层的状态。在"图层"工具栏的图层下拉列表中或在"图层特性管理器"对话框中，单击指定图层的打开/关闭图标 💡 或 💡，可打开或关闭图层；单击指定图层的冻结/解冻图标 ❄ 或 ☀，可冻结或解冻图层；单击指定图层的锁定/解锁图标 🔒 或 🔓，即可锁定或解锁图层，如图 6-5 所示。

图 6-4 图层 1

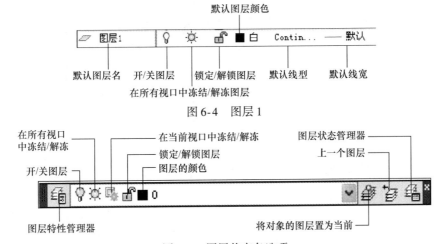

图 6-5 图层状态各选项

3）改变图层的颜色。在"图层特性管理器"对话框中，单击图层的颜色图标■白，弹出"选择颜色"对话框，如图 6-6 所示。其中，"索引颜色"用颜色号表示，颜色号为从1 到 255 的整数，前 9 个颜色号已赋予标准颜色。也可以通过"真彩色"与"配色系统"选项卡来设置或选择颜色，选定所需颜色后，单击"确定"按钮即可。

4）改变图层的线型。在"图层特性管理器"对话框中，单击指定图层的"线型"，弹出"选择线型"对话框，如图 6-7 所示。单击"加载(L)"按钮，弹出"加载或重载线型"对话框，如图 6-8 所示。在线型列表中选择所需线型，单击"确定"按钮，返回到"选择线型"对话框，再选中所需线型，单击"确定"，即为所选图层指定了线型。

5）改变图层的线宽。在"图层特性管理器"对话框中，单击指定图层的"线宽"，弹出"线宽"对话框，如图 6-9 所示，可从中选择合适的线宽。

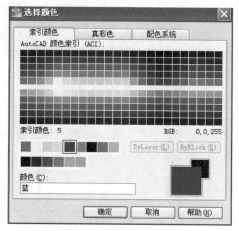

图 6-6　"选择颜色"对话框

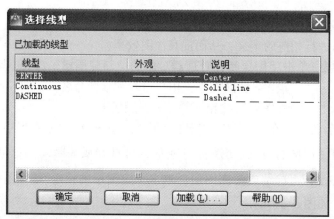

图 6-7　"选择线型"对话框

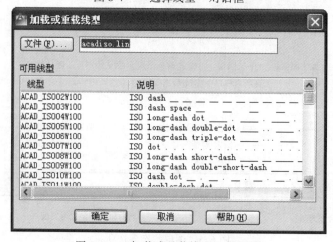

图 6-8　"加载或重载线型"对话框

6）将图层置为当前层。用户绘制和编辑图形总是在当前图层上进行。若想在某个图层上绘图，必须将该图层设置为当前层。被冻结的图层或依赖外部参照的图层不能置为当前层。

① 将图层置为当前层。将图层置为当前层的方法有以下两种：

a. 从"图层"工具栏的图层下拉框中单击某一图层名，该图层即被置为当前层。

b. 在"图层特性管理器"对话框中选择图层，然后单击"置为当前"按钮，如图 6-3 所示。

② 将对象的图层置为当前层。要将与某个对象相关联的图层置为当前层，则应先选择对象，然后在"图层"工具栏中单击"将对象的图层置为当前"按钮即可，如图 6-5 所示。

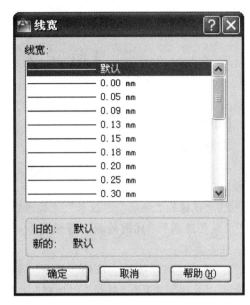

图 6-9　"线宽"对话框

学习单元7　平面图形的绘制

【单元导读】

主要内容:

1. "直线""圆""多边形""矩形""椭圆""椭圆弧""圆弧"等绘图命令的基本使用方法和技巧

2. "镜像""移动""拉长""偏移""修剪""圆角""倒角""矩形阵列""环形阵列""路径阵列""比例缩放"等编辑命令的基本使用方法和技巧

任务要求:

1. 通过样板、垫片、吊钩、扳手、要素按圆周均布分布的图形等平面图形的绘制, 熟练运用"直线""圆""镜像""矩形""移动""矩形阵列""拉长""偏移""修剪""圆角""倒角""多边形""环形阵列""路径阵列""比例缩放""椭圆"等命令

2. 掌握绘图基本能力和技巧、提高绘图速度, 培养对所学理论知识的综合运用能力

教学重点:

"直线""圆""镜像""矩形""移动""矩形阵列""拉长""偏移""修剪""圆角""倒角""多边形""环形阵列""比例缩放""椭圆"等命令的正确使用

教学难点:

"路径""阵列"命令的使用

平面图形都是由许多直线和曲线连接而成的。画平面图形时, 只有通过分析尺寸和线段之间的关系, 才能确定绘图的正确顺序。尺寸分析的重点是确定平面图形上各尺寸的作用, 即确定定形尺寸 (确定对象形状和大小的尺寸) 和定位尺寸 (确定对象在整个图形中位置的尺寸); 线段分析则是在尺寸分析的基础上, 确定各线段的性质, 即分清已知线段 (定形尺寸和定位尺寸齐全)、中间线段 (定位尺寸不全) 和连接线段 (无定位尺寸)。平面图形的绘图步骤是画出图形基准线后, 先绘制已知线段, 再绘制中间线段, 最后绘制连接线段。

本学习单元通过完成 5 个典型平面图形的绘制, 介绍了直线、圆、圆弧、矩形、正多边形等常用绘图命令以及剪切、拉伸、旋转、阵列、镜像、圆角等常用编辑和修改命令的使用方法, 介绍了捕捉与追踪的设置与使用方法, 使读者初步掌握 AutoCAD 绘图的基本方法。

7.1　对称样板平面图形的绘制

☛ 任务要求

按1:1 的比例, 绘制图 7-1 所示平面图形 (不标注尺寸)。

💡 **任务分析**

1）该平面图形为左右对称图形。

2）该平面图形由直线段围成，图形内部有圆与矩形所构成的缺口。

3）需要用到"直线""圆""镜像"等命令来绘图。

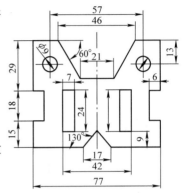

图 7-1　平面图形

📖 **命令简介**

1. "直线"命令

（1）功能　可以绘制一条直线段或多段连接的折线段（每一条线段都是独立的）。

（2）命令启动

1）在"绘图"工具栏上单击"直线"按钮 。

2）在下拉菜单中选择"绘图"→"直线"命令。

3）在命令提示行输入：Line（或 L） 。

（3）命令操作　命令输入后，命令行提示：

指定第一点：给出第一点坐标 （或点取）。

指定下一点或 [放弃（U）]：给第二点坐标 （或点取），若输入 U ，则取消前一个点。

指定下一点或 [闭合（C）/放弃（U）]：给第二点坐标 （或点取），若输入 C ，则最后一点和第一点连接，形成闭合多边形。

直线命令可用【Esc】键、鼠标右键、空格键或【Enter】键结束。

2. "圆"命令

（1）功能　可以通过输入半径、直径、2 点和 3 点等方式绘制圆。

（2）命令启动

1）在"绘图"工具栏上单击"圆"按钮 。

2）在下拉菜单中选择"绘图"→"圆"命令后对应的子菜单项。

3）在命令提示行输入：Circle（或 C） 。

（3）命令操作　命令输入后，命令行提示：指定圆的圆心或 [三点（3P）/两点（2P）/切点、切点、半径（T）]，共提供了五种画圆方式。

下拉菜单提供了六种画圆方式，如图 7-2 和图 7-3 所示。用户可根据不同的条件选择相应的画圆方式。

1）圆心、半径（R）：给定圆心和半径画圆。

2）圆心、直径（D）：给定圆心和直径画圆。

3）两点（2）：通过给定两点（直径的两个端点）画圆。

4）三点（3）：通过给定圆上三点画圆。

> 圆心、半径(R)
> 圆心、直径(D)
> 两点(2)
> 三点(3)
> 相切、相切、半径(T)
> 相切、相切、相切(A)

图 7-2　下拉菜单中的画圆方式

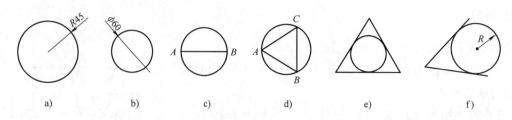

图 7-3　画圆的六种方式

a) 半径画圆　b) 直径画圆　c) 2 点画圆　d) 3 点画圆　e) 3 个切点画圆　f) 2 个切点半径画圆

5）相切、相切、半径（T）：画一个与两个已知对象（如直线、圆或圆弧等）相切的圆。当光标移动到相切对象上时，将出现相切标记，单击对象，AutoCAD 会自动找到切点。

6）相切、相切、相切（A）：画一个与三个已知对象相切的圆。用此方式，点取三个对象，系统会自动画出一个与三者相切的圆。

3. "镜像"命令

（1）功能　用于将所选对象进行对称复制。

（2）命令启动

1）在"修改"工具栏上单击"镜像"按钮 ⚐。

2）在下拉菜单中选择"修改"→"镜像"命令。

3）在命令提示行输入：Mirror（或 MI）✓。

（3）命令操作　命令输入后，命令行提示：

选择对象：选择要镜像的对象，单击右键结束选择。

指定镜像线的第一点：在镜像线上取一点。

指定镜像线的第二点：在镜像线上取另一点。

要删除源对象吗?［是（Y）/否（N）］＜N＞：若直接按【Enter】键，则不删除源对象（即执行了 N 选项），而在镜像线的另一侧对称复制出新对象；若输入 Y ✓，则删除源对象，并在镜像线的另一侧对称复制出新对象。

◈ 作图步骤

1. 新建图形文件，设置绘图环境

1）在硬盘驱动器下建立一个文件，赋予相应的文件名称。

2）设置"图形界限"。根据图形大小和绘图比例要求，确定 A4 图纸。

选择"格式"→"图形界限"，左下角点（0，0），右上角点（210，297），完成设置。

打开栅格可显示图纸范围，通过"缩放"工具栏中的"全部缩放"按钮，可最大化显示图形界限，或在命令提示行输入：Z（ZOOM）✓，A（全部）✓，也可将图形界限最大化显示在绘图区。

3）创建"图层"。在该平面图形中，需要用到的线型有粗实线、细实线、中心线，所以需要创建三个图层。具体操作方法为：单击"图层"工具栏上的"图层特性管理器"图标 ⚐，弹出"图层特性管理器"对话框，如图 7-4 所示。单击三次图标 ⚐（新建图层），单击"图层一""图层二""图层三"，把三个图层名分别改为"粗实线""细实线"和"中心线"，单击"中心线"图层的线型部分，出现"选择线型"对话框，单击"加载"按钮，加载中心线"CENTER"并单击"确定"（见图 7-5），并把中心线图层的颜色改为红色，线宽改成 0.25。粗实线图层的线宽改成 0.5，细实线图层的线宽改成 0.25，将来用于尺寸标注。

4）右键单击状态栏的"对象捕捉"命令，设置捕捉"端点""中点""圆心""交点""象限点"。并打开状态栏中的"极轴""对象捕捉""对象追踪""DYN"和"线宽"。

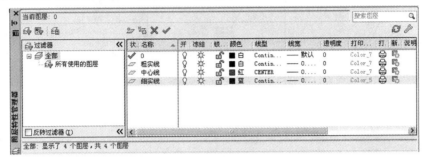

图 7-4　"图层特性管理器"对话框

图 7-5　"选择线型"对话框

2. 开始绘图

（1）用"直线"命令绘制外轮廓

命令：_ line 指定第一点：

指定下一点或 ［放弃（U）］：10.5↙（给定 2 点）

指定下一点或 ［放弃（U）］：@25 < 120↙（给定 3 点，如图 7-6a 所示）

指定下一点或 ［闭合（C）/放弃（U）］：15.5↙（给定 4 点）

指定下一点或 ［闭合（C）/放弃（U）］：29↙（给定 5 点）

指定下一点或 ［闭合（C）/放弃（U）］：6↙（给定 6 点）

指定下一点或 ［闭合（C）/放弃（U）］：18↙（给定 7 点）

指定下一点或 ［闭合（C）/放弃（U）］：6↙（给定 8 点）

指定下一点或 ［闭合（C）/放弃（U）］：15↙（给定 9 点）

指定下一点或 ［闭合（C）/放弃（U）］：30↙（给定 10 点）

指定下一点或 ［闭合（C）/放弃（U）］：@17 < 60↙（给定 11 点，如图 7-6b 所示）

（2）绘制 $\phi9$ 圆启用"圆"命令

命令：circle 指定圆的圆心或 ［三点（3P）/两点（2P）/切点、切点、半径（T）］：＿from 基点：＜偏移＞：（同时按【Ctrl】键和鼠标右键出现单一对象捕捉菜单，选 自（F）捕捉自 3 点，如图 7-6c 所示，用键盘输入@ － 5.5，－ 13 ✓。

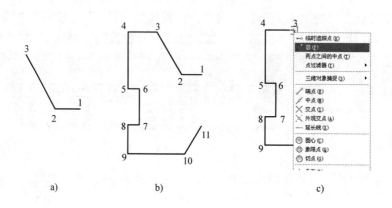

图 7-6 绘制外轮廓

指定圆的半径或 ［直径（D）］：D ✓。

指定圆的直径：9 ✓。

圆绘制完成，如图 7-7 所示。

（3）绘制矩形 启用"直线"命令。

命令：＿line 指定第一点：＿from 基点：＜偏移＞（同上捕捉自 10 点）@ － 12.5，9 ✓。

用"直线"命令绘制长为 24、宽为 7 的矩形（步骤略）。

（4）绘制平面图形的对称线和圆的中心线（见图 7-8）

（5）镜像图形 启用"镜像"命令，选择对称线往左的图形，镜像出右半部分图形，如图 7-9 所示。

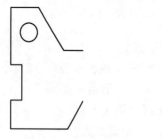

图 7-7 绘制直径为 φ9 的圆

图 7-8 绘制平面图形的对称线和圆的中心线

（6）整理图形，使其符合制图标准 可用"夹点"操作方式中的"拉伸"模式，将中心线长度调到合适。选择【格式】→【线型】命令，在打开的"线型管理器"中调整"全局比例因子"，使点画线的长度合适。

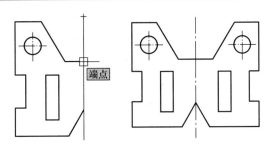

图 7-9　镜像出右半部分图形

7.2　垫片平面图的绘制

🚩 **任务要求**

按 1:1 的比例, 绘制图 7-10 所示垫片平面图, 不标注尺寸。

💡 **任务分析**

垫片是在实际工作中会经常使用到的零件。

1) 首先要分析零件的结构。从图中可以看出, 此零件的内外结构都是矩形结构, 并且矩形结构的四角分别有圆角和倒角。

2) 根据上述特征, 在绘制时我们可以采用"矩形"命令中"带有圆角和倒角的矩形"命令进行绘制。

另外, 在绘制此类零件时, 还需要注意内

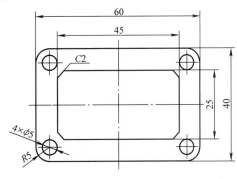

图 7-10　垫片平面图

外结构间的位置关系, 以便采用相应的制图工具。由于垫片内外结构的长、宽中点都是对齐的, 所以可以设置"对象捕捉"的中点和"对象追踪", 用"移动"命令让其内外结构的长、宽中点对齐。最后用"拉长"命令将中心线等增量拉长至离轮廓线 1~5mm, 使图样规范美观。

3) 使用命令分析。需要用到的命令有"矩形""移动""矩形阵列""拉长"等。

🔠 **命令简介**

1. "矩形"命令

(1) 功能　用于绘制矩形。

(2) 命令启动

1) 在"绘图"工具栏上单击"矩形"按钮。

2) 在下拉菜单中选择"绘图"→"矩形"命令。

3) 在命令提示行输入: Rectang (或 REC) ✓。

(3) 命令操作　命令输入后, 命令行提示:

指定第一个角点或 [倒角 (C) /标高 (E) /圆角 (F) /厚度 (T) /宽度 (W)]:

指定另一个角点或〔面积（A）/尺寸（D）/旋转（R）〕：

在绘制矩形时仅需要提供对角线的两个端点的坐标即可。选择对角线端点时，没有方向的限制，可以从左到右，也可以从右到左。使用矩形命令可绘制出倒角矩形、圆角矩形、有厚度的矩形等多种矩形，如图 7-11 所示。

若输入 C↙，则可设置倒角大小，绘制带倒角的矩形。

若输入 E↙，则可创建沿 Z 轴方向有指定高度的矩形。

若输入 F↙，则可设置圆角半径，绘制带圆角的矩形。

若输入 T↙，则可创建在 Z 轴方向有指定厚度的矩形。

若输入 W↙，则可创建有指定线宽的矩形。

在指定了第一个角点后，还可以设置以下选项：

若输入 A↙，则是通过给定面积画矩形。

若输入 D↙，则是给定长和宽画矩形。

若输入 R↙，是用于绘制倾斜一定角度的矩形。

注意：使用"矩形"命令时，要注意观察提示行的当前模式，因为每次的修改，将被作为下次启用"矩形"命令时的当前模式出现在提示行中，如"当前矩形模式：倒角 = 2.0000 × 2.0000，标高 = 5.0000"，不符合要求应及时修改。

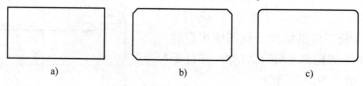

图 7-11　图样中常见的三种矩形

a）矩形　b）倒角矩形　c）圆角矩形

2. "移动"命令

（1）功能　用于将选定的对象平移至指定位置。

（2）命令启动

1）在"修改"工具栏上单击"移动"按钮✥。

2）在下拉菜单中选择"修改"→"移动"命令。

3）在命令提示行输入：Move（或 M）↙。

（3）命令操作　命令输入后，命令行提示：

选择对象：选取要移动的对象，单击"确认"。

指定基点或〔位移（D）〕＜位移＞：指定基准点。

指定第二个点或＜使用第一个点作为位移＞：指定移动的目标点，完成移动。

3. "矩形阵列"命令

（1）功能　　"矩形阵列"是将图形对象按照指定的行数和列数，并且按照矩形的排列方式进行大规模复制。

（2）命令启动

1）在"修改"工具栏上单击"矩形阵列"按钮⊞。

2）在下拉菜单中选择"修改"→"阵列"→"矩形阵列"命令。

3）在命令提示行输入：Arrayrect↙。

（3）命令操作　命令输入后，命令行提示：

选择对象：找到 1 个（选择阵列对象）。

选择对象：↙（确认选择）。

类型 = 矩形，关联 = 是。

为项目数指定对角点或［基点（B）/角度（A）/计数（C）］<计数>：拉出一条斜线，根据要阵列的行、列数给定斜线的长度和倾斜度，如图 7-12 所示。

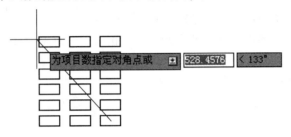

图 7-12　按阵列的行、列数给定斜线的长度和倾斜度

指定对角点以间隔项目或［间距（S）］<间距>：直接调整间距，或输入 S↙。

按【Enter】键接受，出现［关联（AS）/基点（B）/行（R）/列（C）/层（L）/退出（X）］<退出>：↙确认，并打开如图 7-13 所示的快捷菜单并单击"退出"命令。

若在第二步提示：指定对角点以间隔项目或［间距（S）］<间距>：S↙，则下一步提示：

指定行之间的距离或［表达式（E）］：30↙。

指定列之间的距离或［表达式（E）］：60↙。

按【Enter】键接受，出现［关联（AS）/基点（B）/行（R）/列（C）/层（L）/退出（X）］<退出>：↙确认，如图 7-14 所示为行距为 30、列距为 60 的图形。

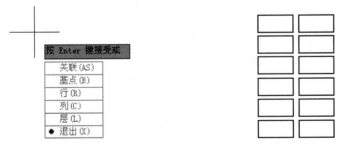

图 7-13　"退出"命令　　　　图 7-14　行距为 30、列距为 60 的图形

提示：矩形阵列的【角度】选项用于设置阵列的角度，使阵列后的图形对象沿着某一角度倾斜，如图 7-15 所示。

4. "拉长"命令

（1）功能　更改对象的长度和圆弧的包含角。

（2）命令启动

1）在工具栏（当前工作空间的功能区上未提供，可通过自定义得到）上单击"拉长"

按钮 ✐。

2）在下拉菜单中选择"修改"→"拉长"命令。

3）在命令提示行输入：Lengthen ∠。

（3）命令操作　输入命令后，命令行提示：选择对象或 ［增量（DE）/百分数（P）/全部（T）/动态（DY）］。

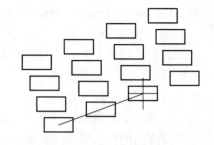

图 7-15　通过"角度"选项设置阵列的角度

1）增量（DE）。以指定的增量修改对象的长度，该增量从距离选择点最近的端点处开始测量。正值扩展对象，负值修剪对象。

2）百分数（P）。通过指定对象总长度的百分数设定对象长度。

3）全部（T）。通过指定从固定端点测量的总长度的绝对值来设定选定对象的长度。"全部"选项也按照指定的总角度设置选定圆弧的包含角。

4）动态（DY）。打开动态拖动模式，通过拖动选定对象的一个端点来更改其长度。其他端点保持不变。

提示：使用"LENGTHEN"命令即相当于使用"TRIM"和"EXTEND"命令中的一个。

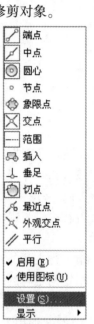

图 7-16　对象捕捉

❧ 作图步骤

1. 新建图形文件，设置绘图环境

新建一张 A4 图纸。

2. 开始绘图

1）在状态栏中右键单击【对象捕捉】→【设置】，如图 7-16、图 7-17 所示。

单击"绘图"工具栏中的"矩形"命令 ▭。

指定第一个角点或 ［倒角（C）/标高（E）/圆角（F）/厚度（T）/宽度（W）］：F ∠。

指定矩形的圆角半径 < 0.0000 >：5 ∠。

指定第一个角点或 ［倒角（C）/标高（E）/圆角（F）/厚度（T）/宽度（W）］：在绘图区左下区域单击左键，给定第一点。

指定另一个角点或 ［面积（A）/尺寸（D）/旋转（R）］：@ 60，40 ∠。

2）重复矩形命令。

指定第一个角点或 ［倒角（C）/标高（E）/圆角（F）/厚度（T）/宽度（W）］：C ∠。

指定矩形的第一个倒角距离 < 5.0000 > 2 ∠。

指定矩形的第二个倒角距离 < 2.0000 > ∠。

指定第一个角点或 ［倒角（C）/标高（E）/圆角（F）/厚度（T）/宽度（W）］：在绘图区任意区域单击左键，给定第一点。

指定另一个角点或 ［面积（A）/尺寸（D）/旋转（R）］：@ 45，25 ∠。

3）单击"修改"工具栏中的"移动"命令 ✛。

选择对象：（选中带圆角的小矩形）。

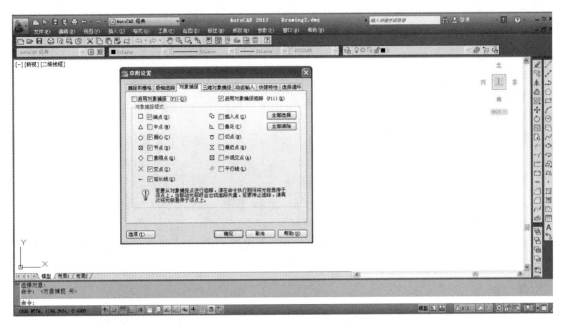

图 7-17　"草图设置"对话框

指定基点或［位移（D）］＜位移＞：（追踪矩形中线的交点）分别绘制两个矩形，如图 7-18 所示。

指定第二个点或＜使用第一个点作为位移＞：以小矩形中心为基点移至大矩形的中心，如图 7-19 所示。

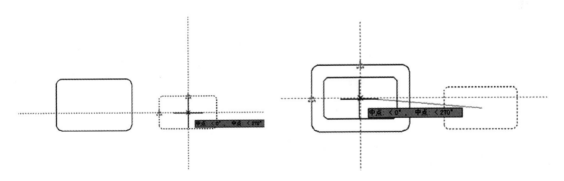

图 7-18　分别绘制两个矩形　　　　　图 7-19　以小矩形中心为基点移至大矩形的中心

4）单击"绘图"工具栏中的"圆"命令⊙。

circle 指定圆的圆心或［三点（3P）/两点（2P）/切点、切点、半径（T）］:，单击圆角的圆心，如图 7-20 所示，绘制直径为 φ5mm 的圆。

指定圆的半径或［直径（D）］: d↙。

指定圆的直径: 5↙。

5）补画垫片的对称线和圆的中心线。

捕捉连接矩形长边和短边的中点绘制对称线。

捕捉连接 $\phi 5mm$ 的象限点，绘制 $\phi 5mm$ 圆的中心线（见图 7-21）。

6）在"修改"工具栏上单击"阵列"按钮 品。

选择对象：拾取 $\phi 5mm$ 圆。

项目数指定对焦点或［基点（B）/角度（A）/计数（C）］＜计数＞：C ✔。

输入行数或［表达式（E）］＜4＞：2 ✔。

输入列数或［表达式（E）］＜4＞：2 ✔。

指定对角点以间隔项目或［间距（S）］＜间距＞：捕捉右下角圆弧的圆心，单击左键确定，结果如图 7-22 所示。

7）单击"修改"菜单中的"拉长"命令。

选择对象或［增量（DE）/百分比（P）/全部（T）/动态（DY）］：DE ✔。

输入长度增量或［角度（A）］＜0.0000＞2 ✔。

选择要修改的对象或［放弃（U）］：分别单击螺纹中心线的两端和垫片对称线的两端。用"拉长"命令将中心线拉长 2mm，绘制完成的图形如图 7-23 所示。

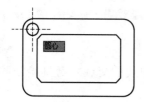

图 7-20　绘制直径为 $\phi 5mm$ 的圆

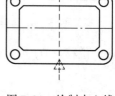

图 7-21　绘制中心线

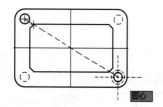

图 7-22　矩形阵列 4 个圆

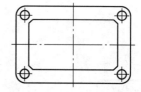

图 7-23　用"拉长"命令将中心线拉长 2mm

7.3　吊钩的绘制

☛ 任务要求

按 1∶1 的比例，绘制如图 7-24 所示吊钩平面图形，不标注尺寸。

任务分析

（1）平面图形结构分析 由平面图形及尺寸分析可知，该吊钩上、下、左、右都不对称，由直线段和圆弧围成。

（2）线段分析 其中 $\phi23$mm 和 $\phi30$mm 的轴线为长度方向尺寸标注的起点。$\phi40$mm 的水平中心线为高度方向的尺寸基点。$\phi23$mm、$\phi30$mm 和 $\phi40$mm、$R48$mm 为已知线段，吊钩左下方的 $R23$mm、$R40$mm 为中间线段，$R23$mm 与右边 $R48$mm 的圆心在同一条水平线上，且与 $R48$mm 的圆弧相外切，左下方 $R40$mm 圆弧与 $\phi40$mm 圆弧相外切，且 $R40$mm 圆心与 $\phi40$mm 圆心纵向相距 15mm。右上方的 $R40$mm、$R60$mm、$R3.5$mm 和 $R4$mm 为连接线段。

（3）使用命令分析 需要用到的命令有"直线""圆""圆角""倒角""修剪""偏移"等。

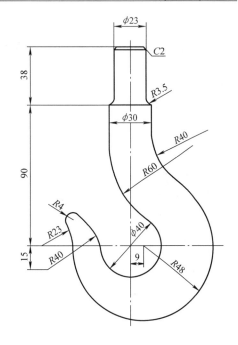

图 7-24 吊钩平面图形

命令简介

1. "偏移"命令

（1）功能 用于生成与选定对象平行且相距一定距离的图形。可以偏移复制直线、圆弧、圆、样条曲线等，如图 7-25 所示。

（2）命令启动

1）在"修改"工具栏上单击"偏移"按钮。

2）在下拉菜单中选择"修改"→"偏移"命令。

3）在命令提示行输入：OFFSET（或 O）↙。

（3）命令操作 命令输入后，命令行提示：

指定偏移距离或［通过（T）/删除（E）/图层（L）］＜1.0000＞： 输入偏移距离↙。

若输入 T↙，则不需给定距离，而是指定要通过的点来偏移对象。

若输入 E↙，则可偏移后删除源对象。

若输入 L↙，则将偏移所得图形放在当前层，可不与源对象同层。

选择要偏移的对象或［退出（E）/放弃（U）］＜退出＞：选择要偏移的对象。

若输入 E↙，则退出偏移命令；若输入 U↙，则放弃前一个偏移对象。

指定要偏移的那一侧上的点或［退出（E）/多个（M）/放弃（U）］＜退出＞：在要偏移的一侧单击一下，即可偏移复制一个对象。

若输入 M↙，则可连续偏移所选对象。

"偏移"命令需用【Esc】键、鼠标右键、空格键或【Enter】键结束。

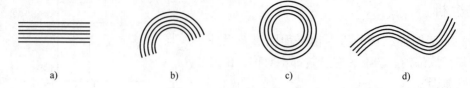

图 7-25　"偏移"命令的使用

a）偏移直线　b）偏移圆弧　c）偏移圆　d）偏移样条曲线

2. "修剪"命令

（1）功能　修剪对象，以便与其他对象的边相接。

（2）命令启动

1）在"修改"工具栏上单击"剪切"按钮 ⊬。

2）在下拉菜单中选择"修改"→"剪切"命令。

3）在命令提示行输入：TRIM（或 TR）✓。

（3）命令操作　命令输入后，命令行提示：

当前设置：投影＝UCS，边＝无。

选择剪切边。

1）选择对象或＜全部选择＞。选择作为修剪边的对象，可选择多个，按【Enter】键或空格键或单击右键结束。也可直接按【Enter】键，相当于全选，拾取不同部位会得到不同的裁剪效果，如图 7-26 所示。

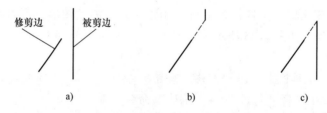

图 7-26　"修剪"命令的使用（一）

a）修剪前　b）拾取被剪边上段　c）拾取被剪边下段

结论：被剪切边沿着修剪边反向延长线与其交点部位被剪掉。

2）选择要修剪的对象，或按住【Shift】键选择要延伸的对象，或［栏选（F）/窗交（C）/投影（P）/边（E）/删除（R）/放弃（U）］：选择要剪去的部分，可连续点取，也可采用栏选和窗交方式选取。

①若在上述提示下，按住【Shift】键并点取对象，则会将所选对象延伸至修剪边，如图 7-27a 所示。

②若在上述提示下，输入 E✓，则进入设置修剪边的隐含延伸模式，系统会提示：

输入隐含边延伸模式［延伸（E）/不延伸（N）］＜不延伸＞：若输入 E，则按延伸模式修剪，即如果剪切边没有与被剪边相交，AutoCAD 会假想将剪切边延长，然后进行修剪，如图 7-27b 所示；若输入 N，则按边的实际相交情况修剪，即如果剪切边没有与被剪边相交，则不进行修剪，如图 7-27c 所示。

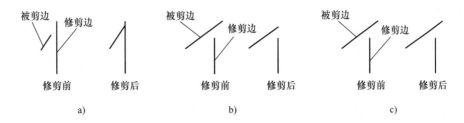

图 7-27　"修剪"命令的使用（二）

3. "圆角"命令

（1）功能　在两线段（直线、圆弧、椭圆弧等）之间或多段线的顶点处，用圆弧连接，如图 7-28 所示。

（2）命令启动

1）在"修改"工具栏上单击"圆角"按钮。

2）在下拉菜单中选择"修改"→"圆角"命令。

3）在命令提示行输入：FILLET（或 F）✓。

（3）命令操作　命令输入后，命令行提示：

当前设置：模式 = 修剪，半径 = 0. 0000。

选择第一个对象或 ［放弃 (U)/多段线 (P)/半径 (R)/修剪 (T)/多个 (M)］：选取要圆角的第一对象。

若要修改当前半径，则输入 R ✓；若要对多段线进行圆角处理，则输入 P ✓；若要改变修剪模式，则输入 T ✓；若要连续做多个圆角，则输入 M ✓。

选择第二个对象，或按住【Shift】键选择要应用角点的对象：选取要圆角的第二对象。系统将用当前半径的圆弧连接两线段。

若按住【Shift】键选择第二个对象，则系统便使用零值替代当前圆角半径。可利用此项功能，将两对象延伸相交，如图 7-28a 所示。

若所选对象为两条平行线，AutoCAD 会将圆角半径自动设置为两条平行线间距的一半，效果如图 7-28b 所示。

提示："圆角"操作是绘制连接圆弧最快捷的方式。

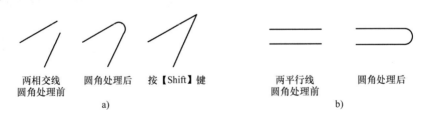

图 7-28　"圆角"命令的使用

4. "倒角"命令

（1）功能　是使用成角的直线连接两个对象，从而给对象添加倒角。指定倒角大小的方法有两种：一是距离法，分别指定两倒角距离；二是角度法，即指定一个倒角边上的倒角距离和第二个边上的倒角角度值。

（2）命令启动

1）在"修改"工具栏上单击"圆角"按钮 。

2）在下拉菜单中选择"修改"→"倒角"命令。

3）在命令提示行输入：Chamfer（或CHA）↙。

（3）命令操作　命令输入后，命令行提示：

（"修剪"模式）当前倒角距离 1 = 0.0000，距离 2 = 0.0000

选择第一条直线或［放弃（U）/多段线（P）/距离（D）/角度（A）/修剪（T）/方式（E）/多个（M）］：

选择第二条直线，或按住【Shift】键选择要应用角点的直线：［距离（D）/角度（A）/方法（M）］：

选择第一条直线：指定二维倒角所需要的两条边中的第一条边。

选择第二条直线：指定二维倒角所需要的两条边中的第二条边。

若要对多段线进行倒角，则输入P↙。

若要修改当前距离，则输入D↙。

若要修改当前角度，则输入A↙。

若要改变修剪模式，则输入T↙。

若要改变修剪方式，则输入E↙。

若要连续做多个倒角，则输入M↙。

作图步骤

1. 新建图形文件，设置绘图环境

设置粗实线、细实线、点化线图层（其余略）。

2. 开始绘图

（1）绘制 $\phi40mm$ 的已知圆弧　把粗实线图层设置为当前图层，单击"圆"命令，在"图形界限"内的适当位置单击左键给定圆心，输入直径40mm，$\phi40mm$ 的圆绘制完成，如图7-29所示。

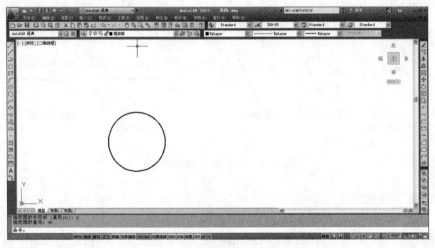

图7-29　绘制 $\phi40mm$ 的已知圆弧

（2）绘制 R48mm 的已知圆弧　按【Enter】键重复圆命令，追踪 ϕ40mm 的圆心，向右移动光标，在水平方向出现追踪圆心时输入 9 ✓，如图 7-30 所示。给定 R48mm 的圆心，直接输入 48 ✓，R48mm 的圆绘制完成。

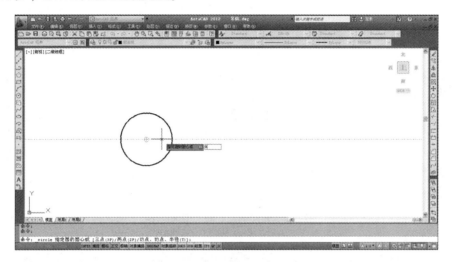

图 7-30　绘制 R48mm 的已知圆弧

把中心线图层设置为当前图层，单击"直线"命令，追踪圆的象限点，绘制圆的中心线，如图 7-31 所示。

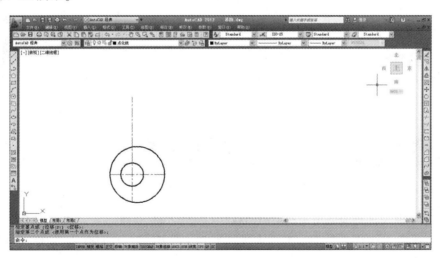

图 7-31　绘制圆的中心线

（3）绘制直线段　把 ϕ40mm 圆水平方向的中心线向上偏移 90mm，把偏移后的线继续向上偏移 38mm。把 ϕ40mm 纵向的中心线向左、右分别偏移 11.5mm，如图 7-32 所示。把多余线进行修剪，用标准工具栏上的"特性匹配" 📧 命令把直线的线性刷成粗实线，如图 7-33 所示。

（4）对吊钩上方进行倒角　单击"倒角" ⌂ 命令后，命令提示行提示：

命令：_ chamfer

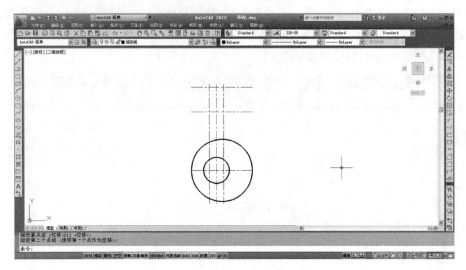

图 7-32　用"偏移"命令绘制直线段

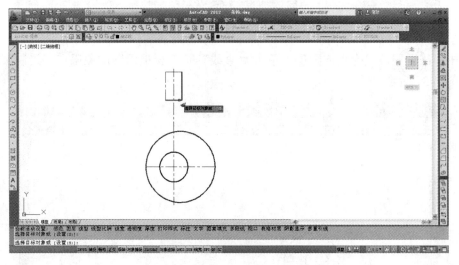

图 7-33　把直线的线性刷成粗实线

（"修剪"模式）当前倒角距离 1 = 0.0000，距离 2 = 0.0000。

选择第一条直线或 ［放弃 (U)/多段线 (P)/距离 (D)/角度 (A)/修剪 (T)/方式 (E)/多个 (M)］：D↙。

指定第一个倒角距离 < 0.000 >：2↙。

指定第二个倒角距离 < 2.000 >：2↙。

选择第一条直线或 ［放弃 (U)/多段线 (P)/距离 (D)/角度 (A)/修剪 (T)/方式 (E)/多个 (M)］：M↙。

给定 4 个倒角边，对吊钩上方进行倒角，如图 7-34 所示。

（5）绘制 ϕ30mm 圆柱两端轮廓线　单击"直线"命令，追踪交点，在水平方向输入 15↙，给定右端轮廓的起点（线段长度自定），如图 7-35a、b 所示。用同样的方法绘制左

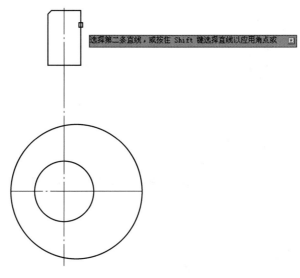

图 7-34　对吊钩上方进行倒角

端轮廓线，并补画完整，如图 7-35c、d 所示。

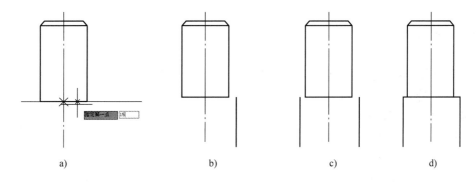

图 7-35　绘制 φ30mm 圆柱两端轮廓线

a）追踪交点　b）确定右端轮廓的起点　c）确定左端轮廓的起点　d）补画完整

（6）绘制 R40mm、R60mm、R35mm 的连接线段　单击"圆角" ⌐ 命令后，命令提示行提示：

命令：fillet。

当前设置：模式 = 修剪，半径 = 0.0000。

选择第一个对象或［放弃（U）/多段线（P）/半径（R）/修剪（T）/多个（M）］：R↙。

指定圆角半径 < 0.0000 > : 40↙。

选择第一个对象或［放弃（U）/多段线（P）/半径（R）/修剪（T）/多个（M）］：选中 φ30mm 圆柱右端轮廓线。

选择第二个对象，或按住【Shift】键选择对象以应用角点或［半径（R）］：选中 R48mm 的圆，绘制 R40mm，如图 7-36 所示。用同样的方法绘制 R60mm 和 R3.5mm 的圆弧。

（7）绘制吊钩左端 R23mm、R40mm 的中间圆弧　圆弧 R23mm 的圆心与圆弧 R48mm 的圆心在同一水平线上，并且与 R48mm 的圆弧相切，所以单击"偏移" ⌂ 命令，做辅助圆，

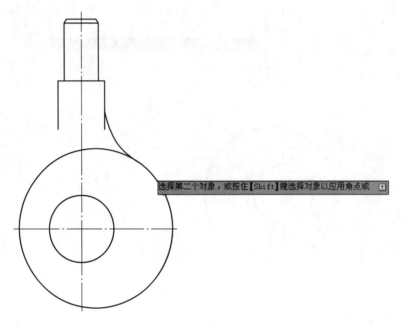

图 7-36　绘制 *R*40mm

先找到 *R*23mm 的圆心。

指定偏移距离或［通过（T)/删除（E)/图层（L)］＜通过＞：23 ✓。

选择要偏移的对象，或［退出（E)/放弃（U)］＜退出＞：选中 *R*48mm 的圆弧。

指定偏移的那一侧上的点，或［退出（E)/多个（E)/放弃（U)］＜退出＞：在 *R*48mm 圆弧外单击鼠标左键。

选择要偏移的对象，或［退出（E)/放弃（U)］＜退出＞：✓，得到一交点，即为 *R*23mm 的圆心，如图 7-37 所示。以交点为圆心，绘制 *R*23mm 的圆。

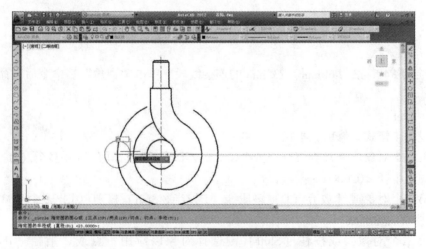

图 7-37　绘制 *R*23mm 的圆

做辅助圆，找左下角 *R*40mm 的圆心，单击"偏移"命令，把 φ40mm 的中心线向下偏移 15mm，把 ϕ40mm 的圆弧向外偏移 40mm，交点即为圆弧 R40mm 的圆心，并绘制 R40mm 的圆，如图 7-38 所示。

删除、修剪辅助圆、辅助线，如图 7-39 所示。

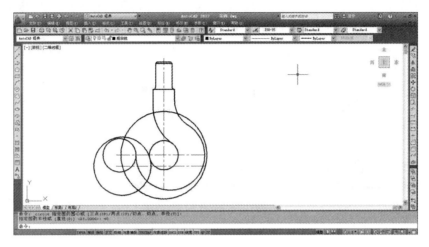

图 7-38　绘制 R40mm 的圆

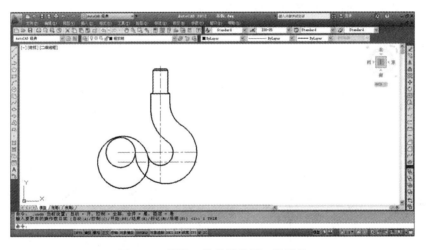

图 7-39　删除、修剪辅助圆、辅助线

（8）用"圆角" <!-- icon --> 命令绘制 R4mm 的连接线段　如图 7-40 所示。

（9）单击"修剪" -/--命令，修剪图形。

选择对象或 <全部选择>：选中 R4mm 的圆弧。

选择对象：R48mm 的圆弧，单击右键确定。

[栏选（F）/窗交（C）/投影（P）边（E）/删除（R）/放弃（U）]：选中 R23mm 圆弧要修剪的部分，单击右键结束命令，如图 7-41 所示。

按【Enter】键，重复"修剪" -/--命令。

选择对象或 <全部选择>：选中 R4mm 的圆弧。

选择对象：选中 ϕ40mm 的圆弧，单击右键确定。

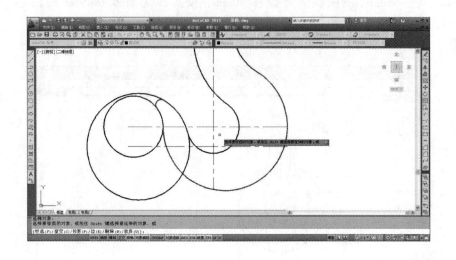

图 7-40 绘制 *R*4mm 的连接线段

［栏选（F）/窗交（C）/投影（P）边（E）/删除（R）/放弃（U）］：选中 *R*40mm 圆弧要修剪的部分，单击右键结束命令，如图 7-42 所示。

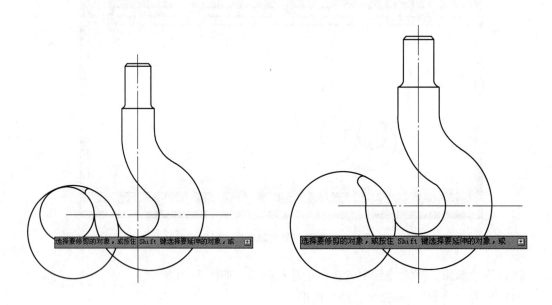

图 7-41 修剪 *R*23mm   图 7-42 修剪 *R*40mm

（10）整理图形，使其符合制图标准 可用"夹点"操作方式中的"拉伸"模式，将中心线长度调到合适。选择"格式"→"线型"，在打开的"线型管理器"中调整"全局比例因子"，使点画线的线段长度合适。最终结果如图 7-43 所示。

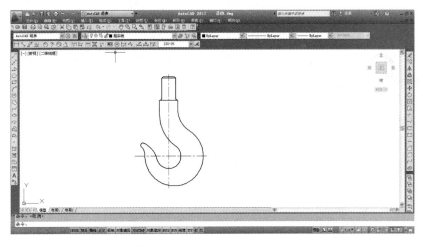

图 7-43　整理图形，使其符合制图标准

7.4　要素按圆周均匀分布的平面图形的绘制

⚑ 任务要求

按 1:1 的比例，绘制如图 7-44 所示平面图形，不标注尺寸。

💡 任务分析

1）该平面图形主要由不同边数的多边形构成，并且五边形是围绕着 φ22mm 的圆心均匀分布在 360°范围内。

2）命令使用。要用到新的绘图命令——"多边形"命令和编辑命令——"阵列"命令。

🔠 命令简介

1. 多边形命令

（1）功能　可绘制正多边形（边数可为 3～1024）。

（2）命令启动

1）在"绘图"工具栏上单击"正多边形"按钮 ⬠。

2）在下拉菜单中选择"绘图"→"正多边形"命令。

3）在命令提示行输入：Polygon 或（Pol）✓。

（3）命令操作　命令输入后，命令行提示：

输入边的数目 <4 >：输入边数✓（如正六边形，输入 6✓）。

指定正多边形的中心点或［边（E）］：指定中心点。

输入选项［内接于圆（I）/外切于圆（C）］ <I >：✓，表示多边形内接于圆；若输入 C✓，表示外切于圆。

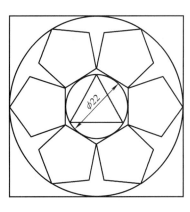

图 7-44　要素按圆周均匀分布的平面图形

指定圆的半径：给定内接圆的半径↙，完成多边形绘制。

若在第二步提示（指定正多边形的中心点或［边（E）］:）下，输入 E↙，则进入下一步。

提示：指定边的第一个端点：给出第一个端点。指定边的第二个端点：再给出第二个端点。

2. 环形阵列

环形阵列是将图形对象按照指定的中心点和阵列数目，成圆形排列。

1）在"修改"工具栏上单击"环形阵列"按钮。

2）在下拉菜单中选择"修改"→"阵列"→"环形阵列"。

3）在命令提示行输入：Arraypolar ↙。

选择对象：找到 1 个（选择矩形）。

选择对象：↙（完成选择）。

类型 = 极轴，关联 = 是。

指定阵列的中心点或［基点（B）/旋转轴（A）］：选择圆心作为阵列中心点，输入项目数或［项目间角度（A）/表达式（E）］＜4＞:7（设置阵列数量）。

指定填充角度（＋ = 逆时针、－ = 顺时针）或［表达式（EX）］＜360＞:（设置阵列的角度）。

按【Enter】键接受或［关联（AS）/基点（B）/项目（I）/项目间角度（A）/填充角度（F）/行（ROW）/层（L）/旋转项目（ROT）/退出（X）］＜退出＞:↙。

完成的环形阵列如图 7-45 所示。

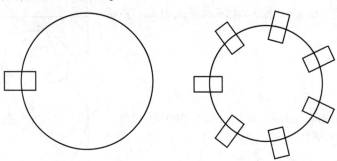

图 7-45　环形阵列

3. 路径阵列

路径阵列是将对象沿着一条路径进行排列，排列形态由路径形态决定。

1）在"修改"工具栏上单击"路径阵列"按钮。

2）在下拉菜单中选择"修改"→"阵列"→"路径阵列"。

3）在命令提示行输入：Arraypath ↙。

选择对象：找到 1 个（选择圆）。

选择对象：↙，确认选择。

类型 = 路径，关联 = 是。

选择路径曲线：选择曲线。

输入沿路径的项数或［方向（0）/表达式（E）］＜方向＞:5 ↙（输入复制的数量）。

指定沿路径的项目之间的距离或［定数等分（D）/总距离（T）/表达式（E）］＜沿路径平均定数等分（D）＞:↙（定义密度）。

按【Enter】键接受或［关联（AB）/基点（B）/项目（I）/行（R）/层（L）/对齐项目（A）/Z 方向（Z）/退出（X）］＜退出＞：↙。

完成的路径阵列如图 7-46 所示。

图 7-46　路径阵列

📚 作图步骤

1. 新建图形文件，设置绘图环境（省略）

2. 开始绘图

（1）绘制 ϕ22mm 的圆

（2）绘制圆的内接正三角形　当命令提示指定内接圆的半径时，捕捉圆的象限点，如图 7-47a 所示。

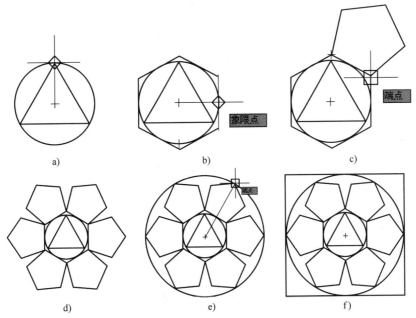

图 7-47　要素按圆周均匀分布的平面图形的绘制

a）圆的内接正三角形　b）圆的外切正六边形　c）绘制五边形
d）阵列出其余的 5 个五边形　e）绘制大圆　f）绘制外切四边形

（3）绘制圆的外切正六边形　指定多边形的边数为 6，正多边形的中心点为圆的圆心，当命令提示行提示指定圆的半径时，捕捉圆的 0°象限点，如图 7-47b 所示。

（4）绘制五边形　指定多边形的边数为 5。

当命令提示行提示指定多边形的中心点或［边（E）］：E↙。

指定边的第一个端点：捕捉六边形边长第一个端点。

指定边的第二个端点：捕捉六边形边长的第二个端点，如图 7-47c 所示。

删除六边形（计算机绘图不允许出现重复线）。

（5）阵列出其余的 5 个五边形　选择环形阵列，阵列的中心点为圆的圆心，项目数为 6，指定填充的角度为 360°，绘图结果如图 7-47d 所示。

（6）绘制大圆　大圆与 ϕ22mm 的圆为同心圆，半径为到五边形端点的距离，如图 7-47e 所示。

（7）绘制外切四边形　图形绘制完成，如图 7-47f 所示。

7.5　以放大（或缩小）比例绘制扳手平面图形

🚩 任务要求

按 2∶1 的比例，绘制图 7-48 所示扳手平面图形（不标注尺寸）。

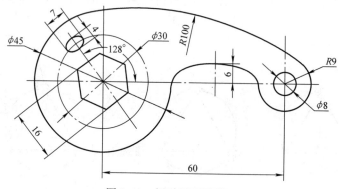

图 7-48　扳手平面图形

💡 任务分析

1）该平面图主要由多边形、椭圆和椭圆弧构成。

2）要求用 2∶1 的放大比例绘制。可以先用 1∶1 的比例抄画图形，之后运用"比例缩放" 🗗 命令对图形放大 2 倍即可。

3）使用命令主要包括比例缩放、圆、椭圆、椭圆弧和正多边形等。

📖 命令简介

1. "比例缩放"命令

（1）功能　可以对选定的对象进行比例放大或缩小。

（2）命令启动

1）在"修改"工具栏上单击"比例缩放"按钮 🗗。

2）在下拉菜单中选择"修改"→"比例缩放"。

3）在命令提示行输入：SCALE（或 SC）✓。

（3）命令操作　命令输入后，命令行提示：

选择对象：选择要放大（或缩小）的图形，↙。

指定基点：指定缩放基点。

指定比例因子或 ［复制（C）/参照（R）］ ＜1.0000＞：0.5 ↙，即可将图形缩小一半。

比例因子：按指定的比例放大选定对象的尺寸。大于 1 的比例因子使对象放大。介于 0 和 1 之间的比例因子使对象缩小。还可以拖动光标使对象变大或变小。

复制（C）：创建要缩放的选定对象的副本。

参照（R）：按参照长度和指定的新长度缩放所选对象。

2. "椭圆" 命令

（1）功能　用于创建椭圆或椭圆弧。

（2）命令启动

1）在"绘图"工具栏上单击"椭圆"按钮。

2）在下拉菜单中选择"绘图"→"椭圆"。

3）在命令提示行输入：ELLIPSE（或 EL）↙。

（3）命令操作

命令：_ ellipse

指定椭圆的轴端点或 ［圆弧（A）/中心点（C）］：给出轴端点。

指定轴的另一个端点：给出轴上另一端点（这样就确定了椭圆的一个轴长）。

指定另一条半轴长度或 ［旋转（R）］：给出长度（另一轴的半长）。

若在第一步提示（指定为椭圆的轴端点或 ［圆弧（A）/中心点（C）］：下，输入 C↙，则会通过指定椭圆中心点的方式绘制椭圆。

3. "椭圆弧" 命令

（1）功能　用于创建椭圆弧。

（2）命令启动

1）在"绘图"工具栏上单击"椭圆"按钮。

2）在下拉菜单中选择"绘图"→"椭圆"→"圆弧"。

3）在命令提示行输入：ELLIPSE（或 EL）↙。

（3）命令操作

命令：_ ellipse

指定椭圆的轴端点或 ［圆弧（A）/中心点（C）］：_ A↙。

指定椭圆弧的轴端点或 ［中心点（C）］：拾取一个端点。

指定轴的另一个端点。

指定另一条半轴长度或 ［旋转（R）］：指定另一个半轴的长度。

指定起点角度或 ［参数（P）］：指定角度的起点。

指定端点角度或 ［参数（P）/包含角度（I）］：指定端点。

提示：起点和端点之间的包含角按逆时针绘制。

作图步骤

1. 新建图形文件，设置绘图环境（省略）

2. 开始绘图

1）单击"圆" ⊙命令绘制 φ45mm 的圆，并捕捉和追踪该圆的圆心，输入距离 66，在水平方向绘制 φ8mm 和 R9mm 的同心圆，如图 7-49 所示。

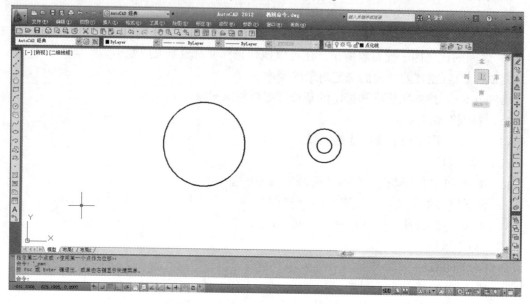

图 7-49　绘制 φ45mm、φ8mm 和 R9mm 的同心圆

2）输入多边形命令。

Polygon 输入侧面数 < 4 >：6。

指定正多边形的中心点或［边（E）］捕捉 φ45mm 的圆心，给定多边形的中心点。

输入选项［内接圆（I）/外切圆（C）］< I >：C。

指定圆的半径：@8 < 128 ↙，绘制内部的正六边形，如图 7-50 所示。

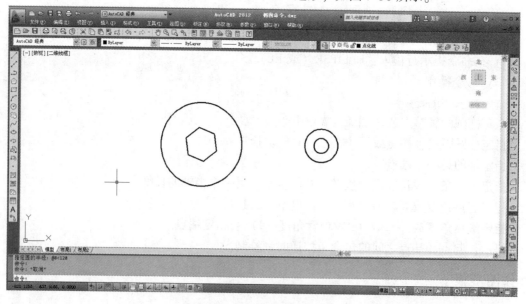

图 7-50　绘制内部的正六边形

3）绘制椭圆。补画图形的对称中心线及椭圆圆心所在的 φ30mm 的点画线圆，如图 7-51 所示。

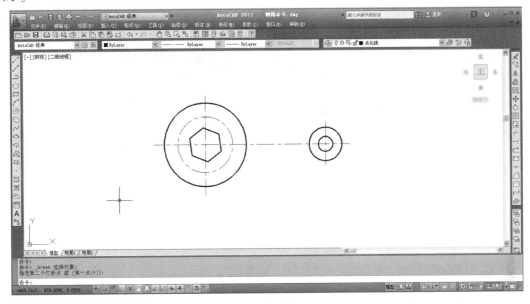

图 7-51　绘制点画线圆

输入椭圆命令 _ ellipse，指定椭圆的轴端点或 ［圆弧（A）/中心点（C）］：C↙。

用鼠标单击对象捕捉工具栏中的"捕捉自"按钮 🔲，如图 7-52 所示。

图 7-52　对象捕捉工具栏

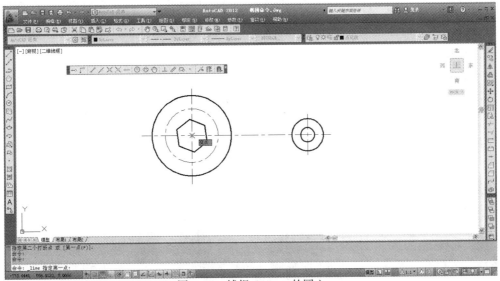

图 7-53　捕捉 φ45mm 的圆心

指定椭圆的中心点：_ from 基点：拾取 ϕ45mm 的圆心，<偏移>：@15<128 ✓。

指定轴的端点：十字光标捕捉 ϕ45mm 的圆心，如图 7-53 所示，输入 2 ✓。

指定另一条半轴的长度或［旋转（R）］：3.5 ✓，图形绘制完成，如图 7-54 所示。

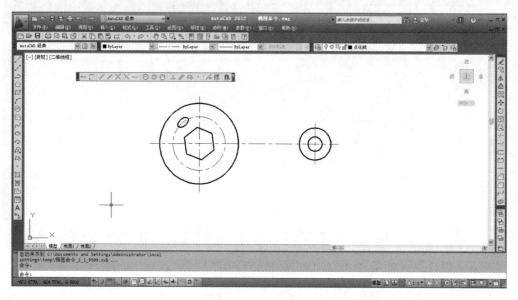

图 7-54　绘制半轴为 3.5mm、短轴为 4mm 的椭圆

4）绘制 R100mm 的圆弧。单击"绘图"→"圆"→"相切半径" ✓。

命令：_ circle 指定圆的圆心或［三点（3P)/两点（2P)/切点、切点、半径（T)］：_ ttr。

指定对象与圆的第一个切点：如图 7-55 所示。

指定对象与圆的第二个切点：如图 7-56 所示。

指定圆的半径 <0.0000>：输入 100 ✓，修剪后如图 7-57 所示。

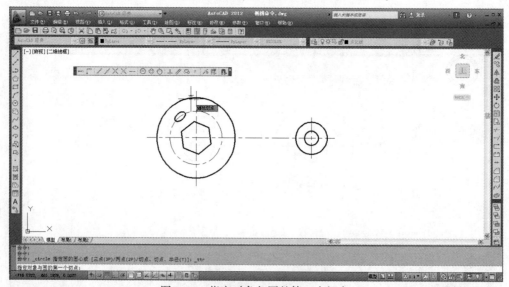

图 7-55　指定对象与圆的第一个切点

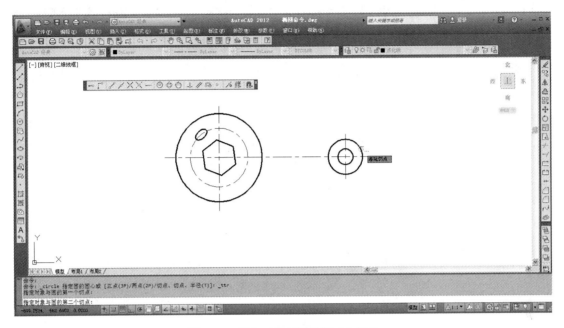

图 7-56　指定对象与圆的第二个切点

5）绘制 1/2 椭圆弧。输入"椭圆弧"命令 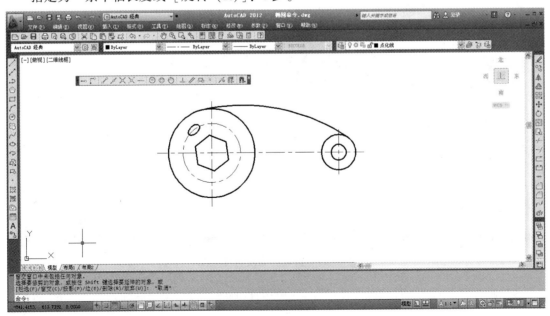。

命令：_ ellipse。

指定椭圆的轴端点或［圆弧（A）/中心点（C）］：_ a。

指定椭圆弧的轴端点或［中心点（C）］：如图 7-58 所示。

指定轴的另一个端点：如图 7-59 所示。

指定另一条半轴长度或［旋转（R）］：6↙。

图 7-57　输入 $R100$mm 进行修剪

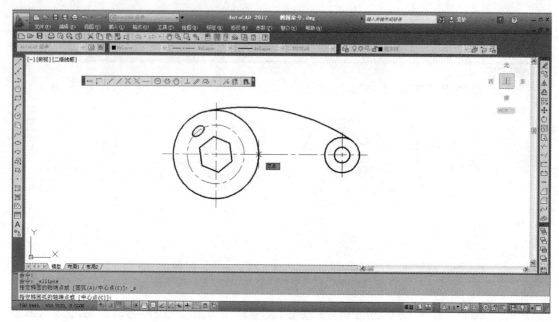

图 7-58　拾取椭圆弧的左端点

指定起点角度或［参数（P)］：再拾取右端点。

指定端点角度或［参数（P)/包含角度（I)］：再拾取左端点。

椭圆弧绘制完成，如图 7-59 所示。

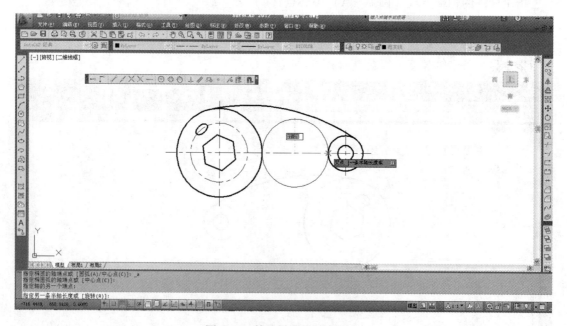

图 7-59　拾取椭圆弧的右端点

6）修剪多余的线，补画椭圆及椭圆弧中心的点画线，修剪多余的线，如图 7-60 所示。

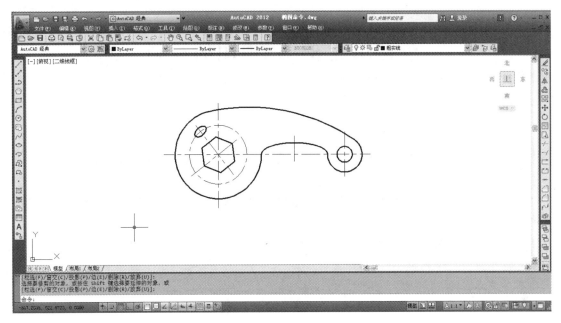

图 7-60　修剪多余的线

7）进行比例缩放。输入"比例缩放"命令放大图形或单击"比例缩放"按钮。

系统提示"选择对象:"，将图形全选↙。

系统提示"指定基点:"，点取 $\phi45\text{mm}$ 圆心；提示"指定比例因子或〔复制（C）/参照（R）〕:"，输入 2↙，则将图形放大一倍。

8）整理图形　使其符合制图标准。如若绘制的128°点画线和点画线 $\phi30\text{mm}$ 的圆弧长短、比例不合适，可以用"夹点"操作方式中的"拉伸"模式，将中心线长度调到合适。选择"格式"→"线型"，在打开的"线型管理器"中调整"全局比例因子"，或利用"特性"对话框对线型比例进行适当调整，使点画线的线段长短、比例合适。

学习单元8 三视图的绘制

【单元导读】

主要内容：

"构造线""打断""图案填充""样条曲线""多段线"等命令的基本使用方法

任务要求：

1. 以给定支架的实体为载体，绘制支架组合体三视图，熟练运用"构造线""打断"等命令

2. 由给定的视图画物体的剖视图，熟练运用"图案填充""样条曲线""多段线"等命令

教学重点：

正确熟练使用"打断""图案填充""样条曲线"命令

教学难点：

"构造线""多段线"命令的使用

8.1 由实体图绘制三视图

🚩 任务要求

根据图 8-1 所示的支架实体图，绘制该支架的三视图。

💡 任务分析

1) 可以假想将支架分解成 5 部分，即底板 1、肋板 2、支承板 3、圆筒 4 和凸台 5。底板上有圆角和两个圆孔，圆筒上的孔和凸台上的孔都相通。各组成部分之间的相对位置为左右对称，底板和圆筒之间由相互垂直的肋板和支承板连接，组合形式为叠加；支承板的左右两侧面和圆筒外表面相切；肋板和圆筒属于相贯。画图时，应注意"极轴""对象捕捉""对象追踪"的运用。

2) 选择主视图。箭头方向可以较好地

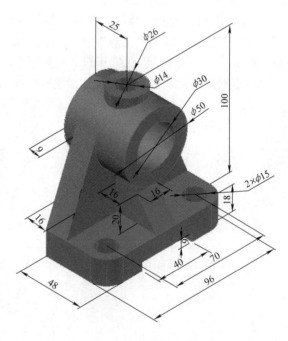

图 8-1　支架实体图

反映支架的形体特征，且符合安放位置，故选择箭头方向作为支架的主视图方向。

3）视图数量的选择。需要 3 个视图便可清晰、完整地表达清楚支架的内容。

命令简介

**1.	"构造线"命令**

（1）功能　本命令用于绘制不同角度的构造线。

（2）命令启动

1）在"绘图"工具栏上单击"构造线"按钮。

2）在下拉菜单中选择"绘图"→"构造线"。

3）在命令提示行输入：XLINE 或（XL）。

（3）命令操作　命令输入后，命令行提示。

_ XLINE 指定点或［水平（H）/垂直（V）/角度（A）/二等分（B）/偏移（O）］：

指定通过点：指定点，画出一条构造线；继续指定点，可以通过第一点画出多条构造线。

若在第一步提示"XLINE 指定点或［水平（H）/垂直（V）/角度（A）/二等分（B）/偏移（Q）］:"下。

输入 H，则可通过给定的点画出多条水平构造线。

输入 V，则可通过给定的点画出多条垂直构造线。

输入 A，则可设置构造线角度，画出一系列角度构造线。

输入 B，则可画出选定角度的二等分构造线。

输入 0，则可画出与选定直线定距离的平行构造线。

**2.	"打断"命令**

（1）功能　用于将选定的对象断开（一点断开或两点断开）。

（2）命令启动

1）在"修改"工具栏上单击"打断"按钮（一点断开可用）。

2）在下拉菜单中选择"修改"→"打断"。

3）在命令提示行输入：BREAK（或 BR）。

（3）命令操作　命令输入后，命令行提示：

_ break 选择对象：点取对象（一般情况下，点取对象的这个点就是第一打断点）。

指定第二个打断点或［第一点（F）］：

在对象上点取第二个打断点，则两点之间的线段被删除。

若输入 F，则表明需重新给定第一打断点。

若输入@，则对象从第一打断点处一点断开（同）。

提示：

1）整圆不能一点打断，两点打断时，删除的是第一点到第二点之间逆时针转的圆弧。

2）用打断命令可将线段剪成合适长度。方法是在"指定第二打断点:"提示下，点取线段端点或端点外侧任一点。

作图步骤

1. 新建图形文件（略）

2. 设置绘图环境

（1）设置"图形界限"　根据图形大小和绘图比例要求，确定图幅。

（2）设置"图形单位"

（3）"图层"设置

（4）打开"极轴""对象捕捉""对象追踪""线宽"状态

3. 开始绘图

将点画线层置为当前层，绘制位置线，如图 8-2 所示。

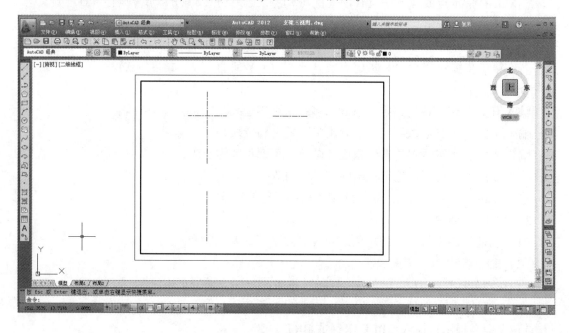

图 8-2　绘制位置线

（1）绘制底板

1）将"粗线"图层置为当前层。启用"矩形"命令 ⬜ 绘制长 96mm、宽 48mm 的底板俯视图。用"分解"命令 🔲 分解矩形，用"圆角"命令 ⬜ 倒 $R13mm$ 的圆角，并捕捉 $R13mm$ 圆角的圆心绘制底板上两个 $\phi15mm$ 的圆孔，如图 8-3 所示。

2）启用"直线"命令。利用"极轴""对象捕捉""对象追踪"绘制底板的主视图，并画出底板凹槽在俯视图的不可见部分。该凹槽为通槽，长为 40mm，高为 6mm，如图 8-4 所示。

3）调用"构造线"命令。命令行提示：

_ XLINE 指定点或 ［水平（H）/垂直（V）/角度（A）/二等分（B）/偏移（O）］:A↙。

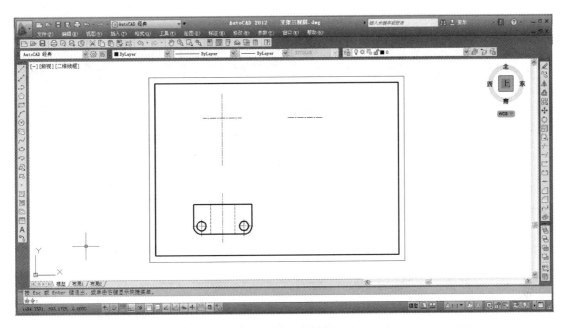

图 8-3　绘制底板俯视图

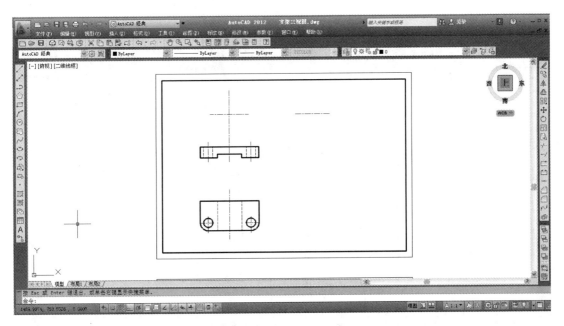

图 8-4　绘制底板主视图

输入构造线的角度（0）或参照（R）：输入角度 135↙。

指定通过点：鼠标指定主视图右下角点，完成构造线的绘制，如图 8-5 所示。

4）调用"直线"命令。利用"极轴""对象追踪""对象捕捉"功能，确保所绘左视图与俯视图宽相等，与主视图高平齐。底板左视图如图 8-6 所示，再删除左视图多余辅助线。

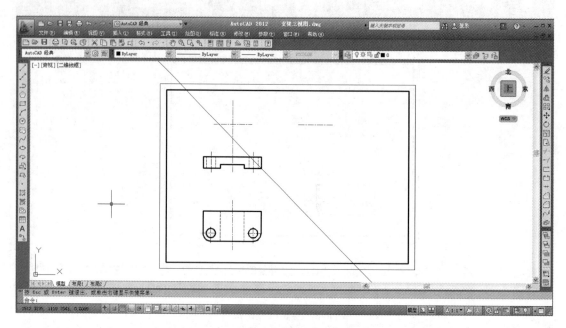

图 8-5　绘制构造线

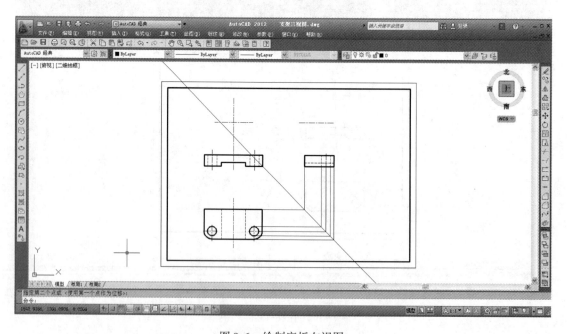

图 8-6　绘制底板左视图

（2）绘制圆筒　分别用"圆"命令 和"直线"命令 绘制圆筒的主视图、俯视图、左视图。圆筒的径向尺寸为 $\phi 50\text{mm}$，轴向尺寸为 48mm。距离底板凹槽中部高为 64mm，轴向距离底板、支撑板后背面为9mm。绘制完成后把圆筒阻挡底板部分变成虚线。

　　单击"打断于点"命令 ⊏，选择底板被遮挡部分的线。选定要打断的第一点，重复"打断于点"命令 ⊏，选定要打断的第二点。把遮挡的线变成虚线即可，绘制圆筒，如图8-7所示，删除左视图多余辅助线。

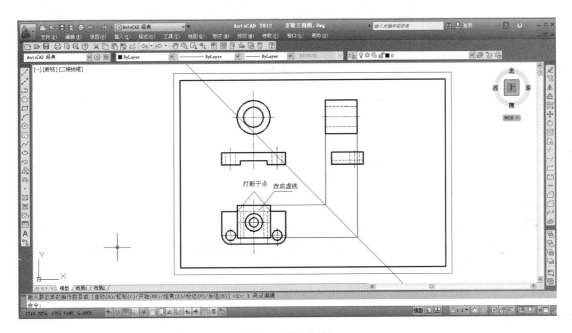

图8-7　绘制圆筒

　　（3）绘制肋板　注意肋板与圆筒的关系为相切，故俯、左视图的切点处没有交线，俯、左视的切线长度和高度需要和主视图"对正""平齐"确定。所以我们需要先绘制肋板的主视图，如图8-8所示。再根据"三等关系"绘制肋板的俯、左视图。肋板的厚度为16mm，绘制完一条肋板的轮廓线后，复制便可得到另一条轮廓线，如图8-9所示。

　　（4）绘制支承板　支承板长度方向的尺寸为16mm，转折处的高为20mm。也需要先绘制主视图，再根据主视图绘制出俯视图、左视图，并删除左视图中支承板和圆相贯后圆筒部分的轮廓线。把俯视图圆筒遮挡支承板的轮廓线改成细虚线，如图8-10所示。

　　（5）绘制凸台　单击"圆"命令 ⊘，在俯视图上绘制 $\phi26$mm、$\phi14$mm 的两同心圆，凸台轴线与圆筒的后面 Y 方向的尺寸为25mm。追踪俯视图中圆筒的投影，用"直线"命令 ⁄ 绘制凸台在主视图的投影，凸台的上底面距底板底面的高为100mm。根据"三等关系"用"三点圆弧"命令 ⁄ 绘制凸台与圆筒的相贯线，连接1、2、3点得到外表面的相贯线，同理，得到内表面的相贯线。并删除多余线，如图8-11所示。

　　（6）检查、修改线型比例　使之符合国标要求，如图8-12所示。

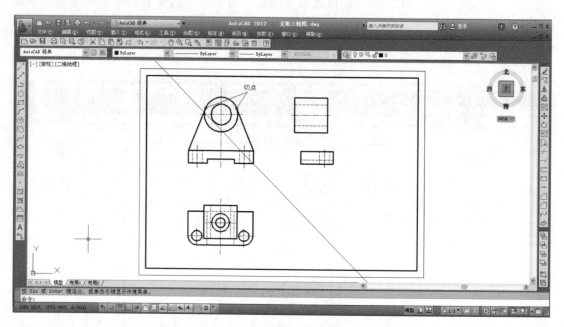

图 8-8　绘制肋板的主视图

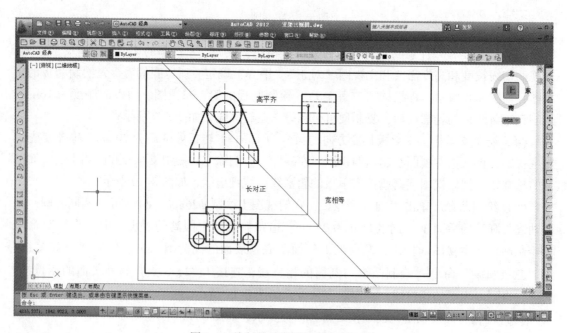

图 8-9　绘制肋板的俯视图和左视图

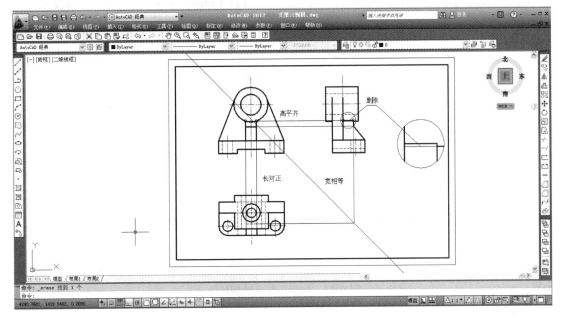

图 8-10　绘制支承板

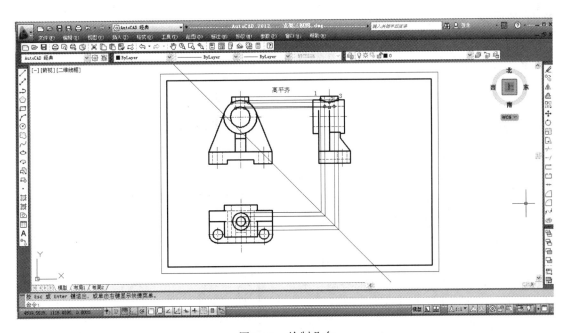

图 8-11　绘制凸台

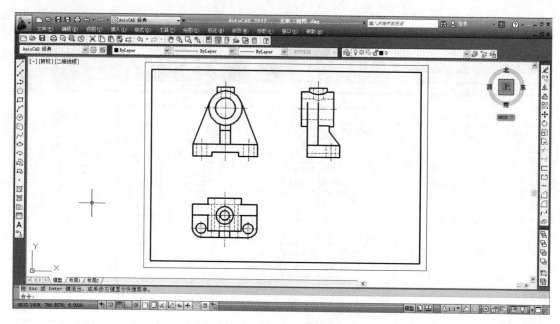

图 8-12   检查、修改线型比例

8.2   由给定的视图画物体的剖视图

🚩 任务要求

按 1:1 的比例，绘制如图 8-13 所示的视图，然后将其主视图改成半剖视图，俯视图改成局部剖视图。

💡 任务分析

1）该组合体的主视图和俯视图均是左右对称的图形，画视图时，因图中有较多的圆，可先画出圆，再利用"对象追踪""对象捕捉"画出圆在其他视图中的投影，以提高画图速度。

2）在绘图过程中也可根据绘图习惯，灵活运用不同的绘图命令完成图形绘制，不必局限于所介绍的方法和命令。

3）剖视图中要绘制剖面线，所以要用到"图案填充"命令。局部剖要用波浪线作断裂边界分界线，所以要用到"样条曲线"命令。

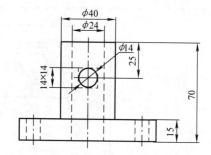

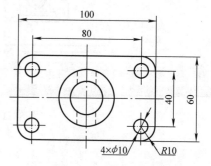

图 8-13   给定物体的视图

命令简介

1. "图案填充"命令

（1）功能　图案填充是用－种图案来填充某一区域，常常用于表达剖切面和不同类型物体对象的外观纹理等，被广泛应用于绘制机械图、建筑图及地质构造图等各类图形中。

（2）命令启动

1）在"绘图"工具栏上单击"图案填充"按钮。

2）在下拉菜单中选择"绘图"→"图案填充"。

3）在命令提示行输入：BHATCH（BH）。

（3）命令操作　命令输入后，弹出"图案填充和渐变色"对话框，如图8-14所示。该对话框中含有"类型与图案""角度和比例""图案填充原点""边界""选项"五个选区。

图8-14　"图案填充和渐变色"对话框

1）"类型和图案"区。

①"类型（Y）"下提供预定义、用户定义和自定义三种图案类型。预定义，即使用预先定义好的图案；用户定义，即允许用户用当前线型定义一个简单的图案；自定义，即允许从其他的".PAT"文件中指定一种图案。

②"图案（P）"用于选择填充图案的样式。单击按钮，如图8-14所示，可弹出"填充图案选项板"对话框，如图8-15所示，其中有"ANSI""ISO""其他预定义"和"自定义"四个选项卡，可从其中选择任意一种预定义图案。

2）"角度和比例"区。

①"角度（G）"下拉列表用于设置图案的倾斜角度，该角度是填充图案相对于当前坐标系 X 轴的转角。每种图案在定义时的放置角为零。用户既可以在文本框中输入角度值，也可以在其下拉列表中选择。在机械图样中绘制 45° 的剖面线，ANSI31 的旋转角度设置为 0；绘制 135° 的剖面线，ANSI31 的旋转角度设置为 90°。

②"比例（S）"下拉列表用于设置图案的缩放比例，它表示的是填充图案线型之间的疏密程度，比例因子可在列表中选择，也可从键盘输入。该项对"用户自定义"不适用。

③"双向（U）"复选框用于确定"用户定义"图案是否画两组相互垂直的剖面线。复选框关闭时不画，打开时画。

④"间距（C）"文本框用于设置"用户定义"图案中平行线间的距离。

⑤"ISO 笔宽（O）"下拉列表只有在选择了 ISO 图案后才可使用。该项基于选定笔宽后按比例缩放 ISO 预定义图案。

3）"图案填充原点"区。

①"使用当前原点"，即使用存储在 HPORIGINMODE 系统变量中的设置。默认情况下，原点设置为"0，0"。

②"指定的原点"，即指定新的图案填充原点。

4）边界区。此区用于确定图案填充的边界。

①"添加：拾取点"按钮。用于选择将要填充图案的封闭区域。单击该按钮，将临时关闭对话框并在命令行提示"选择内部点或 [选择对象（S）/删除边界（B）]"。选择封闭边界内部的点，则 Auto-CAD 会自动寻找该点周围的边界，并以虚线显示。如果显示的虚线边界不对，说明需要的边界不封闭。如果没有显示，则弹出"边界定义错误"对话框，根据错误提

图 8-15　填充图案选项板

示再进行适当操作。用户可以连续指定多个封闭区域。按【Enter】键结束选择并返回对话框；或者单击右键，显示快捷菜单。利用此快捷菜单可选择放弃最后一个或所有选定点、改变选择方式、重新设置图案填充的原点、修改孤岛检测样式、预览填充图案或返回对话框。"选择对象（S）"和"删除边界（B）"选项与以下项目相同。

②"添加：选择对象"按钮。由用户指定封闭边界。单击该按钮，将临时关闭对话框并提示"选择对象或 [拾取内部点（K）/删除边界（B）]："。由用户使用各种对象选择方式指定封闭边界。用这种方法指定的边界必须是首尾相连，否则无效。最后按【Enter】键结束选择，并返回对话框。这里同样可以使用上述快捷键。

③"删除边界（D）"按钮。从已选择的边界和以前添加的边界中删除一些对象。单击该按钮，将临时关闭对话框并提示"选择对象或 [添加边界（A）]："。如果用户做了一次选择对象的操作，则提示"选择对象或 [添加边界（A）/放弃（U）]："。

④"重新创建边界（R）"按钮。在填充图案时无效，而在编辑填充图案时可用。

⑤"查看选择集（V）"按钮。可以查看已选的边界。

5）"选项"区。在该区确定图案填充的几个选项。

①"关联（A）"复选框，控制图案与边界的关联特性。该项选中时，若改变了边界，图案填充也随之改变；不选中时，图案填充不随着填充边界的改变而改变。

②"创建独立的图案填充（H）"复选框，当选择了几个独立的封闭边界时，控制填充图案成为几个对象还是一个对象。默认状态时复选框关闭，一次填充所有边界内的图案为一个对象。复选框打开时，一个封闭边界内的图案为一个对象。

③"绘图次序（W）"下拉列表，用于选择填充图案与其他对象的绘图次序，包括置于边界之后、置于边界之前、后置（置于所有对象之后）、前置（置于所有对象之前）和不指定。

6)"继承特性"按钮。"继承特性"按钮用于复制已有图案的类型和特性。单击该按钮,将关闭对话框并提示用户选择一个图案。按【Enter】键后返回对话框,所选图案的类型和特性便复制到对话框中。继续指定其他边界便可填充相同的图案。

7)"预览"按钮。"预览"按钮用来预览图案填充的效果。单击该按钮,暂时关闭对话框,在图上显示出将要绘制的图案。在命令行显示"拾取或按【Esc】键返回到对话框或(单击右键接受图案填充):",此时若按【Enter】键或单击右键可完成图案绘制。单击左键或按【Esc】键则返回对话框,还可以修改图案的特性或边界。该按钮只有在选定了图案和边界后才能使用。

8)扩展区。单击"图案填充和渐变色"对话框右下角的"更多选项(Alt + >)"按钮 ⊙,将显示扩展内容,如图 8-16 所示。扩展区用于控制孤岛和边界类型等。所谓"孤岛"就是最外边界内的其他封闭边界。若选中"孤岛检测"复选框,则有三种孤岛填充样式供用户选择:"普通(N)""外部"和"忽略(I)"。其中"普通"是隔层填充,"外部"是只外层填充,"忽略"是全填充。"保留边界"开关控制是否把临时边界实体添加到图形中。"边界集"下拉列表用于定义选择边界的范围。"新建"按钮用于从图形中选择实体创建选择集。

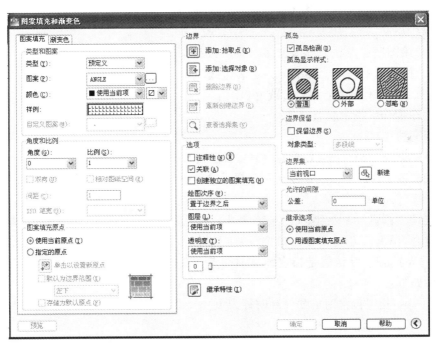

图 8-16　"图案填充和渐变色"及扩展区对话框

2. "样条曲线"命令

(1) 功能　本命令用于绘制样条曲线。

(2) 命令启动

1) 在"绘图"工具栏上单击"样条曲线"按钮 ∿。

2) 在下拉菜单中选择"绘图"→"样条曲线"。

3) 在命令提示行输入:SPLINE 或(SPL) ↙。

（3）命令操作　命令输入后，命令行提示：

指定第一个点或［方式（M）/节点（K）对象（O）］：指定样条曲线起点。

指定下一点或［起点切向（T）/公差（L）］：给第二点。

输入下一点或［端点相切（T）/公差（L）/放弃（U）］：给第三点。

输入下一点或［端点相切（T）/公差（L）/放弃（U）/闭合（C）］：给第四点。

指定下一点或［端点相切（T）/公差（L）/放弃（U）/闭合（C）］：给第五点，单击右键结束。

命令行中各选项含义如下：

对象（O）：将一条多段线拟合生成样条曲线。

起点切向（T）：用于定义样条曲线的第一点和最后一点切向。

公差（L）：用于控制样条曲线对象与数据点之间的接近程度。公差越小，表明样条曲线越接近数据点。

闭合（C）：生成一条闭合的样条曲线。

3. "多段线"命令

（1）功能　绘制由不同宽度、不同线型的直线或圆弧所组成的连续线段，多段线可将一组线和圆弧作为一个对象来编辑。

（2）命令启动

1）在"绘图"工具栏上单击"多段线"按钮 。

2）在下拉菜单中选择"绘图"→"多段线"。

3）在命令提示行输入：PLINE 或（PL）。

（3）命令操作　指定起点：

当前线宽为 0.0000。

指定下一点或［圆弧（A）/半宽（H）/长度（L）/放弃（U）/宽度（W）］：

像直线命令一样，多段线命令会不断提示输入更多的端点，每次重复出现整个提示。当操作完毕，按【Enter】结束。

如果选择"圆弧（A）"选项，系统则以绘制圆弧的方式提示"指定圆弧的端点或［角度（A）/圆心（CE）/方向（D）/半宽（H）/直线（L）/半径（R）/第二个点（S）/放弃（U）/宽度（W）］："，默认值是指定圆弧的端点，其他选项大多数都类似于 Arc 命令选项，各选项功能如下：

角度（A）：指定包含的角度（顺时针为负）。

圆心（CE）：指定圆弧中心。

闭合（CL）：从上一个圆弧的终点到该多段线的起点绘制一段圆弧封闭多段线。

方向（D）：从起点指定圆弧的切线方向。

半宽（H）：设定多段线的半宽——从多段线中心到边缘的距离。该选项提示输入起始半宽及终点半宽。

直线（L）：切换回直线模式。

半径（R）：指定圆弧半径。

第二个点（S）：指定圆弧的第二点。

放弃（U）：放弃上一次选项的操作。

宽度（W）：定义多段线宽。该选项提示输入起始宽度和终点宽度。

举例：使用多段线绘制如图 8-17 所示的图形。

绘图步骤如下：

输入命令：_ pline。

指定起点：

当前线宽为 0.0000。

指定下一个点或［圆弧（A）/半宽（H）/长度（L）/放弃（U）/宽度（W）］：20。

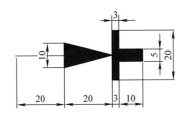

图 8-17   使用多段线绘制图形

指定下一点或［圆弧（A）/闭合（C）/半宽（H）/长度（L）/放弃（U）/宽度（W）］：W↙。

指定端点宽度 <10.0000 >：10。

指定端点宽度 <10.0000 >：0。

指定下一点或［圆弧（A）/闭合（C）/半宽（H）/长度（L）/放弃（U）/宽度（W）］：20。

指定下一点或［圆弧（A）/闭合（C）/半宽（H）/长度（L）/放弃（U）/宽度（W）］：W↙。

指定端点宽度 <0.0000 >：20。

指定端点宽度 <20.0000 >：20。

指定下一点或［圆弧（A）/闭合（C）/半宽（H）/长度（L）/放弃（U）/宽度（W）］：3。

指定下一点或［圆弧（A）/闭合（C）/半宽（H）/长度（L）/放弃（U）/宽度（W）］：W↙。

指定端点宽度 <0.0000 >：5。

指定端点宽度 <5.0000 >：5。

指定下一点或［圆弧（A）/闭合（C）/半宽（H）/长度（L）/放弃（U）/宽度（W）］：10。

绘制结果如图 8-17 所示。

作图步骤

1. 新建图形文件（略）

2. 设置绘图环境

1）设置"图形界限"，根据图样的大小选择图幅。

2）设置"图形单位"。

3）"图层"设置。

4）打开"极轴""对象捕捉""对象追踪""线宽"状态。

3. 开始绘图

1）将点画线层置为当前层，绘制位置线，如图 8-18 所示。

2）首先绘制底板的俯视图和主视图。粗实线层置为当前，用"矩形"命令□绘制主视图，打开"极轴""对象捕捉""对象追踪"绘制俯视图带有圆角的矩形，底板的俯视图如

图 8-19 所示。

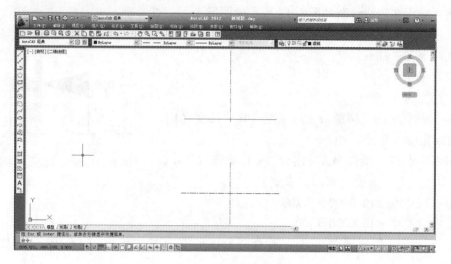

图 8-18　绘制位置线

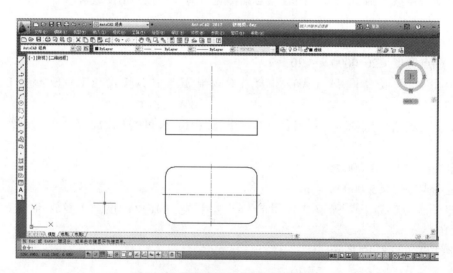

图 8-19　绘制底板的俯视图和主视图

3）在粗实线层和虚线层依次绘制圆筒的俯视图和主视图。如图 8-20 所示。

4）在粗实线层和虚线层依次补画底板圆孔部分俯视图和主视图，如图 8-21 所示。

5）绘制 $\phi14mm$ 的圆孔和边长为 14mm 的槽，如图 8-22 所示。

6）将主视图改成半剖视。修剪主视图中 $\phi14mm$ 圆的右侧，将边长 14mm 正方形左侧改成粗实线；删除底板主视图右侧多余的部分轮廓；删除主视图左侧的所有虚线；俯视图改成局部剖，将俯视图中的虚线转化成粗实线。在俯视图和剖视图部分用波浪线画出分界线。单击"样条曲线"命令 ～，用细实线绘制俯视图中局部剖的分界线，如图 8-23 所示。

7）单击"图案填充"命令 ▨，弹出"图案填充和渐变色"对话框时，在"图案填充"窗口中的"类型"项中选择"预定义"；"图案"项中选择 ANSI31。在"边界"区，单击"添加拾取点"按钮，返回到绘图区，命令行提示：拾取内部点或［选择对象（S)/删除边

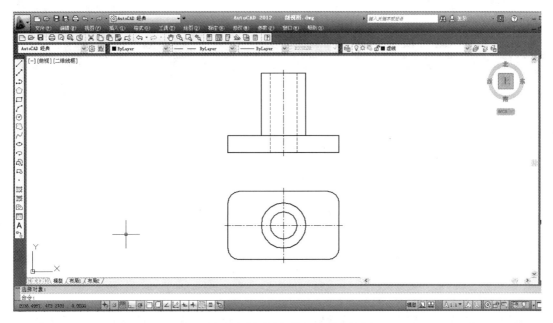

图 8-20　绘制圆筒的俯视图和主视图

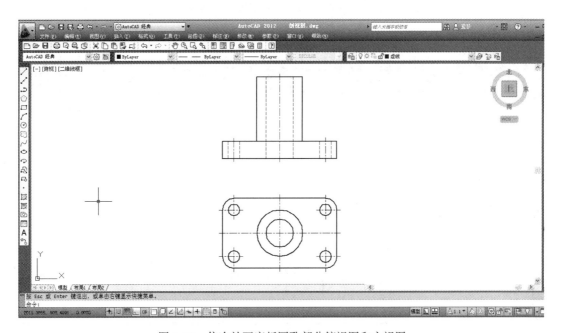

图 8-21　依次补画底板圆孔部分俯视图和主视图

界（B）]，如图 8-24 所示，单击需要填充的部分，按【Enter】键，结果如图 8-25 所示。

8）补画剖切符号。单击"多段线" 命令，设置多段线的起点和端点的宽度都为 0.5，在俯视图中绘制剖切符号，如图 8-26 所示。

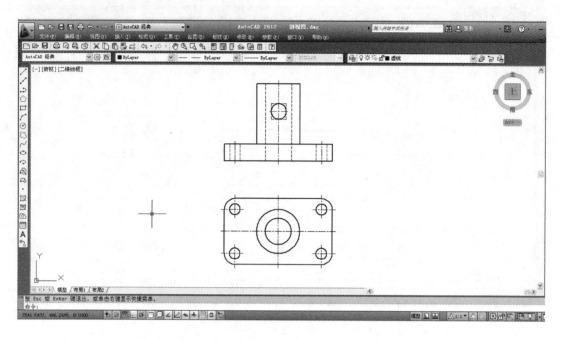

图 8-22　绘制 φ14mm 的圆孔和边长为 14mm 的槽

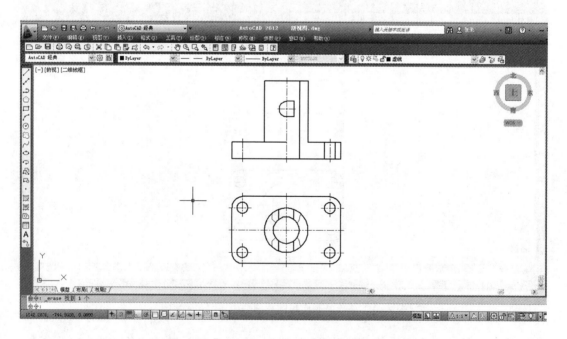

图 8-23　主视图改成半剖视、俯视图改成局部剖视图

图 8-24　"图案填充和渐变色"对话框

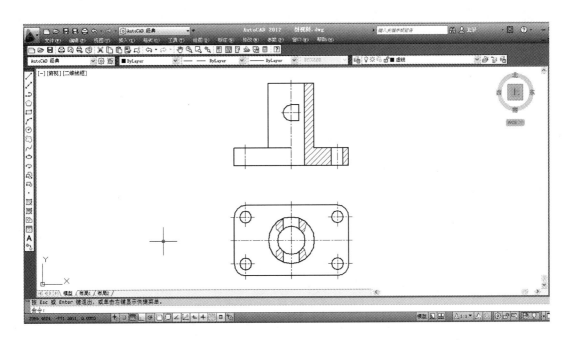

图 8-25　对剖切区域进行图案填充

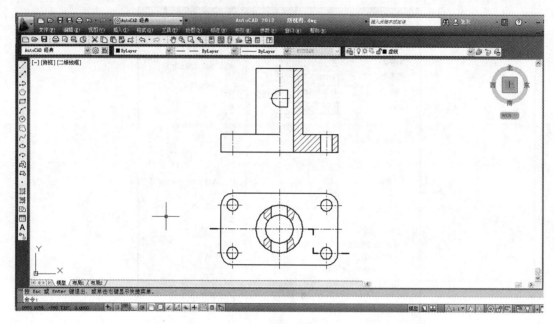

图 8-26 补画剖切符号

学习单元 9 文字与尺寸标注样式的创建

【单元导读】

主要内容：

1. 文字样式的设置和命令的启用方式

2. 单元文字和多行文字命令的使用场合和命令的启用方式

3. 尺寸标注样式的设置和命令的启用方式

4. 工具栏上常用尺寸类型的标注

任务要求：

1. 通过绘制标题栏，填写技术要求，熟练启用命令创建文字样式，培养单行文字和多行文字的注写能力

2. 通过对垫片、手柄平面图，差动螺钉、齿轮零件图的尺寸、几何公差的标注等，培养熟练启用命令创建尺寸标注样式的综合能力

教学重点：

1. 文字样式的设置和命令的启用方式

2. 单行文字和多行文字命令的使用场合和命令的启用方式

3. 尺寸标注样式的设置和命令的启用方式

4. 工具栏上常用尺寸类型的标注

教学难点：

1. 尺寸标注样式的设置和命令的启用方式

2. 几何公差的标注

工程图包含的内容除了一组图样，还有用来表达物体大小的尺寸和加工要求以及信息的文字。例如填写技术要求、标题栏、明细栏都需要用到文字；而表示零件的大小要用到尺寸标注。且文字的注写和尺寸标注都要符合国家标准的有关规定。AutoCAD 为我们提供了强大的文字注写、尺寸标注及其编辑功能。用户可以根据需要，自行创建不同的样式，来满足不同工程图样的要求。

国家标准机械图样中的汉字要尽量采用长仿宋字。使用 AutoCAD 绘制机械图样需要制定符合国家标准的文字样式，书写符合国家标准的数字和文字样式。

尺寸是图样上的重要组成部分，是零件加工的重要依据。零件图上的尺寸样式繁多，但具有一定的规律，在进行尺寸标注时应该按照国家标准的要求注写，这就要求用 Auto-CAD 绘图的过程中创建符合国家标准的标注样式，利用创建的标注样式完成图样上的尺寸标注。

9.1　绘制并填写标题栏和技术要求

⚑ 任务要求

按尺寸绘制 A4 的图框和标题栏，注写技术要求和标题栏的内容，如图 9-1 所示。

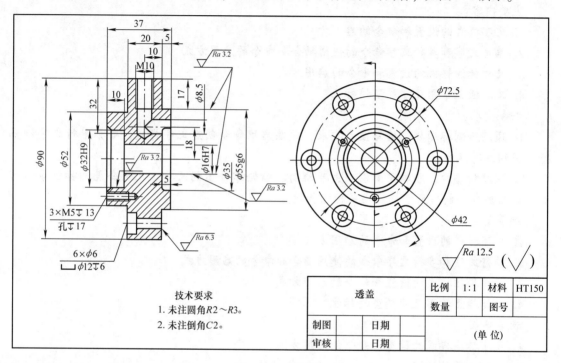

图 9-1　透盖零件图

💡 任务分析

1）按尺寸要求首先绘制图框和标题栏。

2）按尺寸要求绘制图样。

3）按要求进行标题栏的填写和技术要求的注写。

4）要书写汉字，需首先创建汉字样式，然后进行文字的注写。AutoCAD 提供了文字样式创建命令、单行文字及多行文字注写命令；还提供了文字的编辑功能，当注写后的文字需要改动时，可以利用文字的编辑功能。

🔤 命令简介

1.　"文字样式"命令

（1）功能　本命令用于创建、设置和修改不同的文字样式。

（2）命令启动

1）单击"文字"工具栏中的图标 A⌐。

2）在下拉菜单中选择"格式"→"文字样式"。

3）在命令提示行输入：STYLE（或缩写 ST）。

（3）命令操作　命令输入后，弹出"文字样式"对话框，如图 9-2 所示。该对话框分为四个区，分别为样式（S）、字体、大小及效果。样式区显示文字设置的样式，默认为 Standard；在字体区包括字体名称和字体样式两个下拉列表；大小区包括高度；效果区包括宽度因子和倾斜角度。

（4）创建新文字样式

1）工程图汉字。单击"新建"按钮，弹出"新建文字样式"对话框，如图 9-3 所示。输入新样式名"工程图汉字"，单击"确定"，返回"文字样式"对话框。在字体名下拉列表中选中"gebitc. shx"，选择"使用大字体"复选框，在大字体下拉列表中选择"gbcbig. shx"，如图 9-4 所示。其他项默认，单击"应用"，完成设置。此设置注写的汉字为单线体，倾斜且为长方字体；或者字体名下拉窗口中选中"T 宋体"等，如图 9-5 所示。在"宽度比例"窗口键入 0.6700，其他项默认，单击"应用"，完成设置。

图 9-2　"文字样式"对话框

图 9-3　"新建文字样式"对话框

2）工程图数字。单击"新建"，在弹出的"新建文字样式"对话框中输入新样式名"工程图数字"，单击"确定"，返回"文字样式"对话框，通常在"字体名"下拉列表中选中"gebitc. shx"，选择"使用大字体"复选框，在大字体下拉列表中选择"bigfont. shx"。其他项默认，单击"应用"，完成设置，如图 9-6 所示。

（5）文字样式改名　右键单击"工程图汉字"，单击"重命名"按钮，进行重新命名，如图 9-7 所示。

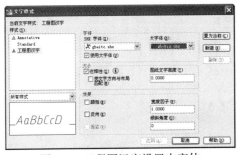

图 9-4　工程图汉字设置大字体

图 9-5　工程图汉字设置宋体

（6）删除文字样式　如果要删除某一文字样式，右键单击"工程图汉字"，然后单击"删除"按钮，进行文字样式删除，如图 9-7 所示。

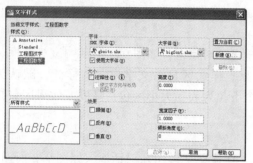

图 9-6 工程图数字设置大字

图 9-7 文字样式改名和删除

提示：1）正被使用的文字样式不能被删除。2）在"文字样式"对话框中，通常不设定高，否则在单行文字注写过程中，不出现"指定字高"提示。

2. "单行文字"命令

（1）功能　本命令用于注写一行或多行文字。每行文字是一个单独的对象。可对其进行重新定位、调整和修改。

（2）命令启动

1）在"绘图"工具栏上单击"单行文字"按钮（可自定义加入）。

2）在下拉菜单中选择"绘图"→"文字"→"单行文字"。

3）在命令提示行输入：DTEXT（或 DT）✓。

（3）命令操作　命令输入后，命令行提示：

当前文字样式：工程图文字。

当前文字高度：2.5000。

指定文字的起点或［对正(J)/样式(S)］，用鼠标给定文字起点，或键入 J✓以选择对正关系，或键入 S✓以选择文字样式。

指定高度 <2.5000>：给定字高。

指定文字的旋转角度 <0>：给定文字旋转角度。

3. "多行文字"命令

（1）功能　本命令用于注写多行文字。一次命令所注写的文字无论有多少行，都属于一个单独的对象。可对其进行各种编辑操作。

（2）命令启动

1）在"绘图"工具栏上单击"多行文字"按钮**A**。

2）在下拉菜单中选择"绘图"→"文字"→"多行文字"。

3）在命令提示行输入：MTEXT（或 MT）✓。

（3）命令操作　命令输入后，命令行提示：

当前文字样式："工程图文字"当前文字高度：2.5。

指定第一角点：用鼠标在屏幕上给点。

指定对角点或［高度(H)/对正(J)/行距(L)/旋转(R)/样式(S)/宽度(W)］：在屏幕上给对角点。

屏幕上会出现如图 9-8 所示"文字格式"对话框，在该对话框中，可以设置文本格式、输入文本、输入由其他文本编辑器生成的文件。

图9-8　"文字格式"对话框

🍂 作图步骤

1. 新建图形文件，设置绘图环境

（1）绘制边框和标题栏　首先新建图形文件，设置 A4 图纸大小，设置粗线、细线、点画线图层，打开"极轴""对象捕捉""对象追踪""线宽"状态。将粗线图层置为当前，用"矩形"命令或"直线"命令绘制边框；用"直线"命令，结合"对象捕捉""对象追踪"功能，完成标题栏外框绘制。

（2）选择文字样式　在"样式"工具栏上单击"文字样式控制"下拉列表，选择"工程图中汉字"样式。

2. 开始绘图

（1）利用前面所学绘图和编辑命令绘制图样（省略）

（2）在标题栏中注写文字

1）启用"单行文字"命令↙。

命令行提示：

当前文字样式：工程图汉字，当前文字高度：2.5000。

指定文字的起点或[对正(J)/样式(S)]：在标题栏第一格内适当位置单击。

指定高度 < 2.5000 >：7↙。

指定文字的旋转角度 <0>：↙。

在第一格内输入"透盖"，写完一格内容，用鼠标在另一格内单击，光标就移到该格，再输入文字。依次类推，完成标题栏中的文字填写，如图9-1所示。

2）技术要求文字的注写。

启用"多行文字"命令↙。

命令行提示：

当前文字样式："工程图汉字"当前文字高度：2.5。

指定第一角点：用鼠标在屏幕适当位置单击。

指定对角点或[高度(H)/对正(J)/行距(L)/旋转(R)/样式(S)/宽度(W)]：在屏幕上给出矩形对角点。

在弹出的"文字格式"对话框中输入技术要求等内容，然后选中"技术要求"四字，字高设为5；选中1、2两行内容，字高设为3.5，然后单击"确定"，便完成技术要求的注写，结果如图9-1所示。

注意：标题栏每格中的文字同样可用多行文字注写，而技术要求中的文字也可用单行文字注写。

☙ 知识补充

1. 设置"单行文字"对正方式

启用"单行文字"命令↙，命令行提示：

指定文字的起点或[对正(J)/样式(S)]：键盘输入 J↙。

输入选项[对齐(A)/调整(F)/中心(C)/中间(M)/右(R)/左上(TL)/中上(TC)/右上(TR)/左中(ML)/正中(MC)/右中(MR)/左下(BL)/中下(BC)/右下(BR)]：各项含义列举如下：

1）对齐（A）。指定文字基线的起点和终点（宽度），系统会自动调整文字高度，使其位于两点之间。字越多，字高越小。

2）调整（F）。指定文字基线的起点和终点（宽度），系统在保证原指定文字高度的情况下，自动调整字宽以适应文字在指定两点之间均匀分布。字越多，字宽越小。

3）中心（C）。指定文字基线的中心点位置。

4）中间（M）。指定文字中间点位置。

5）右（R）。指定文字基线的右端点位置。

6）左上（TL）。指定文字基线的左上端点位置。

7）中上（TC）。指定文字基线的中间上端点位置。

8）右上（TR）。指定文字基线的右上端点位置。

9）左中（ML）。指定文字基线的左中间端点位置。

10）正中（MC）。指定文字基线的正中间点位置。

11）右中（MR）。指定文字基线的右中间端点位置。

12）左下（BL）。指定文字基线的左下端点位置。

13）中下（BC）。指定文字基线的中下端点位置。

14）右下（BR）。指定文字基线的右下端点位置。

提示：其他选项含义如图9-9所示。

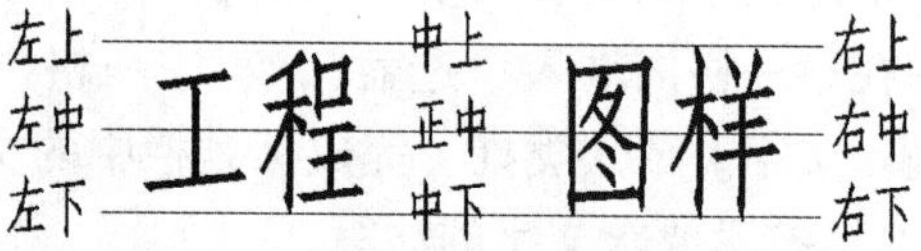

2. 设置"多行文字"对正方式

启用"多行文字"命令↙，命令行提示：

指定对角点或[高度(H)/对正(J)/行距(L)/旋转(R)/样式(S)/宽度(W)]：J↙。

图9-9　文字对正样式其他选项含义

输入选项[左上(TL)/中上(TC)/右上(TR)/左中(ML)/正中(MC)/右中(MR)/左下(BL)/中下(BC)/右下(BR)]：这里的对正方式与单行文字命令中的同名对正方式一致。

3. "编辑"命令

（1）功能　文字编辑一般包含两个方面，即修改文字内容和文字特性（字高、字体等）。这里的文字包括注写的文字和标注中的文字。

（2）命令启动

1）在"文字"工具栏上单击"编辑"按钮 ，如图9-10所示。

2）在下拉菜单中选择"修改"→"对象"→"文字"→"编辑"。

3）在命令提示行输入：DDEDIT↙。

（3）命令操作　命令输入后，命令行提示：

选择注释对象或［放弃（U）］:点取要修改的文字，系统会根据不同的修改对象显示不同的对话框。此时可以修改文字内容和文字特性。

图9-10　"编辑"按钮

4. "文字编辑"的其他方法

1）用"特性"命令打开"特性"窗口，在此对选中的文字对象进行全方位修改。

2）直接在要修改的文字对象上双击鼠标，即可进入编辑状态，如图9-11所示。

图9-11　文字编辑的其他方法

5. 特殊字符的输入

在文字输入过程中，经常需要输入一些特殊字符，如标注度数（°）、直径（φ）、±符号等，由于这些符号不能在键盘上直接输入，在单行文字编辑中，AutoCAD提供了相应的控制符，具体见表9-1。

表9-1　常用特殊控制符

字符	控制符代号	举　　例
°	％％d	45°输入代码45％％d
φ	％％c	φ45 输入代码45％％c
±	％％p	45± 输入代码45％％p

注：控制符号代号中的字母不分大小写。

在多行文字编辑中，可按表9-1中的控制符书写，也可使用输入法中提供的符号，还可以在多行文字编辑器的"文字格式"对话框中单击右键，在出现的快捷菜单提供的符号中选

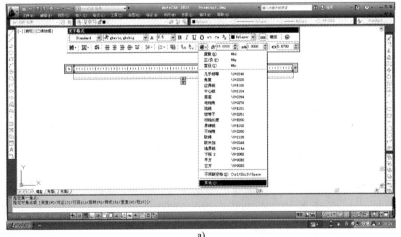

a）

图9-12　文字格式对话框

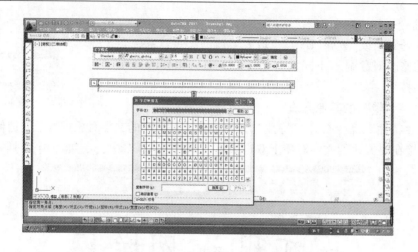

b)

图 9-12　文字格式对话框（续）

择，如图 9-12a 所示。如果是不常用的符号，可选择"其他"，使用"字符映射"输入，如图 9-12b 所示。

提示：输入控制符代码时，应将其字体设为西文字体，否则不能显示为符号。

分数形式（如配合代号）或上下堆叠形式（如极限偏差）文字的输入如下所示。

$\phi18\dfrac{H7}{f6}$的输入方法是，用"多行文字"命令，打开"文字格式"对话框，输入"％％C18H7/g6"，然后选中 H7/g6，此时"堆叠"按钮变为可用，如图 9-13 所示。单击"堆叠"按钮，变成分数形式，调整好字体和字高，单击"确定"按钮完成注写。

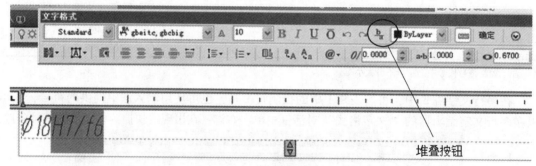

图 9-13　堆叠按钮

$\phi15^{-0.025}_{-0.050}$的输入方法是：在"文字格式"对话框中输入"％％C15 - 0.025^ - 0.050"，然后选中" - 0.025^ - 0.050"，将其变成上下形式，尺寸公差的注写方法如图 9-14 所示。

图 9-14　尺寸公差的注写方法

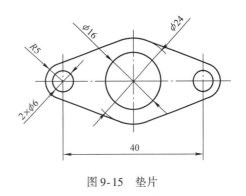

9.2　垫片平面图的尺寸标注

🏴 任务要求

完成如图9-15所示垫片图样的尺寸标注。

💡 任务分析

该垫片的平面图形非常简单，按1∶1的比例绘制，所有尺寸数字的字头方向都随尺寸线的方向而变，因此，该标注样式中的文字应与尺寸线对齐。在进行尺寸标注时只需要在基本标注样式ISO-25下标注即可实现图示的标注样式。使用到的标注命令有线性标注、半径、直径等。

图9-15　垫片

🔤 命令简介

"标注"工具栏各按钮名称如图9-16所示。

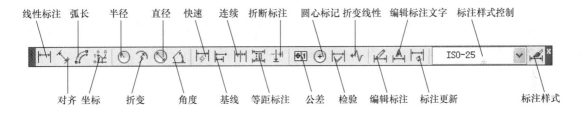

图9-16　"标注"工具栏各按钮名称

1. "标注样式"创建命令

（1）功能　"标注样式"创建命令用于创建、设置和修改不同的标注样式。一般在进行尺寸标注前都需要创建符合图样要求的标注样式。

（2）命令启动

1）在"样式"工具栏上单击"标注样式"按钮🔲。

2）在下拉菜单中选择"格式"→"标注样式"。

3）在命令提示行输入：DIMSTYLE↙。

（3）命令操作　命令输入后，弹出"标注样式管理器"对话框，如图9-17所示。该对话框内有"样式（S）""列出（L）""预览：ISO-25""说明"和"按钮"区。按钮区包括"置为当前（U）""新建（N）""修改（M）""替代（O）""比较（C）"五个按钮。

1）"样式（S）"区的样式列表中，显示3个当前已有的尺寸标注样式名。

2）"列出（L）"区下拉列表中的选项，用来控制样式名列表中所显示标注样式名称的

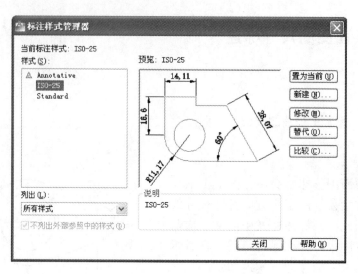

图 9-17　"标注样式管理器"对话框

范围。如图 9-17 所示是选择了"所有样式",即在样式名列表中显示当前图中全部标注样式的名称。选中某一样式名单击右键,可对所选样式进行改名、删除、置为当前等操作。

3)"预览"区,预览当前标注样式标注示例。"预览"区下部的"说明"是对当前样式的描述。

4)按钮区"置为当前(U)""新建(N)""修改(M)""替代(O)""比较(C)"五个按钮用于设置当前样式、创建新标注样式、修改已有标注样式、设置当前实体的标注样式和比较两种标注样式。

2. "线性标注"命令

(1)功能　本命令用于标注水平或铅垂的线性尺寸。

(2)命令启动

1)在"标注"工具栏上单击"线性标注"按钮 。

2)在下拉菜单中选择"标注"→"线性标注"。

3)在命令提示行输入:DIMLINEAR ↙。

(3)命令操作　命令输入后,命令行提示:

指定第一条尺寸界线原点或<选择对象>:给定尺寸起点,按【Enter】键,命令行会提示"选择对象:",直接拾取要标注尺寸的直线。

指定第二条尺寸界线原点:给定尺寸终点。

指定尺寸线位置或[多行文字(M)/文字(T)/角度(A)/水平(H)/垂直(V)/旋转(R)]:给定尺寸位置,完成尺寸标注。

上述提示中各选项含义如下。

"M":用多行文字编辑器指定特殊的尺寸数字,如带上下极限偏差的尺寸、配合尺寸等。

"T":用单行文字方式重新指定尺寸数字。

"A":指定尺寸数字的旋转角度。

"H"：指定尺寸线呈水平标注（也可拖动鼠标完成水平标注）。

"V"：指定尺寸线呈铅垂标注（也可拖动鼠标完成铅垂标注）。

"R"：指定尺寸线与水平线所夹角度。

3. "半径"命令

（1）功能　本命令用于圆弧半径尺寸的创建。

（2）命令启动

1）在"标注"工具栏上单击"半径"按钮 ⊙ 。

2）在下拉菜单中选择"标注"→"半径"。

3）在命令提示行输入：DIMRADIUS ↙ 。

（3）命令操作　命令输入后，命令行提示：

选择圆弧或圆：选中要标注的圆弧或圆。

指定尺寸线位置或[多行文字(M)/文字(T)/角度(A)]：指定尺寸位置，完成标注。

4. "直径"命令

（1）功能　本命令用于圆或圆弧直径的创建。

（2）命令启动

1）在"标注"工具栏上单击"直径"按钮 ⊙ 。

2）在下拉菜单中选择"标注"→"直径"。

3）在命令提示行输入：DIMRADIUS ↙ 。

（3）命令操作　命令输入后，命令行提示：

选择圆弧或圆：选中要标注的圆弧或圆。

指定尺寸线位置或[多行文字(M)/文字(T)/角度(A)]：指定尺寸位置，完成标注。

❀ 作图步骤

1. 运用前面所学知识绘制垫片图样

2. 设置"标注样式"

根据垫片图样尺寸样式和尺寸大小，本标注样式可以在默认下直接标注。不需要设置新样式。

3. 标注尺寸步骤

（1）启用线性标注命令　标注线性尺寸40，即圆心之间的位置尺寸，分别拾取两个小圆圆心，如图9-18a所示。

（2）启用半径命令　标注 R5，即垫片两端圆弧的半径，根据机械制图国家标准对应的尺寸标注规定，相同的圆弧只标注一次。直接拾取圆弧即可，计算机会自动识别圆弧并标注尺寸，如图9-18b所示。

（3）启用直径命令　标注 $\phi24$、$\phi16$ 和 $2 \times \phi6$，直接拾取圆和圆弧即可，计算机会自动识别圆和圆弧并标注尺寸，如图9-18c所示。

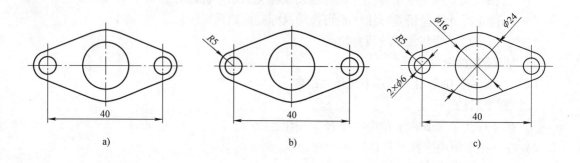

图 9-18　垫片尺寸标注步骤

a）标定位尺寸 40　b）标半径尺寸 *R*5　c）标直径尺寸 ϕ24、ϕ16 和 2 × ϕ6

9.3　手柄平面图的尺寸标注

➤ 任务要求

完成图 9-19 所示手柄图样的尺寸标注。

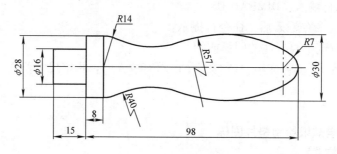

图 9-19　手柄

💡 任务分析

1）该平面图是按 1：1 的比例绘制，手柄轴线方向的尺寸有 15、8 和 98；直径方向的尺寸有 ϕ28、ϕ16、ϕ30；半径尺寸有 *R*40、*R*57、*R*14、*R*7。在这里直径方向的尺寸 ϕ28、ϕ16、ϕ30 被称为直线型直径。

2）在进行线性标注时，绘图软件会自动识别直线段，不会自动标识出 ϕ 符号，因此，应在基础标注样式 ISO – 25 下新设置一种样式，在标注该类尺寸时直接标注出 ϕ 符号；半径尺寸 *R*14、*R*7 保持水平方向标注，在进行尺寸标注时还需要在基础标注样式 ISO – 25 下新建立一种标注样式实现图示的水平标注。而 15、8、98 和大圆弧 *R*40、*R*57 尺寸在基础标注样式 ISO – 25 下直接标出。

3）在标注手柄的尺寸过程中应该有三种标注样式：默认的基础标注样式 ISO – 25、直线型直径标注样式和水平标注样式。

命令简介

在标注手柄尺寸时使用的线性标注和半径标注略，下面具体介绍如何设置直线型直径和水平尺寸标注样式。

在"标注样式管理器"对话框中，单击"新建"按钮，弹出"创建新标注样式"对话框。在"新样式名（N）"框中输入样式名称，例如"直线型直径"；在"基础样式（S）"框中选择 ISO – 25；在"用于（U）"框选择"所有标注"，之后单击"继续"按钮，会弹出"新建标注样式"对话框，如图 9-20 所示。该对话框包含"线""符号和箭头""文字""调整""主单位""换算单位""公差"七个选项卡。

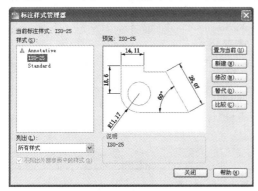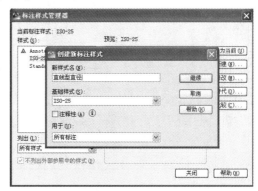

图 9-20　"文字样式管理器"的"创建新标注样式"

1. "线"选项卡

"线"选项卡用于对尺寸线、尺寸界线进行设置。"线"选项卡如图 9-21 所示。

（1）"尺寸线"区 可在此区设置尺寸线的颜色、线型、线宽。一般设为"随层"。

1）"超出标记（N）"，用来指定当尺寸终端形式为斜线时，尺寸线超出尺寸界线的长度。

2）"基线间距（A）"，用来指定执行基线尺寸标注时，两尺寸线间的距离。

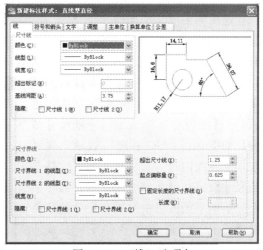

图 9-21　"线"选项卡

3）"隐藏"选项，用来切换尺寸线 1 和尺寸线 2 的开与关。

（2）"尺寸界线"区用于设置尺寸界线的颜色、线型、线宽、超出尺寸线多长、起点偏移量以及是否隐藏等。"固定长度的尺寸界线（O）"复选框是设定尺寸界线的长度为下面长度窗口中的给定值。

2. "符号和箭头"选项卡

"符号和箭头"选项卡用于设置箭头形状、大小，圆心有无标记、标记大小、弧长符号位置、半径折弯标注时折弯角度设置等。此选项卡如图 9-22 所示。机械图样中，箭头大小通常设定为 3~4。

3. "文字"选项卡

"文字"选项卡用于设置标注文字样式、高度、文字位置、文字对齐方式等。此选项卡如图 9-23 所示。

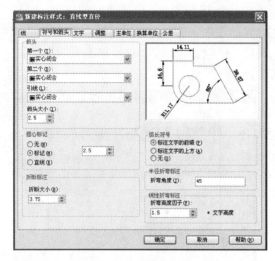

图 9-22 "符号和箭头"选项卡

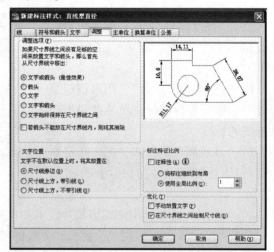

图 9-23 "文字"选项卡

1)"文字样式（Y）"下拉列表中选择已有文字样式，还可单击下拉列表右方的"..."按钮，新建所需要的文字样式。

2)"文字高度（T）"文本框用来设置尺寸数字的高度，一般设为 3.5。

3)"文字位置"区用来设置尺寸数字放置的位置。

4)"文字对齐（A）"区用来设置尺寸数字字头方向。"水平"表示数字字头永远朝上；"与尺寸线对齐"表示数字随尺寸线方向变化而变化；"ISO 标准"表示当尺寸数字在尺寸界线内时，尺寸数字与尺寸线平行，当尺寸数字在尺寸界线之外时，数字字头朝上。手柄平面图形中的所有尺寸数字都与尺寸线平行，所以"文字对齐"方式应选择"与尺寸线对齐"，如图 9-23 所示。

4. "调整"选项卡

"调整"选项卡主要用于调整尺寸数字、箭头的放置位置，具体设置如图 9-24 所示。

（1）调整选项 当尺寸界线之间没有

足够的空间同时放置文字和箭头时，那么首先从尺寸界线间移出文字。标注时，可自行指定尺寸数字的位置。选中"在尺寸界线之间绘制尺寸线（D）"复选框，则标注时，当箭头在尺寸界线外, 两尺寸界线间画线, 否则无线。

（2）文字位置　当文字不在默认位置时, 可以放在下面的三种位置上, 默认是在尺寸线旁边。

（3）标注特征比例　主要用于控制全局的比例因子。也可以根据情况指定标注为注释性和将标注缩放到布局。

5. "主单位"选项卡

"主单位"选项卡下主要有"线性标注"区、"角度标注"区、"测量单位比例"区等, 如图 9-25 所示。

1）"前缀（X）"用来在尺寸数字前加一个前缀。如线性标注轴的直径尺寸时, "前缀"窗口中输入"%%c"。

2）"比例因子（E）"用于标注形体的真实大小。当采用 1:1 画图时, 测量比例因子是 1; 当采用 2:1 画图时, 测量比例因子应该为 0.5; 当采用 1:2 画图时, 测量比例因子应为 2。手柄平面图形是采用 1:1 绘制, 测量比例因子应为 1。

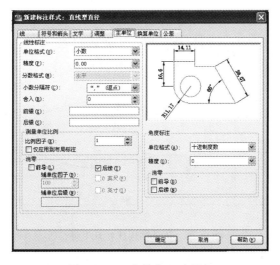

图 9-25　"主单位"选项卡

6. "换算单位"选项卡

默认情况下不需要调整, 如图 9-26 所示。但需要在进行单位换算时选中"显示换算单位"复选框, 即可根据需要进行调整。

7. "公差"选项卡

"公差"选项卡用于设置尺寸公差标注形式、公差值大小、公差数字的高度及位置。此选项卡如图 9-27 所示。

注意: 上极限偏差默认状态是正值, 若为负值, 应在数值前输入"－"号; 下极限偏差默认状态是负值, 若为正值, 应在数值前输入"－"号。说明: AutoCAD 自动标注尺寸公差受许多因素影响, 只有熟练掌握"尺寸标注样式"对话框中各选项的含义, 才能随心所欲地标注。

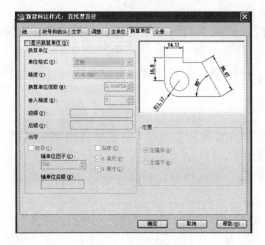
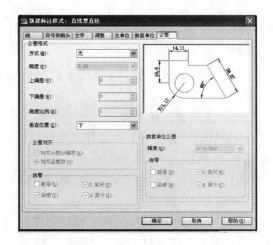

图 9-26　"换算单位"选项卡　　　　　图 9-27　"公差"选项卡

▣ 作图步骤

1) 在 ISO–25 基础标注样式用"线性标注"命令标注 15、8 和 98 轴向长度尺寸,用半径"折弯"标注命令标注 R40、R57 尺寸,如图 9-28 所示。

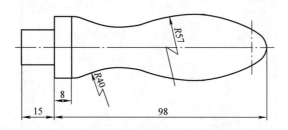

图 9-28　在基础标注样式下标注

2) 创建直线型直径尺寸标注样式,标注 $\phi28$、$\phi16$、$\phi30$ 尺寸。在基础样式 ISO–25 基础上,新建一种尺寸标注样式"直线型直径",在"主单位"选项卡中的"前缀"项中输入"%%c"后,单击"确定"按钮,将该种尺寸标注样式置为当前进行尺寸标注,标注结果如图 9-29 所示。

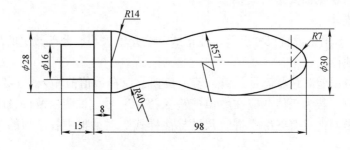

图 9-29　在新建直线型直径样式下标注

3）创建水平标注样式，标注 $R14$ 和 $R7$。在基础样式 ISO–25 基础上，新建第二种尺寸标注样式"水平尺寸"，在"文字"选项卡下的"文字对齐"项中选择"水平"后，单击"确定"按钮，将该种尺寸标注样式置为当前进行尺寸标注，标注结果如图 9-30 所示。

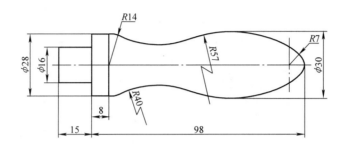

图 9-30　在新建水平样式下标注

9.4　差动螺钉零件图的尺寸标注

🚩 任务要求

完成图 9-31 所示差动螺钉零件图的尺寸标注。

💡 任务分析

该图形是按 1∶1 的比例绘制的，图形中所有尺寸数字的字头方向，都是随尺寸线方向的变化而变化；有的尺寸是首尾相连的，如 13、41、5.25；有的尺寸是同一起点的，如 13 和 85；有的尺寸带公差，如 $\phi12 \pm 0.055$，$4_{-0.03}^{0}$，$9.5_{-0.1}^{0}$（如图 9-14 所示尺寸公差的注写方法）；有的尺寸 AutoCAD 不能自动标出，如 $\dfrac{M4-6H \downarrow 11}{孔 \downarrow 12}$、退刀槽尺寸 3 × 0.5、$M16-7h6h-L$、$M12-7h6h-L$、$C1.5$ 等。

📖 命令简介

1. "连续标注"命令

（1）功能　本命令用于快速标注首尾相接的若干个连续尺寸。

（2）命令启动

1）在"标注"工具栏上单击"连续标注"按钮（见图 9-16"标注"工具栏）。

2）在下拉菜单中选择"标注"→"连续"。

3）在命令提示行输入：DIMCONTINUE ↙。

（3）命令操作　先用线性尺寸标注方式注出一个基准尺寸，然后再进行连续尺寸标注。每一连续尺寸都将以前一尺寸的第二尺寸界线作为其第一尺寸界线进行标注。命令输入后，命令行提示：指定第二条尺寸界线原点或［放弃（U）/选择（S）］＜选择＞：给出第二尺寸界线起点，标出一尺寸。指定第二条尺寸界线原点或［放弃（U）/选择（S）］＜选择＞：给出第

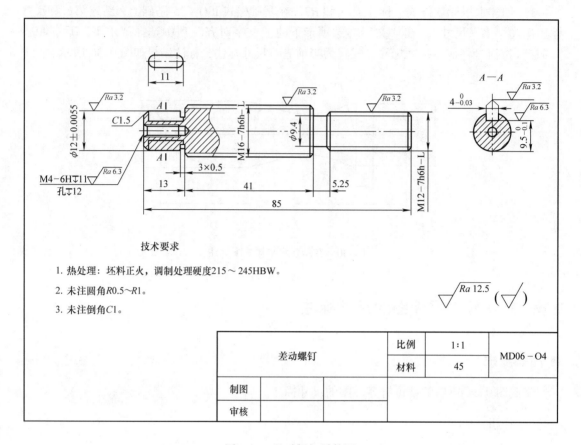

图 9-31　差动螺钉零件图

二尺寸界线起点，标出一尺寸。

指定第二条尺寸界线原点或［放弃（U）/选择（S）］＜选择＞：两次按【Enter】键（或单击两次右键），结束连续标注。若在上述提示下，直接按【Enter】键（或单击右键），则系统提示"选择连续标注："，即需另选一基准尺寸。

2. "基线标注"命令

（1）功能　本命令用于快速标注具有同一起点的若干个相互平行的尺寸。

（2）命令启动

1）在"标注"工具栏上单击"基线标注"按钮（见图 9-16 所示"标注"工具栏）。

2）在下拉菜单中选择"标注"→"基线"。

3）在命令提示行输入：DIMBASELINE ↙。

（3）命令操作　先用线性尺寸标注方式标注一个基准尺寸，然后再进行基线尺寸标注。每一基线尺寸都将基准尺寸的第一尺寸界线作为其第一尺寸界线进行标注。命令输入后，命令行提示：指定第二条尺寸界线原点或［放弃（U）/选择（S）］＜选择＞：给出第二尺寸界线起点，标出一尺寸。指定第二条尺寸界线原点或［放弃（U）/选择（S）］＜选择＞：给出第二尺寸界线起点，标出一尺寸。指定第二条尺寸界线原点或［放弃（U）/选择（S）］＜选择＞：两次按【Enter】键（或双击右键），结束基线标注。

若在上述提示下，直接按【Enter】键（或单击右键），则系统提示"选择基准标注："，即需另选一基准尺寸。注意：基线标注和连续标注的尺寸数值只能使用 AutoCAD 内测值，不能在标注过程中更改。基线尺寸间距离是在标注样式中给定的（将"直线"选项卡下的"基线间距"设定为 7）。

作图步骤

1）根据零件图尺寸标注特点需要，在默认基础标注样式 ISO – 25 线标注尺寸即可。

2）将"对齐"样式置为当前，用"线性标注"命令，使用"连续标注"命令标注 41 和 5.25 这两个首尾相连的连续尺寸。使用"基线标注"命令标注 13 和 85 这两个以零件左端面为基准标出的基线尺寸。

3）用"线性标注"命令，标注退刀槽尺寸 3 × 0.5，方法如下：单击"线性"命令接钮，命令行提示：指定第一条尺寸界线原点或 < 选择对象 >：

指定退刀槽第一尺寸界线原点。

指定第二条尺寸界线原点：指定退刀槽第二尺寸界线原点。

指定尺寸线位置或［多行文字（M）/文字（T）/角度（A）/水平（H）/垂直（V）/旋转（R）］：T✔

输入标注文字 < 4 >：3 × 0.5。

指定尺寸线位置或［多行文字（M）/文字（T）/角度（A）/水平（H）/垂直（V）/旋转（R）］：鼠标点取放置位置，完成退刀槽的标注。

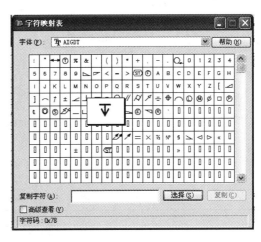

图 9-32　字符映射表

同理：标注出 M16 – 7h6h – L 和 M12 – 7h6h – L。

4）在零件图上用细实线绘制引线，在引线的上方用多行文字书写 $C1.5$ 和 $\dfrac{M4 - 6H\bar{\vee}11}{孔\bar{\vee}12}$。

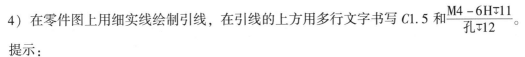

提示：

1）其中深度符号可以在多行文字书写过程中插入字符映射表中的 T　AIGDT 字体完成标注，如图 9-32 所示。

2）零件图中的表面粗糙度标注将在学习单元 10 中详细介绍。

9.5　齿轮零件图的尺寸标注

任务要求

完成如图 9-33 所示齿轮零件图的尺寸标注。

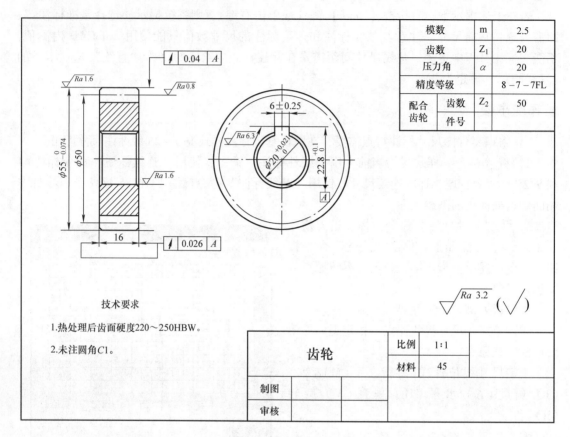

图 9-33　齿轮零件图

🔆 任务分析

　　该齿轮零件图要求按 1:1 的比例绘制，图形中所有尺寸数字的字头方向只有水平和垂直方向的；有带尺寸公差的尺寸和不带尺寸公差的尺寸，此标注样式的尺寸标注在前面已经介绍过，在此不需讲解。通过对该齿轮零件图的尺寸标注，着重介绍形位公差标注的两种标注方式。

📖 命令简介

1. "形位公差" 标注命令

　　（1）功能　本命令用于确定形位公差的注写内容，并可动态地将注写内容拖动到指定位置。该命令不能注写基准代号。

　　（2）命令启动

　　1）在 "标注" 工具栏上单击 "公差" 按钮（见图 9-16 中的 "标注" 工具栏）。

　　2）在下拉菜单中选择 "标注" → "公差"。

　　3）在命令提示行输入：TOLERANCE ↙。

　　（3）命令操作　命令输入后，弹出 "形位公差" 对话框，如图 9-34 所示。具体操作如下。

1）单击"形位公差"对话框中的"符号"按钮，弹出"特征符号"对话框，如图9-35所示，从中选取公差符号。之后 Auto-CAD 自动关闭"特征符号"对话框，并在"形位公差"对话框"符号"按钮处显示形位公差符号。

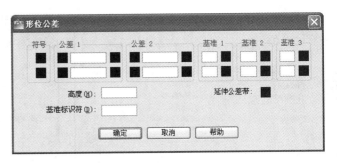

图9-34　"形位公差"对话框

2）用同样的方法，在"形位公差"对话框中输入或选择图9-35所示"特征符号"对话框确定所需各项，例如：圆跳动，公差为0.04，基准符号为 A，如图9-36所示内容设置，单击"确定"按钮，效果如图9-37所示。

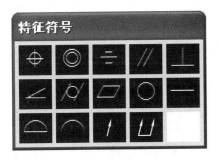

图9-35　"特征符号"对话框

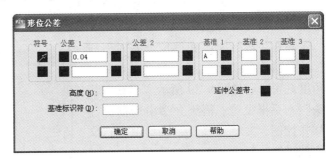

图9-36　"形位公差"内容设置

2. "引线"标注命令

（1）功能　本命令用于引线与说明文字一起标注。其引线可有箭头，也可无箭头；可以是直线，也可是样条曲线；可指定文字位置，还可标注带指引线的形位公差。

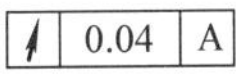

图9-37　"形位公差"标注举例

（2）命令启动

在命令提示行输入：QLEADER ↙。

（3）命令操作　命令输入后，命令行提示：

指定第一个引线点或[设置(S)]<设置>：↙或单击右键，弹出"引线设置"对话框，如图9-38所示。"注释"中的注释类型最为常用的是"多行文字（M）"和"公差（T）"两个选项。

当"注释类型"选择"多行文字"时，设置完成后，单击"确定"按钮，命令行会提示：指定第一个引线点或[设置(S)]<设置>：在绘图区指定引线起点。指定下一点：指定引线第二点。指定下一点：指定引线第三点。指定文字宽度<0>：给定多行文字宽度，也可不给定宽度，直接按【Enter】键。输入注释文字的第一行<多行文字（M）>：直接输入文字，或按【Enter】键，弹出多行文字编辑器，输入多行文字。若是直接输入文字，按【Enter】键后将继续提示"输入注释文字的第二行<多行文字（M）>："，两次按【Enter】键结束命令。

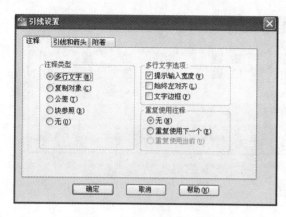

图 9-38　"引线设置"对话框

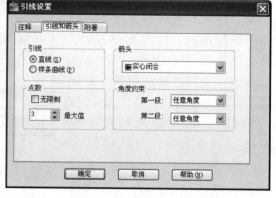

图 9-39　"引线和箭头"对话框设置

当"注释类型"选中"公差"时,"引线设置"对话框如图 9-38 所示。公差内容选择参见"形位公差标注"。

在标注多行文字和形位公差时引线标注中的引线类型、箭头类型、点数和角度约束可通过图 9-39 所示"引线和箭头"对话框设置。箭头大小由当前标注样式控制,文字字高、字体均由多行文字编辑器控制。

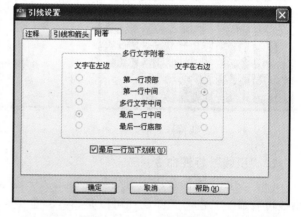

图 9-40　"文字附着"设置

文字附着的位置在"附着"选项卡中设置。如文字在引线上方,可选中"附着"选项卡中的"最后一行加下划线",如图 9-40 所示。例如在标注倒角尺寸时即可以通过设置文字附着最后一行加下划线完成。

❀ **作图步骤**

1) 使用默认基础标注样式 ISO - 25,对齐标注样式标注 16.6 ± 0.25、$22.8^{+0.1}_{0}$、$\phi^{+0.021}_{0}$、$\phi 50$ 和 $\phi 55^{+0.074}_{0}$。

2) 用"引线"标注命令,标注"形位公差",操作如下:

单击"引线"命令按钮,命令行提示:指定第一个引线点或[设置(S)]<设置>:↙打开引线设置对话框,选中"注释"选项卡中的"公差"项,如图 9-41 所示。单击"确定",命令行又提示:指定第一个引线点或[设置(S)]<设置>在图样上点取引线起点。

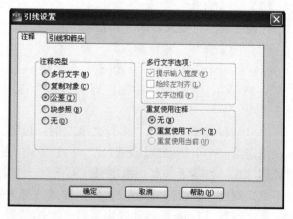

图 9-41　"注释"选项卡

　　指定下一点：给第二点。

　　指定下一点：给第三点。在出现的"形位公差"对话框中设置相应的形位公差，如图9-36所示，单击"确定"，完成齿轮零件图齿顶圆形位公差的标注。同理标注齿轮左、右端面形位公差标注，结果如图9-31所示。基准代号用画图方法画出，或以"创建块""插入块"方式加入。（块的创建在学习单元10中的零件图绘制中讲解）。

　　注意：该齿轮零件图中的表面粗糙度标注将在学习单元10中的零件图绘制中详细介绍。

学习单元 10　零件图及装配图的绘制

【单元导读】

主要内容：

1. 创建、插入内部块和外部块的方法和步骤

2. 零件图尺寸公差带代号的标注方法和步骤

3. 绘制零件图时绘图命令和编辑命令的选择方法和步骤

4. 装配图绘制的方法和步骤

5. 装配图零件序号的注写和明细栏的填写

任务要求：

1. 通过绘制齿轮油泵的输出轴零件图，标注表面粗糙度，培养创建内部块、外部块和插入并对块进行编辑的综合运用能力

2. 通过绘制齿轮油泵带轮零件图，培养对半标注的设置和使用能力

3. 通过绘制旋阀学会直接绘制装配图的方法和步骤

教学重点：

1. 创建外部块

2. 零件图尺寸公差带代号的标注

3. 直接绘制装配图的方法和步骤

4. 装配图零件序号的注写和明细栏的填写

教学难点：

1. 创建带有属性的外部块

2. 快速引线标注装配图中零件的序号

10.1　零件图概述

零件图是表达单个零件的结构形状、大小和技术要求的图样，是生产过程中制造和检验零件质量的依据。

1. 零件图内容

零件图一般包括以下内容。

（1）一组视图　表达零件的内外形状和结构的一组视图。

（2）全部尺寸　能够正确、完整、清晰、合理地标出表达零件大小的所有尺寸。

（3）技术要求　标出或写出零件进行制造、检验、装配过程中应达到的各项要求，如表面粗糙度、公差、热处理及表面处理等要求。

（4）标题栏　填写零件名称、材料、比例以及单位名称、制图人员、设计人员、审核人员等内容。

由零件图的内容可知，要绘制一张完整的零件图，需要用到前面所学的各种命令。而正

确、熟练运用所学命令，绘制零件图是本单元学习的重点。

2. 绘制零件图的步骤

绘制零件图的一般步骤如下。

（1）分析零件图 绘图前，首先要正确分析所要绘制的图样。例如，分析视图数量和尺寸大小，选择图幅和确定绘图比例；根据图形特点，分析应如何快速准确地绘制图形，即正确选择所使用的命令，并能运用技巧提高绘图速度。

应该注意的一点是用 AutoCAD 绘图时，为了避免计算带来的麻烦及失误，均采用 1∶1 的比例绘制图形，待图形完成后，如有需要采用缩小或放大比例绘制的图形，再用"比例缩放"命令将图形缩小或放大到合适的大小。

（2）环境设置 启动 AutoCAD 系统后，要对系统进行设置，包括图形界限、图形单位和图层的设置，"对象捕捉""对象追踪""极轴"等绘图状态的设置，"文字样式"和"标注样式"的设置。

（3）绘制视图 充分利用"镜像""复制""移动""阵列""偏移"等编辑命令和"对象捕捉""对象追踪""极轴追踪"等命令来提高绘图速度和准确度。绘制剖视图或断面图时，要注意在"比例缩放"后，再填充剖面线，否则，剖面线的间距会随着"比例缩放"而变化。

（4）标注尺寸 首先要设置标注样式，然后利用各标注命令正确标注各尺寸。尤其要注意用"比例缩放"命令编辑过的图形（即非 1∶1 比例绘制的图形），标注样式中的"主单位"选项卡中的"测量单位比例"，一定要作相应的设置。例如采用放大比例 n∶1 绘制的图形，在标注样式中的"主单位"选项卡中的"测量单位比例"一栏中就应该填写 1∶n 这一数值。在采用缩小比例 1∶n 绘制的图形，在标注样式中的"主单位"选项卡中的"测量单位比例"一栏中就应该填写 n 这一数值。

（5）填写标题栏和技术要求

（6）检查、修改后存盘

下面以齿轮油泵中的两个零件为例，介绍零件图的绘制方法。

10.2 绘制齿轮油泵主动轴的零件图

✎ 任务要求

按 1∶1 的比例，在 A3 图纸中绘制图 10-1 所示齿轮油泵主动轴零件图，并标注尺寸。

💡 任务分析

齿轮油泵的主动轴属于轴类零件，采用了表达轴线方向的主视图，通过两个断面图和一个局部放大图来表达轴上键槽和轴间圆角的结构。反映轴线方向结构的主视图基本上是由直线围成的，可以用"直线"命令，利用光标导向输入距离来绘制；断面图用"圆"命令绘制；局部放大图采用"比例缩放"命令，在缩放后标注尺寸时要将尺寸样式中的标注比例因子置为 0.5。图中的表面粗糙度符号，可通过创建块、插入块和定义块属性来完成。

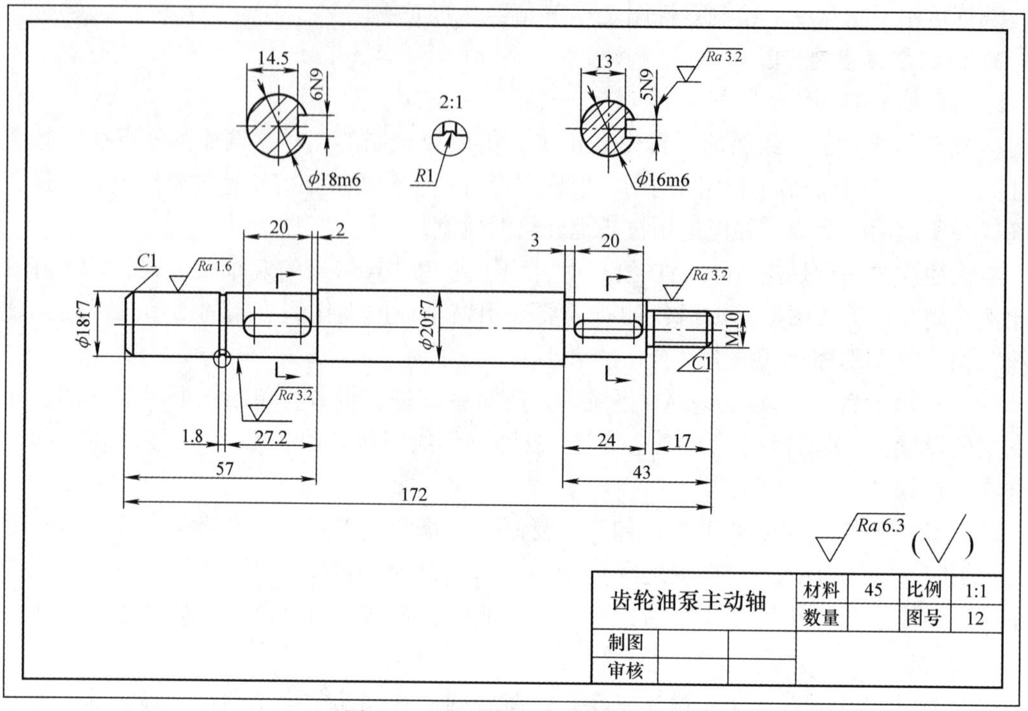

图 10-1　齿轮油泵主动轴零件图

⒜ 命令简介

利用 AutoCAD 绘图时，经常需要重复绘制相同的图形或符号，为了避免绘图的重复，节省磁盘空间，提高效率，可以将这些重复出现的图形或符号定义成块。被定义的图形或符号有两种块的形式，即内部块和外部块。内部块根据需要，可以采用任意的比例、方向，多次插入到当前图形文件任意位置。外部块根据需要，可以采用任意的比例、方向，多次插入到当前图形文件或其他图形文件的任意位置。无论是内部块和外部块，用户均可以通过"块定义"对话框，设置创建块时的图形基点和对象选择。

1. 创建"内部块"命令

（1）功能　块的数据保存在当前文件中，只能被当前图形访问。

（2）命令启动

1）在"绘图"工具栏上单击"创建块"按钮 ⊡。

2）在下拉菜单中选择"绘图"→"块"→"创建"命令。

3）在命令行输入键入"BLOCK"。

（3）命令操作　命令输入后，弹出"块定义"对话框，如图 10-2 所示。

该对话框中各选项的含义如下。

1）名称（N）。定义创建块的名称（最多可由 255 个字符组成）。可以直接在输入框中输入，例如表面粗糙度。

2）基点。设置块的插入基点，即插入块的定位点。可以在 X、Y、Z 的输入框中直接输入 X、Y、Z 的坐标值；也可以单击"基点"拾取按钮，在要定义成块的图形上拾取一点。

注意。表面粗糙度符号要定义成块，通常选择三角形底部顶点为基点，如图 10-3 所示。

图 10-2　"块定义"对话框

3）对象。选取要定义成块的图形对象。单击 按钮，暂时关闭 "块定义"对话框，允许用户选择对象，选择对象后，按【Enter】键，返回到该对话框；单击 可打开"快速选择"对话框，从中可以过滤选择集，其他单选项含义如下：

图 10-3　基点的选择

①"保留"选项，用于设置创建块后，在绘图区域内保留图形中构成块的对象。

②"转换为块"选项，用于设置将创建块的各个对象保留下来并将它们转化为块。

③"删除"选项，用于设置创建块后删除生成块的各个对象。

4）方式。包括"注释性""按统一比例缩放""允许分解"，其中"允许分解"为默认选项。

①"注释性"选项。用于指定块为注释性，单击信息图标可了解有关注释性对象的详细信息。

②"按统一比例缩放"选项。用于指定是否按照一定比例缩放。

③"允许分解"选项。用于指定块是否可以被分解。

5）设置。用于设置块的单位、打开"插入超链接"对话框，可以使该对话框将某个超链接与块定义相关联。

6）说明。在框中指定块的文字说明。

2. 创建"外部块"命令

（1）功能　本命令用于创建一个以独立的图形文件形式保存的外部块。它可以被所有图形文件访问。

（2）命令启动　该命令只能用键盘键入：WBLOCK。

（3）命令操作　命令输入后，弹出"写块"对话框，如图 10-4 所示。该对话框中各选项的含义如下。

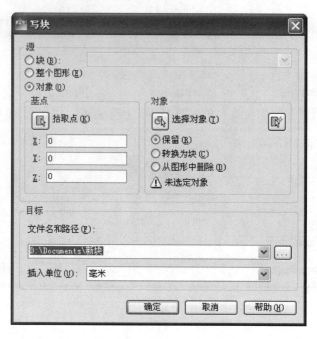

图 10-4 "写块"对话框

1）源。通过该选项设置块的来源。

①"块"选项。指定要另存为文件的现有块，从列表中选择名称。

②"整个图形"选项。选择要另存为其他文件的当前图形。

③"对象"选项。选择要另存为文件的对象，指定基点并选择下面的对象。该项为默认选项。

2）基点。选取插入的基点。暂时关闭对话框，以使用户能在当前图形中选取插入基点。

3）对象。包括"选择对象"和"快速选择"两个选项。单击按钮，临时关闭该对话框以便选择一个或多个对象以保存至文件；单击打开"快速选择"对话框，从中可以过滤选择集。

4）目标。用于设置外部块的名称、存放路径和插入单位。

在"写块"对话框中设置的以上信息将作为下次调用该块时的描述信息。

说明：当图形文件中存在"内部块"时，则"写块"对话框"源"区中的"块"选项就变成可选项，可在其下拉框中选取已有的"内部块"，将其创建成"外部块"。

3．"插入块"命令

（1）功能 本命令用于在当前图形中插入"外部块"或插入当前图形中已经定义的"内部块"，并可以根据需要调整其比例和角度。

（2）命令启动

1）在"绘图"工具栏上单击"插入块"图标。

2）在下拉菜单中选择"插入"→"块"命令。

3）在命令行输入：DDINSERT 或 INSERT。

（3）命令操作　命令输入后，AutoCAD 弹出"插入"对话框，如图 10-5 所示。

图 10-5　"插入"对话框

该对话框各选项含义如下。

1）名称（N）。下拉列表中用于显示和选择要插入的"内部块"；"浏览"按钮用于浏览和选择外部块。

2）插入点。默认坐标为（0，0，0），X、Y、Z 比例因子默认值为 1。

3）旋转角度。默认值为 0。可以在该对话框内直接设置以上参数，也可选中"在屏幕上指定"复选框，然后在"插入块"时，在图形中选择插入点、比例、旋转角度等。

注意：X、Y、Z 三个方向的缩放比例可以不同，也可选中"统一比例"复选框，让其相同。

4）块单位。包括"单位"和"比例"。其中"单位"是指定插入块的 INSUNITS；"比例"是根据块和图形单位的 INSUNITS 值计算出来的，默认为"1"。

5）分解（D）。"分解"复选框决定是否将插入的块分解为独立的实体，默认为不分解。如果设置为分解，则 X、Y、Z 比例必须相同。

注意：插入块时，块中的所有实体保持块定义时的层、颜色和线型特性，在当前图形中增加相应层、颜色、线型信息。如果构成块的实体位于 0 层，其颜色和线型为 BYLAYER，块插入时，这些实体继承当前层的颜色和线型。

4. "定义块属性"命令

（1）功能　块属性是块所附加的非图形信息，是特定的可包含在块定义中的文字对象。一个图块允许有多个属性，当块插入到一个图形中时，作为文字注释的属性也一起插入到图形中。

（2）命令启动

1）在下拉菜单中选择"绘图"→"块"→"定义属性"命令。

2）在命令行输入："ATTDEF"。

（3）命令操作　命令输入后，弹出"属性定义"对话框，如图 10-6 所示。该对话框包括"模式""属性""插入点""文字设置"四个区。

1）"模式"。用于设置属性的模式。"模式"区有 6 个选项。

图 10-6　"属性定义"对话框

① "不可见"选项。指定插入块时不显示属性值。

② "固定"选项。在插入块时赋予属性固定值。

③ "验证"选项。插入块时提示验证输入属性值是否正确。

④ "预设"选项。插入包含预设属性的块时，将属性设置为默认值。

⑤ "锁定位置"选项。锁定块参照中的属性位置，解锁后，属性可以相对于使用夹点编辑块的其他部分移动，并且可以调整多行文字属性的大小。

⑥ "多行"选项。指定属性可以包含多行文字。选定此项后，可以指定属性边界的宽度。

2）"属性"。用于设置属性的内容。

① "标记"选项。表示图形中每次出现的属性，使用任何字符组合（空格除外）输入属性标记，小写字母会自动转换为大写字母。

② "提示"选项。指定在插入包含该属性定义的块时显示的提示，如果不输入提示，属性标志将作为提示。如果在"模式"区域选择"常数"模式，"属性"提示选项则不可用。

③ "默认"选项。指定属性的默认值。

3）"插入点"。关闭对话框时将显示"起点"的提示。

4）"文字设置"。指定文字对正、文字样式、旋转角度等。

① "对正"选项。指定属性文字的对正方式，有关对正选项的说明请参见"TEXT"命令。

② "文字样式"选项。指定属性文字预定义样式，显示当前文字加载文字样式。要加载或创建的文字样式请参见"STYLE"命令。

③ "注释性"复选框选项。指定属性为注释性，如果块是注释性的，则属性将与块的方向相匹配。单击信息图标以了解有关注释对象的详细信息。

④ "文字高度"选项。指定属性文字的高度，输入值，或选择"高度"用定点设备指

定高度。此高度为从原点到指定位置的测量值。如果选择有固定高度（任何非 0 值）的文字样式，或者在"对正"列表中选择了"对齐""高度"选项不可用。

⑤"旋转"选项。指定属性文字的旋转角度，输入值，或选择"旋转"用定点设备指定旋转角度。此旋转角度为从原点到指定位置的测量值。如果在"对正"列表中选择了"对齐"或"调整"，"旋转"选项不可用。

（4）定义属性的步骤 "定义属性"应在"创建块"之前完成，也就是说，要创建一个带属性的块，应先画好图形，再"定义属性"；然后将要定义成块的图形和属性一起选中，创建块。

提示：插入带有属性的块时，命令行会多一步提示信息，如上述"属性定义"对话框中设置的"输入表面粗糙度值"。

例如：创建如图 10-7 所示的带属性的表面粗糙度符号。

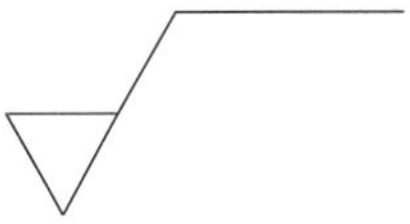

1）绘制表面粗糙度符号。首先应绘制一个符合国家标准要求的表面粗糙度符号，当尺寸数字高为 3.5mm 时，表面粗糙度符号高度大约是图形中尺寸数字高度的 3 倍，绘制方法如下：输入"直线"命令，从表面粗糙度符号右侧方水平输入 13（根据书写字符的多少确定直线段长度）确定第二点，朝左下方追踪 240°线，输入

图 10-7 表面粗糙度符号

13 确定第三点，再向左上方追踪 120°线，输入 6.5 定第四点，向右侧方水平输入 6.5 画线，完成表面粗糙度符号的绘制，绘制结果如图 10-7 所示。

2）定义属性块。选择"绘图"→"块"→"定义属性"，在"属性定义"对话框中进行如图 10-6 所示设置，单击"确定"后，回到绘图区，在所画表面粗糙度符号上方适当位置点取一点，符号如图 10-7 所示，完成属性设置。

3）创建块。

① 创建外部块。在命令提示行输入：WBLOCK，弹出如图 10-4 所示的"写块"对话框，在对话框中选择 拾取点，回到绘图区，在表面粗糙度符号的下端尖点处单击，又回到对话框，在对话框中选择 选择对象，回到绘图区选取整个符号，最后选择图块存储的路径，单击"确定"，完成块的创建。

② 创建内部块。在"块定义"对话框中，"名称"栏中输入"粗糙度"再点击"基点"按钮 拾取点，回到绘图区，在表面粗糙度符号的下端尖点处单击；再单击"选择对象"按钮 选择对象，回到绘图区，用窗选方式选择符号和属性，单击"确定"，返回对话框，单击"确定"完成块的创建。

（5）块的插入

1）插入外部块。即插入本图形文件以外的其他图形文件。

单击"绘图"工具栏中的"插入块"按钮，出现"插入"对话框，如图 10-8 所示，单击"浏览"，出现"选择图形文件"对话框，如图 10-9 所示。用鼠标选择名称为"表面粗糙度"的图形文件，出现如图 10-10 所示"插入"对话框，出现图形文件所在路径，如"D \ Ducuments \ Desktop \ 表面粗糙度 . dwg"。对话框中的其他选项为默认，单击"确定"。

屏幕上会出现符号，根据提示，可以输入插入点和所需要的表面粗糙度值，如图 10-11 所示。

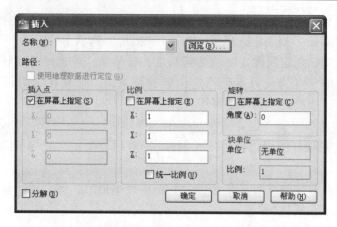

图 10-8　外部块"插入"对话框

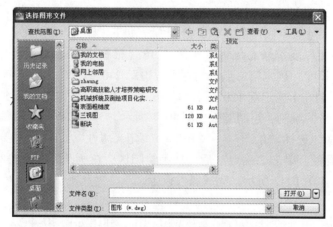

图 10-9　"选择图形文件"对话框

图 10-11　表面粗糙度插入过程

2）插入内部块。即插入本图形文件内部绘制的图形。

单击"绘图"工具栏中的"插入块"按钮，出现"插入"对话框，在"插入"对话框中设置在屏幕上指定插入点，比例为 1，旋转角度可在屏幕上指定，单击"确定"后到图形中点取插入表面粗糙度的位置，并根据提示输入表面粗糙度值的大小。

5. "编辑块属性"命令

（1）功能　当属性被定义为块并插入图形后，要对属性进行修改，就要用"编辑块属性"命令完成，如将图 10-11 所示的 6.3 改为 1.6。

（2）命令启动

1）在"修改Ⅱ"工具栏上单击"编辑属性"按钮。

2）在下拉菜单中选择"修改"→"对象"→"属性"→"单个"命令。

3）在命令行输入：ATTEDIT。

（3）命令操作　命令输入后，系统提示：选择块，选取要修改的带属性的块（如选中图 10-11 中的 $\sqrt{}$ *Ra6.3*），弹出"增强属性编辑器"对话框，如图 10-12 所示。

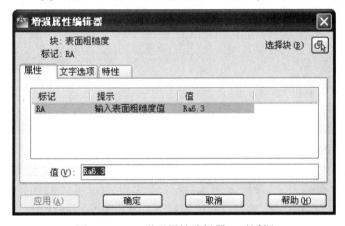

图 10-12　"增强属性编辑器"对话框

1）在"属性"选项卡中，可修改数值大小，如将 Ra6.3 改为 Ra1.6。

2）在"文字选项"选项卡中，可对字头方向、对正方式和字高、字宽及字的倾斜角度进行设置，如图 10-13 所示。

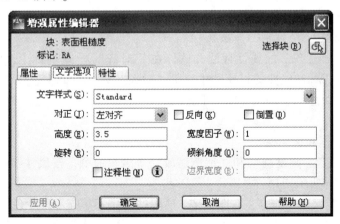

图 10-13　"文字选项"选项卡

3）在"特性"选项卡中可以改变图层、颜色、线型和线宽，如图 10-14 所示。

图 10-14 "特性"选项卡

提示：双击图形中已插入的带属性的块，同样可打开"增强属性编辑器"对话框，在对话框中对块属性进行修改。也可选中要修改的块后，右键单击鼠标，在右键快捷菜单中选取"编辑属性"，同样能打开"增强属性编辑器"对话框。

作图步骤

1. 新建图形文件（略）

2. 设置绘图环境

（1）设置"图形界限"　根据图形大小和绘图比例要求，确定使用 A3 图纸。

（2）设置"图形单位"

（3）设置"图层"　图形中有轮廓线（粗实线）、尺寸线（细实线）、剖面线（细实线）、中心线（细点画线）、隐藏线（细虚线）、文字（细实线）四种线型、六个图层。虚线从线型库中加载"HIDDEN"线型，与中心线"CENTER"配合使用。

（4）打开"极轴""对象捕捉""对象追踪"和"线宽"状态

3. 设置文字样式

在 AutoCAD 绘图过程中涉及的文字书写一般分为两类：一类是汉字的书写，一类是数字的书写。建议使用"大字体"，如图 10-15 所示。因为大字体 gbeitc. shx bigfont. shx 组合书写出的文字是单线体，在复杂的零件图中会格外清晰。

4. 设置标注样式

根据需要设置"对齐"的线性标注样式。在"对齐"样式基础上，创建带 φ 的"直径"标注样式，用于标注线性的直径尺寸。在"对齐"样式基础上，创建"水平"标注样式，设置其"文字"水平，用于文字水平方向的半径尺寸标注。

5. 绘制零件图

1）绘制 A4 图框和标题栏。

2）启用"直线""圆复制"和"比例缩放"等编辑命令，按尺寸绘制齿轮油泵主动轴零件图，如图 10-16 所示。

3）启用"图案填充"命令，在图 10-17 所示的"图案填充和渐变色"对话框中，选取"类型"为"预定义"，"图案"为 ANSI31，"角度"为 0；比例为 1。单击"拾取点"按钮

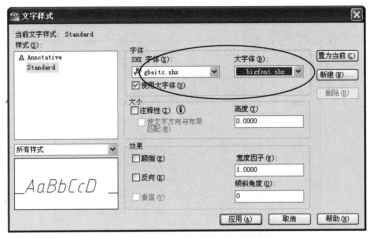

图 10-15 "文字样式"对话框

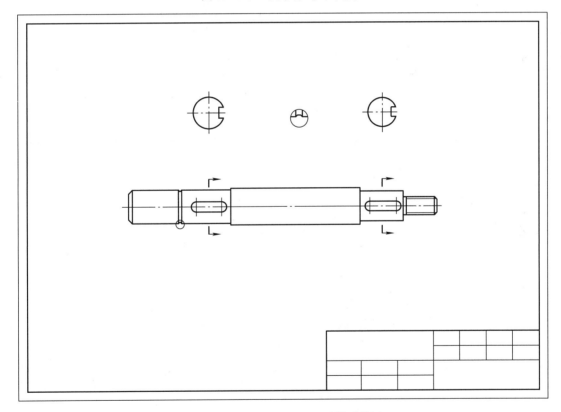

图 10-16 绘制齿轮油泵主动轴零件图

, 在要画剖面线的区域内单击鼠标, 则选中的区域边界变虚, 单击"确认"后返回"图案填充和渐变色"对话框中, 单击"确定"按钮, 完成剖面线绘制, 如图 10-18 所示。

6. 标注尺寸

(1) 将"对齐"标注样式置为当前 用"线性"标注命令标注轴线方向尺寸, 如图 10-19所示。

(2) 标注 ϕ18f6 的方式有以下两种

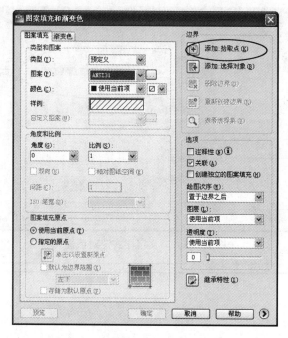

图 10-17　"图案填充和渐变色"对话框

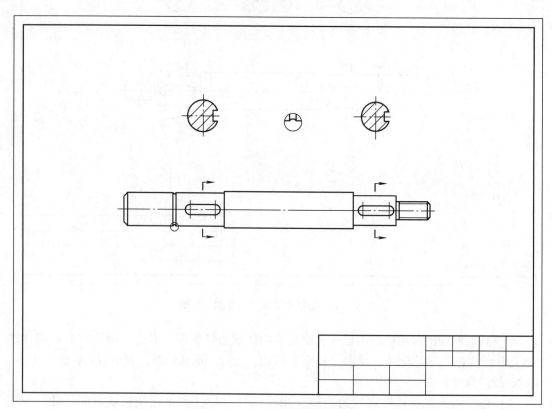

图 10-18　填充断面图剖面线

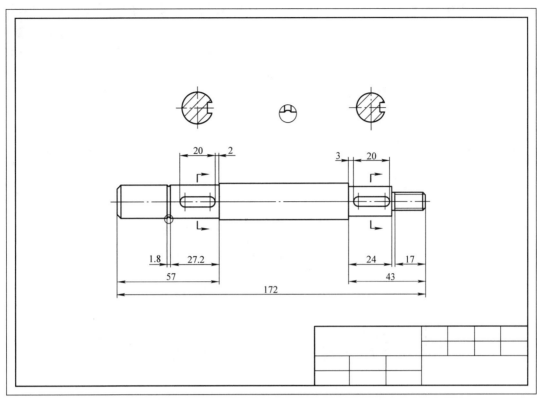

图 10-19　标注轴线方向尺寸

1）设置具有前缀 φ 和后缀 f6 的尺寸标注样式，用"线性"标注命令标注。

2）用对齐方式，可以先拾取两个端点，单击鼠标右键，出现"文字格式"对话框，在该对话框中的文字输入区输入％％c18f6，单击"确定"，单击鼠标左键即可，如图 10-20 所示。

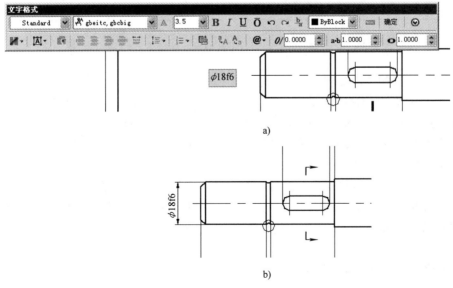

图 10-20　用"线性"标注命令标注直径尺寸

φ18f6、M10、φ18m6、φ16m6、5N9、6N9 等也可以用上述方式得出，如图 10-21 所示。

3）启用"引线标注——QLEADER"命令　在其设置过程中，将"引线和箭头"选项卡中的"箭头"设置为"无"，"附着"选项卡中的"最后一行加下划线"选中，完成设置，对倒角进行引线标注，如图 10-21 所示的倒角 C1。

4）其他标注　例如图样中的局部放大图 R1、2∶1 等按常规标出即可，如图 10-21 所示。

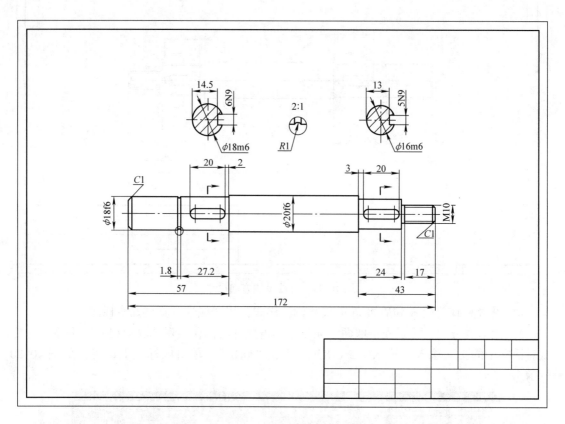

图 10-21　倒角等其他尺寸的标注

7. 填写标题栏和技术要求

（1）填写标题栏　CAD 绘图中一般用单线体书写汉字和数字，这样可以凸显图样，防止字体线型过粗而影响图样图面质量。用"单行文字"或"多行文字"命令在标题栏每格中输入相应内容，结束命令后，可用"移动"命令对其位置作适当调整。也可选中要移动的文字，用鼠标直接拖动至合适位置，如图 10-1 所示。

（2）技术要求　本图样中要求注写表面粗糙度符号，可以参照前面所述，将表面粗糙度定义为带有属性的图块，进行插入，如图 10-1 所示。另外，如果图样中没有过多的相同符号，也可以随时绘制，避免图块创建的烦琐。

8. 存盘

完成零件图绘制并存盘、退出。

10.3　绘制齿轮油泵带轮零件图

✦ 任务要求

按 1∶1 的比例，在 A3（竖）图纸中绘制图 10-22 所示的齿轮油泵带轮零件图，并标注尺寸。

● 任务分析

齿轮油泵带轮属于盘类零件，盘类零件一般将轴线水平放置，处于工作位置。采用一个全剖的主视图和一个左视图来表达形状和结构，尺寸较小的细节部分也可以采用局部放大图表达。例如在绘制齿轮油泵上的带轮零件图时，主视图上、下近似对称，所以绘图时，应首先绘制带轮上半部分的轮廓线，再采用"镜像"命令完成下半部分的绘制，之后完成键槽部分的绘制。而左视图采用了局部视图的表达方法，节约了图纸空间。

🄰🄱🄲 命令简介

绘制该图样时除了用到直线命令、圆命令及其他必要的编辑命令和标注命令，还要用到样条曲线命令，用来绘制左视图中局部视图的边界。此外，在绘制主视图上 ◁1∶4 的轮毂时使用了"点"命令中的定数等分进行绘制。

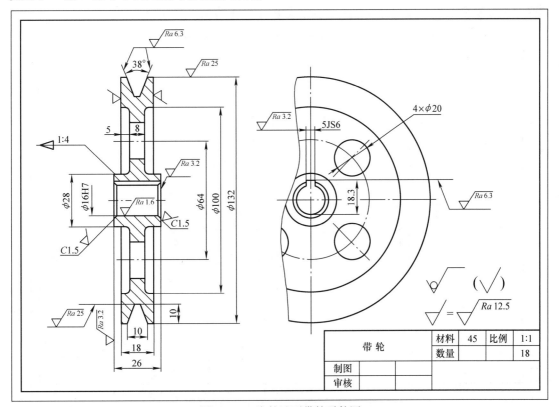

图 10-22　齿轮油泵带轮零件图

❖ 作图步骤

1. 新建图形文件（略）

2. 设置绘图环境

1）设置"图形界限"。根据图形大小和绘图比例要求，确定使用 A3 图纸。

2）设置"图形单位"。

3）设置"图层"。图形中有轮廓线（粗实线）、尺寸线（细实线）、剖面线（细实线）、中心线（细点画线）、隐藏线（细虚线）、文字（细实线）四种线型、六个图层。虚线从线型库中加载"HIDDEN"线型，与中心线"CENTER"配合使用。

4）打开"极轴""对象捕捉""对象追踪"和"线宽"状态。

3. 设置文字样式（略）

4. 设置标注样式

根据需要设置"对齐"的线性标注样式。在"对齐"样式基础上，创建带 φ 的"直径"标注样式，用于标注线性的直径尺寸。在"对齐"样式基础上，创建"水平"为标注样式，设置其"文字"为水平，用于文字水平放置的半径尺寸标注。在"对齐"样式基础上，创建半标注样式，用来标注需要半标注的尺寸。

5. 绘制零件图

1）启用"直线"命令，绘制 A3 图框和标题栏。

2）启用"直线"命令、"圆"命令、"样条曲线"命令、"点"命令、"剖面线"命令和必要的编辑命令等，按尺寸绘制零件图，如图 10-23 所示。

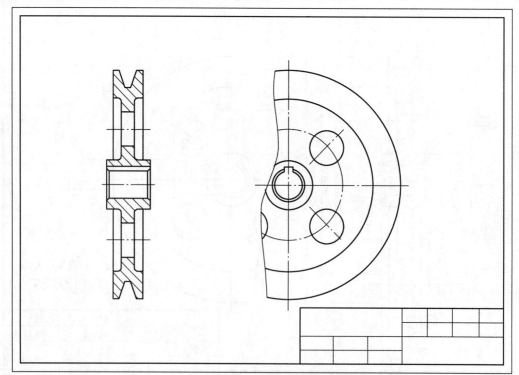

图 10-23　绘制齿轮油泵主动轴零件图

6. 标注尺寸

1）标注线性尺寸。将"对齐"标注样式置为当前，用"线性"标注命令标注尺寸轴向和径向的带后缀的线性尺寸，如图 10-24 所示水平线性尺寸：26、18、10、5、8；带有后缀的水平线性尺寸：5JS6；垂直的线性尺寸：10 和 18.3。

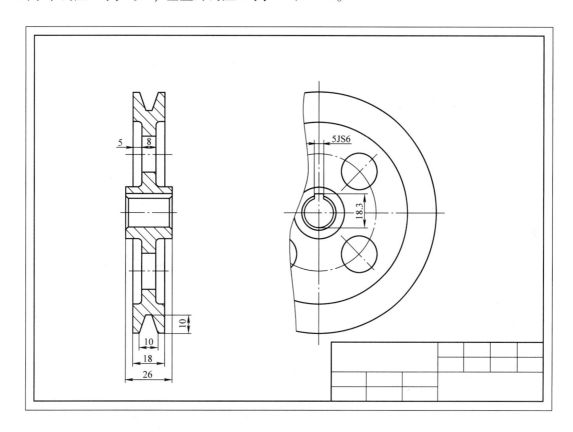

图 10-24　标注轴线方向尺寸

2）标注直径尺寸。拾取标注直径命令，标注 $4 \times \phi20$；将"直径"样式置为当前，用"线性标注"命令标注直径尺寸。直径尺寸带有前缀或后缀的，例如标注 $\phi28$、$\phi64$、$\phi100$、$\phi132$，可以先拾取两个端点，直接标出。结果如图 10-25 所示。

3）标注图 10-26 所示 $\phi16H7$ 半标注尺寸时，需要重新设置一种尺寸标注样式。

① 创建新标注样式：半标注，如图 10-27 所示。

② 将尺寸界线 1 或尺寸界线 2 设置为"隐藏"，如图 10-28 所示。

③ 将符号和箭头的第一个或第二个置于"无"，单击"确定"，如图 10-29 所示。

④ 回到绘图区，将"尺寸标注"工具栏中的标注样式"半标注"置为当前，如图 10-30所示，即可完成半标注 $\phi16H7$ 的尺寸标注，如图 10-31 所示。

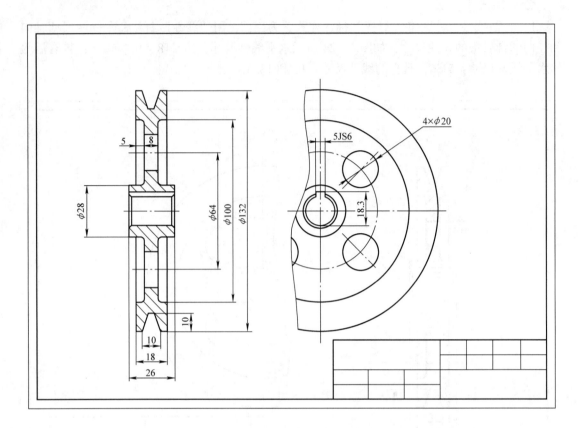

图 10-25　标注直径尺寸

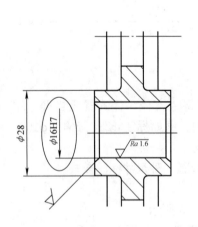

图 10-26　标注 φ16H7

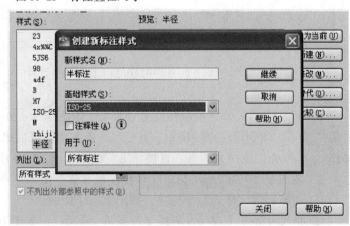

图 10-27　"创建新标注样式"对话框

7. 填写标题栏和技术要求

1) 填写标题栏（略）。

2) 技术要求。在本图样中的技术要求为表面粗糙度符号的注写，可以参照前面所述，将表面粗糙度定义为带有属性的图块，进行插入。但由于本图样中的表面粗糙度有四种情

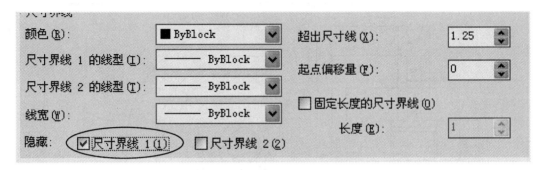

图 10-28　尺寸界线设置为"隐藏"

图 10-29　修改标注样式

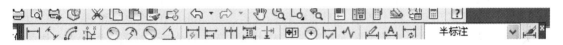

图 10-30　将"半标注"置为当前

况：分别是 $\sqrt{Ra3.2}$ $\sqrt{Ra6.3}$ $\sqrt{Ra12.5}$ 和 $\sqrt{}$ ，在标注过程中，因为零件表面大多数为 $\sqrt{Ra12.5}$ ，所以为了减少图样中的标注数量，让图样更清晰，可采用简化的标注方法，如：在图样的标题栏上方注写 $\sqrt{}=\sqrt{Ra12.5}$ 。而其他的表面粗糙度标注少于 3 个表面的可以在图样上直接标注。其他剩余的表面可以采用 $\sqrt{}$ （ $\sqrt{}$ ）标识，在图样的标题栏上方注写，如图 10-22 所示。另外，如果图样中没有过多的相同符号，也可以随时绘制，避免图块创建的烦琐。

8. 存盘

完成零件图绘制并存盘、退出。

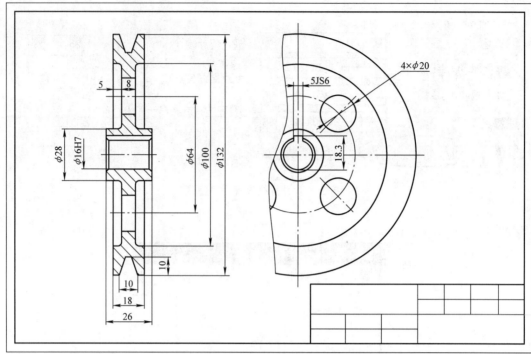

图 10-31　标注 φ16H7

10.4　装配图绘制基础知识

　　装配图是用来表达机器（或部件）的工作原理、装配关系的图样。完整的装配图包括一组视图、必要的尺寸、技术要求、明细栏和标题栏。用 AutoCAD 绘制装配图主要有以下几种常用的方法：直接绘制装配图；利用已有零件图图形文件绘制装配图；用插入图块的方法绘制装配图。

　　1. 直接绘制装配图

　　直接绘制装配图是根据装配示意图，按装配关系，寻找主要装配干线（或传动路线），由内到外、先主后次地将各零件的图形直接画出。这种遵循手工绘图的方法，比较容易理解和接受，一般用于新产品的设计、机器或部件的测绘和已有产品的仿造。

　　2. 利用已有零件图图形文件绘制装配图

　　AutoCAD 提供了多重文件之间的剪切、复制和粘贴功能，使用非常方便、简单，类似于 Word 文档中的剪贴板。利用该功能，可在零件图窗口选中所需的零件图，用"编辑"→"剪切"/"复制"/"带基点复制"命令将其复制到剪贴板内，再在装配图窗口，用"编辑"→"粘贴"/"粘贴为块"/"粘贴到原坐标"命令，将该零件图粘贴到装配图中。还可在两张打开的图样间直接拖曳（按住右键拖动），松开右键，在出现的右键快捷菜单中，选择"复制到此处""粘贴为块"或"粘贴到原坐标"，即可将一个图样上的图形插入到另一个图样中。也可以在零件图窗口选中要复制的零件图，按【Ctrl + C】键复制，再到装配图窗口，按【Ctrl + V】键粘贴。

　　3. 用插入图块的方法绘制装配图

　　将组成机器或部件的各零件图先画出，并将其定义成图块，再应用"块插入"命令绘制装配图。由于该方法要先画出零件图，和一般设计时先画装配图，再由装配图拆画零件图的设计步骤相反，所以在产品的设计中很少使用。但该方法在建立图形方面有其独到之处，可以把一些常用件、标准件和常用结构、标准结构事先画出，并定义成外部块，建立一个图形库。画装配图时，只需从图形库中调出图块并插入到装配图中即可。所以这种方法适用于将标准件（包括常用件及常用结构）插入装配图。

10.5　绘制旋阀装配图

✏ 任务要求

按 1:1 的比例，在 A3 图纸中绘制旋阀装配图，并标注尺寸。

旋阀装配示意图如图 10-32 所示，阀杆 6 在手柄 1 的带动下可以进行 360°旋转，当阀杆 6 上的通孔与阀体 7 上的管螺纹孔对正时液体通过，流量最大；继续旋转阀杆 6，流量渐渐减小直至关闭。其中填料压盖 3 压住石棉绳，作用在垫圈上，通过两个螺钉 2 将填料压盖 3 连接在阀体 7 上，压盖螺钉的连接要松紧适度，既要保证阀体液体不泄漏，又要保证阀杆转动自如。

💡 任务分析

旋阀由 6 种（7 个）零件组成，零件数量少，装配关系比较简单，绘制装配图时，可以采用直接绘制装配图的方法，按照装配关系直接绘制。

旋阀各零件分别如图 10-33 ~ 图 10-38 所示。

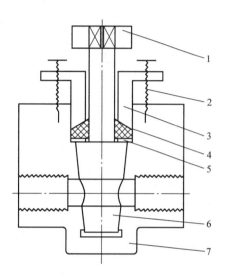

图 10-32　旋阀装配示意图
1—手柄　2—螺钉　3—填料压盖
4—填料　5—垫圈　6—阀杆　7—阀体

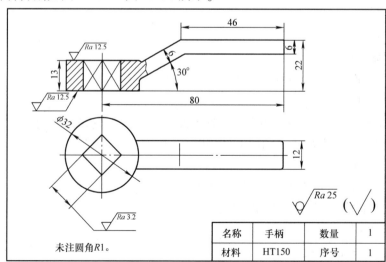

名称	手柄	数量	1
材料	HT150	序号	1

图 10-33　手柄零件图

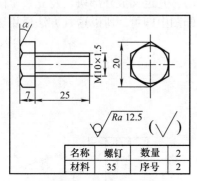

图 10-34 螺钉零件图

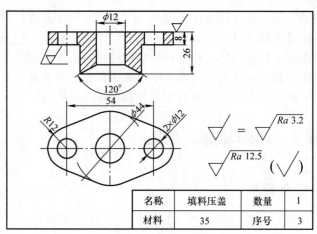

图 10-35 填料压盖零件图

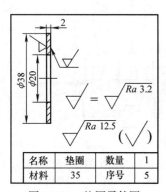

图 10-36 垫圈零件图

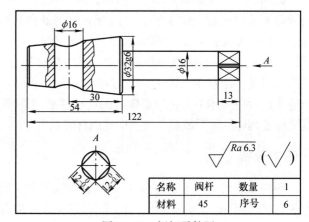

图 10-37 阀杆零件图

◈ 作图步骤

1. 新建图形文件（略）

2. 设置绘图环境

1）设置"图形界限"。根据图形大小和绘图比例要求，设定为 A3 图纸。

2）设置"图形单位"。

3）设置"图层"。图形中有粗实线、细实线、点画线、虚线四种线型，所以需设置四个图层。虚线从线型库中加载"HIDDEN"线型，与"CENTER"配合。在绘图过程中可以根据需要调整线型比例。

4）打开"极轴""对象捕捉""对象追踪"状态。

3. 设置文字样式（同零件图中的"设置文字样式"）

4. 设置标注样式

根据需要设置标注样式（略）。

5. 绘制装配图

1）绘制图框、标题栏和明细栏。

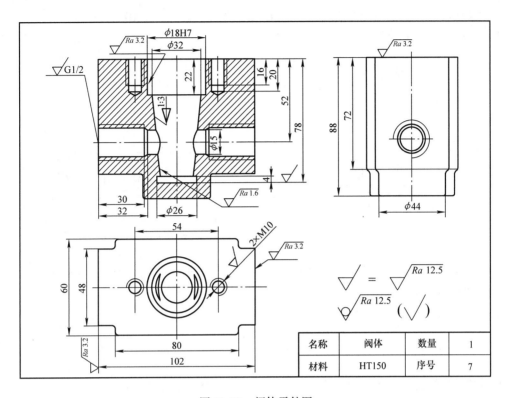

图 10-38　阀体零件图

2）按照图 10-38 所示的尺寸绘制底座，如图 10-39 所示。

3）根据装配关系，按图 10-37 所示的尺寸绘制阀杆。注意：两零件完全重合的线省略不画，如图 10-40 所示。

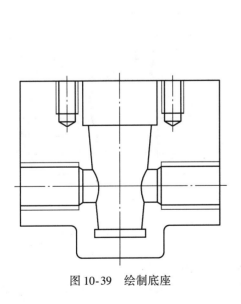

图 10-39　绘制底座

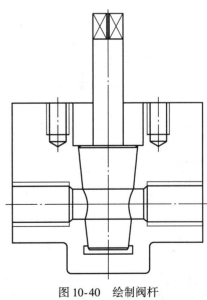

图 10-40　绘制阀杆

4）根据装配关系，按照图 10-36 所示的尺寸绘制垫圈，如图 10-41 所示。

5）根据装配关系绘制填料，如图 10-42 所示。

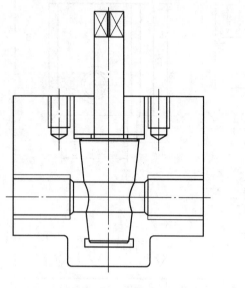

图 10-41　绘制垫圈

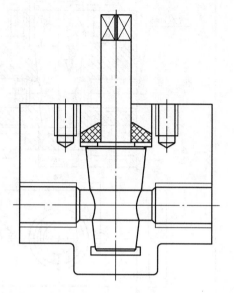

图 10-42　绘制填料

6）根据装配关系，按图 10-35 所示尺寸绘制填料压盖，如图 10-43 所示。

7）根据装配关系，按图 10-34 所示绘制两个螺钉，如图 10-44 所示。

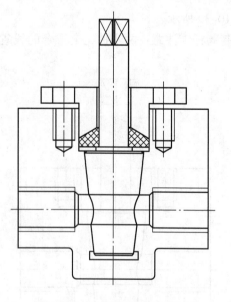

图 10-43　绘制填料压盖

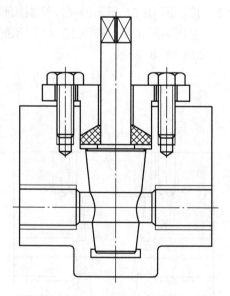

图 10-44　绘制两个螺钉

8）根据装配关系，按图 10-33 所示绘制手柄，如图 10-45 所示。

9）最后绘制剖面线，标注必要的尺寸，注写技术要求，填写标题栏、明细栏、零件序号等，结果如图 10-46 所示。

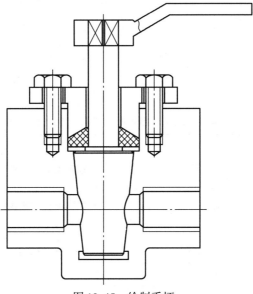

图 10-45 绘制手柄

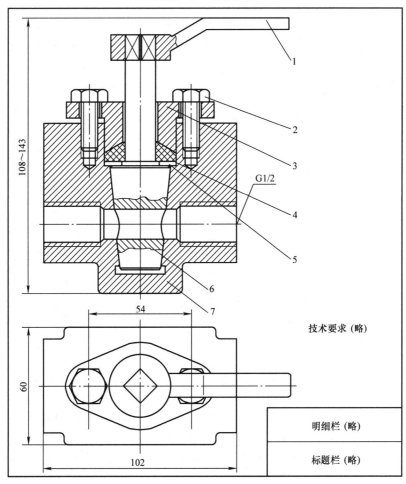

图 10-46 旋阀装配图

附　　录

附表1　普通螺纹直径与螺距（摘自 GB/T 193—2003）　　　　　（单位：mm）

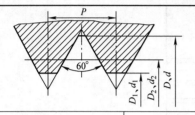

标记示例

公称直径 24mm，螺距为 3mm 的粗牙右旋普通螺纹：M24

公称直径 24mm，螺距为 1.5mm 的细牙左旋普通螺纹：M24×1.5 – LH

公称直径 D、d			螺距 P		公称直径 D、d			螺距 P	
第一系列	第二系列	第三系列	粗牙	细牙	第一系列	第二系列	第三系列	粗牙	细牙
1	1.1		0.25	0.2			15		1.5,1
1.2					16			2	
		1.4	0.3				17		
1.6	1.8		0.35				18	2.5	2,1.5,1
2			0.4	0.25	20				
	2.2		0.45			22			
2.5					24			3	
3			0.5	0.35			25		1.5
	3.5		0.6				26		
4			0.7			27		3	2,1.5,1
	4.5		0.75	0.5			28		
5			0.8		30			3.5	(3),2,1.5,1
		5.5					32		2,1.5
6			1	0.75			33	3.5	(3),2,1.5
	7						35		1.5
8			1.25	1,0.75	36			4	3,2,1.5
		9					38		1.5
10			1.5	1.25,1,0.75		39		4	3,2,1.5
		11	1.5	1.5,1,0.75			40		
12			1.75	1.25,1	42			4.5	4,3,2,1.5
	14		2	1.5,1.25,1		45			
					48			5	3,2,1.5
							50		

注：1. 优先选用第一系列，第三系列尽可能不用。

　　2. 括号内的尺寸尽可能不用。

附表 2　非密封管螺纹（GB/T 7307—2001）　　　　（单位：mm）

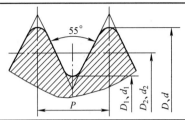

标记示例

尺寸代号 1½，内螺纹：G1½

尺寸代号 1½，A 级外螺纹：G1½A

尺寸代号 1½，B 级外螺纹：左旋：G1½B – LH

尺寸代号	每25.4mm 内的牙数 n	螺距 P	公称直径		
			大径 $d = D$	中径 $d_2 = D_2$	小径 $d_1 = D_1$
1/8	28	0.907	9.728	9.147	8.566
1/4	19	1.337	13.157	12.301	11.445
3/8	19	1.337	16.662	15.806	14.950
1/2	14	1.814	20.955	19.793	18.631
5/8	14	1.814	22.911	21.749	20.587
3/4	14	1.814	26.441	25.279	24.117
7/8	14	1.814	30.201	29.039	27.877
1	11	2.309	33.249	31.770	30.291
1⅛	11	2.309	37.897	36.418	34.939
1¼	11	2.309	41.910	40.431	38.952
1½	11	2.309	47.803	46.324	44.845
1¾	11	2.309	53.746	52.267	50.788
2	11	2.309	59.614	58.135	56.656
2¼	11	2.309	65.710	64.231	62.752
2½	11	2.309	75.184	73.705	72.226
2¾	11	2.309	81.534	80.055	78.576
3	11	2.309	87.884	86.405	84.926
3½	11	2.309	100.330	98.851	97.372
4	11	2.309	113.030	111.551	110.072

附表 3　常用的螺纹公差带

螺纹种类	精度	外螺纹			内螺纹		
		S	N	L	S	N	L
普通螺纹 （GB/T 197—2003）	中等	(5g6g) (5h6h)	＊6g, ＊6e ＊6h, ＊6f	7g6g (7h6h)	＊5H (5G)	＊6H (6G)	＊7H (7G)
	粗糙	—	8g, (8h)	—	—	7H, (7G)	—
梯形螺纹 （GB/T 5796.4—2005）	中等	—	7e	8e	—	7H	8H
	粗糙	—	8c	8c	—	8H	9H

注：1. 大量生产的精制紧固件螺纹，推荐采用带方框的公差带。

　　2. 带 ＊ 的公差带优先选用，括号内的公差带尽可能不用。

　　3. 两种精度选用原则：中等——一般用途；粗糙——对精度要求不高时采用。

附表 4　六角头螺栓　　　　　　　　　　　　　　　　（单位：mm）

六角头螺栓　C 级（摘自 GB/T 5780—2000）

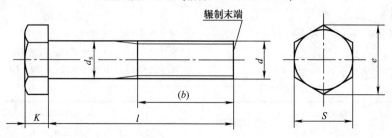

标记示例：

　　螺栓 GB/T 5780 M20×100（螺纹规格 $d=20$mm，公称长度 $l=100$mm，性能等级为 4.8 级，不经表面处理，杆身半螺纹，产品等级为 C 级的六角头螺栓）

六角头螺栓　全螺纹　C 级　（摘自 GB/T 5781—2000）

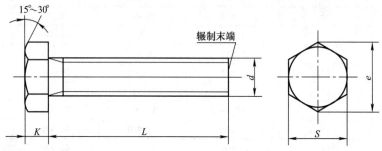

标记示例：

　　螺栓 GB/T 5781 M12×80（螺纹规格 $d=12$mm，公称长度 $l=80$mm，性能等级为 4.8 级，不经表面处理，全螺纹，产品等级为 C 级的六角头螺栓）

螺纹规格(d)		M5	M6	M8	M10	M12	M16	M20	M24	M30	M36	M42	M48
$b_{参考}$	$l_{公称}$ ≤125	16	18	22	26	30	38	40	54	66	78	—	—
	125< $l_{公称}$≤200	—	—	28	32	36	44	52	60	72	84	96	108
	$l_{公称}$ >200	—	—				57	65	73	85	97	109	121
$k_{公称}$		3.5	4.0	5.3	6.4	7.5	10	12.5	15	18.7	22.5	26	30
s_{min}		8	10	13	16	18	24	30	36	46	55	65	75
e_{max}		8.63	10.9	14.2	17.6	19.9	26.2	33.0	39.6	50.9	60.8	72.0	82.6
d_{smax}		5.48	6.48	8.58	10.6	12.7	16.7	20.8	24.8	30.8	37.0	45.0	49.0
$l_{范围}$	GB/T 5780—2000	25~50	30~60	35~80	40~100	45~120	55~160	65~200	80~240	90~300	110~300	160~420	180~480
	GB/T 5781—2000	10~40	12~50	16~65	20~80	25~100	35~100	40~100	50~100	60~100	70~100	80~420	90~480
$l_{公称}$		10、12、16、20~50（五进位）、(55)、60、(65)、70~160（10 进位）、180、220~500（20 进位）											

　　注：1. 括号内的规格尽可能不用。末端按 GB/T 2—2001 规定。

　　　　2. 螺纹公差：8g（GB/T 5780—2000）；6g（GB/T 5781—2000）；力学性能等级：4.6 级、4.8 级；产品等级：C。

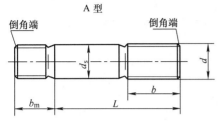

附表 5　双头螺柱（摘自 GB/T 897、898、899、900—1988）　　　　（单位：mm）

$b_m = 1d$（GB/T 897—1988）　　　$b_m = 1.25d$（GB/T 898—1988）　　　$b_m = 1.5d$（GB/T 899—1988）　　　$b_m = 2d$（GB/T 900—1988）

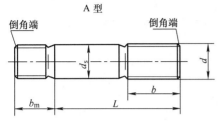

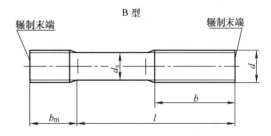

标记示例：

螺柱 GB/T 900 M10×50（两端均为粗牙普通螺纹，$d = 10$mm，$l = 50$mm，性能等级为 4.8 级，不经表面处理，B 型，$b_m = 2d$ 的双头螺柱）

螺柱 GB/T 900 AM10－10×1×50（旋入机体一端为粗牙普通螺纹，旋螺母端为螺距 $P = 1$mm 的细牙普通螺纹，$d = 10$mm，$l = 50$mm，性能等级为 4.8 级，不经表面处理，A 型，$b_m = 2d$ 的双头螺柱）

螺纹规格 (d)	b_m（旋入机体端长度）				$\dfrac{l（螺柱长度）}{b（旋螺母端长度）}$				
	GB/T 897	GB/T 898	GB/T 899	GB/T 900					
M4	—	—	6	8	$\dfrac{16\sim22}{8}$	$\dfrac{25\sim40}{14}$			
M5	5	6	8	10	$\dfrac{16\sim22}{10}$	$\dfrac{25\sim50}{16}$			
M6	6	8	10	12	$\dfrac{20\sim22}{10}$	$\dfrac{25\sim30}{14}$	$\dfrac{32\sim75}{18}$		
8	8	10	12	16	$\dfrac{20\sim22}{12}$	$\dfrac{25\sim30}{16}$	$\dfrac{32\sim90}{22}$		
M10	10	12	15	20	$\dfrac{25\sim28}{14}$	$\dfrac{30\sim38}{16}$	$\dfrac{40\sim120}{26}$	$\dfrac{130}{32}$	
M12	12	15	18	24	$\dfrac{25\sim30}{14}$	$\dfrac{32\sim40}{16}$	$\dfrac{45\sim120}{26}$	$\dfrac{130\sim180}{32}$	
M16	16	20	24	32	$\dfrac{30\sim38}{16}$	$\dfrac{40\sim55}{20}$	$\dfrac{60\sim120}{30}$	$\dfrac{130\sim200}{36}$	
M20	20	25	30	40	$\dfrac{35\sim40}{20}$	$\dfrac{45\sim65}{30}$	$\dfrac{70\sim120}{38}$	$\dfrac{130\sim200}{44}$	
（M24）	24	30	36	48	$\dfrac{45\sim50}{25}$	$\dfrac{55\sim75}{35}$	$\dfrac{80\sim120}{46}$	$\dfrac{130\sim200}{52}$	
（M30）	30	38	45	60	$\dfrac{60\sim65}{40}$	$\dfrac{70\sim90}{50}$	$\dfrac{95\sim120}{6}$	$\dfrac{130\sim200}{72}$	$\dfrac{210\sim250}{85}$
M36	36	45	54	72	$\dfrac{65\sim75}{45}$	$\dfrac{80\sim110}{60}$	$\dfrac{120}{78}$	$\dfrac{130\sim200}{84}$	$\dfrac{210\sim300}{97}$
M42	42	52	63	84	$\dfrac{70\sim80}{50}$	$\dfrac{85\sim110}{70}$	$\dfrac{12}{90}$	$\dfrac{130\sim200}{96}$	$\dfrac{210\sim300}{109}$
M48	48	60	72	96	$\dfrac{80\sim90}{60}$	$\dfrac{95\sim110}{80}$	$\dfrac{120}{102}$	$\dfrac{130\sim200}{108}$	$\dfrac{210\sim300}{121}$
$l_{公称}$	12（14）、16、（18）、20、（22）、25、（28）、30、（32）、35、（38）、40、（45）、50、55、60、（65）、70、75、80、（85）、90、（95）、100~260（10 进位）、280、300								

注：1. 尽可能不采用括号内的规格。末端按 GB/T 2—2001 规定。

　　2. $b_m = d$，一般用于钢对钢；$b_m = (1.25\sim1.5)d$，一般用于钢对铸铁；$b_m = 2d$，一般用于钢对铝合金。

附表 6 螺钉（摘自 GB/T 65、67、68—2000） （单位：mm）

开槽圆柱头螺钉（GB/T 65—2000）

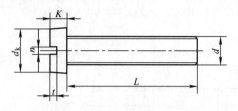

开槽盘头螺钉（GB/T 67—2000）

开槽沉头螺钉（GB/T 68—2000）

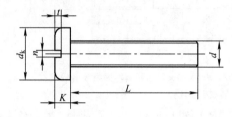

标记示例：

螺钉 GB/T 65 M5×20 （螺纹规格 $d=5mm$，$l=50mm$，性能等级为 4.8 级，不经表面处理的开槽圆柱头螺钉）

螺纹规格 d		M1.6	M2	M2.5	M3	（M3.5）	M4	M5	M6	M8	M10
$n_{公称}$		0.4	0.5	0.6	0.8	1	1.2	1.2	1.6	2	2.5
GB/T 65	d_{kmax}	3	3.8	4.5	5.5	6	7	8.5	10	13	16
	k_{max}	1.1	1.4	1.8	2	2.4	2.6	3.3	3.9	5	6
	t_{min}	0.45	0.6	0.7	0.85	1	1.1	1.3	1.6	2	2.4
	$l_{范围}$	2~16	3~20	3~25	4~30	5~35	5~40	6~50	8~60	10~80	12~80
GB/T 67	d_{kmax}	3.2	4	5	5.6	7	8	9.5	12	16	20
	k_{max}	1	1.3	1.5	1.8	2.1	2.4	3	3.6	4.8	6
	t_{min}	0.35	0.5	0.6	0.7	0.8	1	1.2	1.4	1.9	2.4
	$l_{范围}$	2~16	2.5~20	3~25	4~30	5~35	5~40	6~50	8~60	10~80	12~80
GB/T 68	d_{kmax}	3	3.8	4.7	5.5	7.3	8.4	9.3	11.3	15.8	18.3
	k_{max}	1	1.2	1.5	1.65	2.35	2.7	2.7	3.3	4.65	5
	t_{min}	0.32	0.4	0.5	0.6	0.9	1	1.1	1.2	1.8	2
	$l_{范围}$	2.5~16	3~20	4~25	5~30	6~35	6~40	8~50	8~60	10~80	12~80
$l_{系列}$		2、2.5、3、4、5、6、8、10、12、（14）、16、20、25、30、35、40、45、50、（55）、60、（65）、70、（75）、80									

注：1. 尽可能不采用括号内的规格。

2. 商品规格为 M1.6~M10。

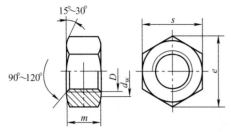

附表7　六角螺母 C 级（摘自 GB/T 41—2000）　　　　（单位：mm）

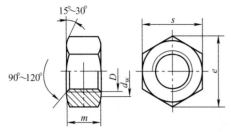

标记示例：

螺母　GB/T 41 M12

（螺纹规格 $D=12$mm，性能等级为 5 级，不经表面处理，产品等级为 C 级的六角螺母）

螺纹规格（D）	M5	M6	M8	M10	M12	M16	M20	M24	M30	M36	M42	M48	M56
s_{max}	8	10	13	16	18	24	30	36	46	55	65	75	95
e_{min}	8.63	10.9	14.2	17.6	19.9	26.2	33.0	39.6	50.9	60.8	72.0	82.6	104.8
m_{max}	5.6	6.1	7.9	9.5	12.2	15.9	18.7	22.3	26.4	31.5	34.9	38.9	52.4
d_w	6.9	8.7	11.5	14.5	16.5	22.0	27.7	33.2	42.7	51.1	60.6	69.4	88.2

附表8　垫圈　　　　（单位：mm）

平垫圈 A 级（摘自 GB/T 97.1—2002）　　　　平垫圈 C 级（摘自 GB/T 95—2002）

平垫圈　倒角型　A 级（摘自 GB/T 97.2—2002）　　　　标准型弹簧垫圈（摘自 GB/T 93—1987）

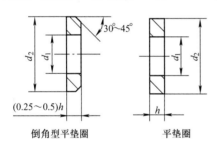

倒角型平垫圈　　　　平垫圈

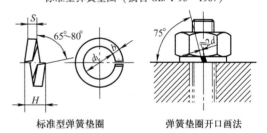

标准型弹簧垫圈　　　　弹簧垫圈开口画法

标记示例：

垫圈　GB/T 95　8　（标准系列，规定 8mm，性能等级为 100HV 级，不经表面处理，产品等级为 C 级的平垫圈）

垫圈　GB/T 93　10　（规格 10mm，材料为 65Mn，表面氧化的标准型弹簧垫圈）

公称尺寸 d（螺纹规格）		4	5	6	8	10	12	14	16	20	24	30	36	42	48
GB/T 97.1（A 级）	d_1	4.3	5.3	6.4	8.4	10.5	13.0	15	17	21	25	31	37	—	—
	d_2	9	10	12	16	20	24	28	30	37	44	56	66	—	—
	h	0.8	1	1.6	1.6	2	2.5	2.5	3	3	4	4	5	—	—
GB/T 97.2（A 级）	d_1	—	5.3	6.4	8.4	10.5	13	15	17	21	25	31	37	—	—
	d_2	—	10	12	16	20	24	28	30	37	44	56	66	—	—
	h	—	1	1.6	1.6	2	2.5	2.5	3	3	4	4	5	—	—
GB/T 95（C 级）	d_1	—	5.5	6.6	9	11	13.5	15.5	17.5	22	26	33	39	45	52
	d_2	—	10	12	16	20	24	28	30	37	44	56	66	78	92
	h	—	1	1.6	1.6	2	2.5	2.5	3	3	4	4	5	8	8
GB/T 93	d_1	4.1	5.1	6.1	8.1	10.2	12.2	—	16.2	20.2	24.5	30.5	36.5	42.5	48.5
	$S=b$	1.1	1.3	1.6	2.1	2.6	3.1	—	4.1	5	6	7.5	9	10.5	12
	H	2.8	3.3	4	5.3	6.5	7.8	—	10.3	12.5	15	18.6	22.5	26.3	30

注：1. A 级适用于精装配系列，C 级适用于中等装配系列。

　　2. C 级垫圈没有 $Ra3.2$ 和去毛刺的要求。

附表 9　普通平键　　　　　　　　　　　　　　　　　　　（单位：mm）

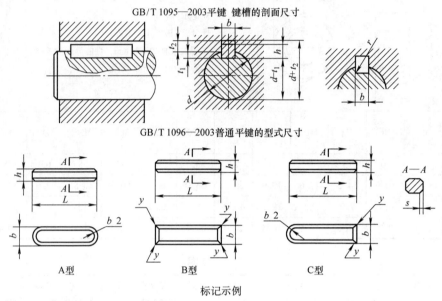

GB/T 1095—2003平键　键槽的剖面尺寸

GB/T 1096—2003普通平键的型式尺寸

A型　　　　　　B型　　　　　　C型

标记示例

宽度 b = 16mm、高度 h = 10mm、长度 L = 100mm 的普通 A 型平键：GB/T 1096　键 16×10×100

轴径 d	键的公称尺寸				键　槽										
					宽度 b					深度				半径 r	
					极限偏差					轴		毂				s
					松联接		正常联接		紧密联接							
	b	h	L	b	轴 H9	毂 D10	轴 N9	毂 JS9	轴和毂 P9	t_1	极限偏差	t_2	极限偏差	min	max	
6~8	2	2	6~20	2	+0.025 0	+0.060 +0.020	−0.004 −0.029	±0.0125	−0.006 −0.031	2	+0.1 0	1.0	+0.1 0	0.08	0.16	0.16~0.25
>8~10	3	3	6~36	3						1.8		1.4				
>10~12	4	4	8~45	4	+0.030 0	+0.078 +0.030	0 −0.030	±0.015	−0.012 −0.042	2.5	+0.1 0	1.8	+0.1 0	0.08	0.16	
>12~17	5	5	10~56	5						3.0		2.3				0.25~0.40
>17~22	6	6	14~70	6						3.5		2.8		0.16	0.25	
>22~30	8	7	18~90	8	+0.036 0	+0.098 +0.040	0 −0.036	±0.018	−0.015 −0.051	4.0		3.3				
>30~38	10	8	22~110	10						5.0		3.3				
>38~44	12	8	28~140	12	+0.043 0	+0.120 +0.050	0 −0.043	±0.0215	−0.018 −0.061	5.0	+0.2 0	3.3	+0.2 0	0.25	0.40	0.40~0.60
>44~50	14	9	36~160	14						5.5		3.8				
>50~58	16	10	45~180	16						6.0		4.3				
>58~65	18	11	50~200	18						7.0		4.4				
L系列	6、8、10、12、14、16、18、20、22、25、28、32、36、40、45、50、56、63、70、80、90、100、110、125、140、160、180、200															

注：$(d-t_1)$ 和 $(d+t_2)$ 的极限偏差按相应的 t_1 和 t_2 的极限偏差选取，但 $(d-t_1)$ 的极限偏差值应取负号。

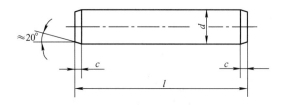

附表 10　圆柱销　不淬硬钢和奥氏体不锈钢（摘自 GB/T 119.1—2000）（单位：mm）

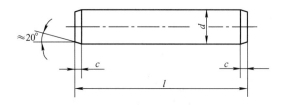

标记示例：

　　销　GB/T 119.1　10　m6×90　（公称直径 d = 10mm，公差为 m6，公称长度 l = 90mm，材料为钢、不经表面处理的圆柱销）

　　销　GB/T 119.1　10　m6×90 – A1　（公称直径 d = 10mm，公差为 m6，公称长度 l = 90mm，材料为 A1 组奥式体不锈钢、表面简单处理的圆柱销）

$d_{公称}$	2	2.5	3	4	5	6	8	10	12	16	20	25
$c\approx$	0.35	0.4	0.5	0.63	0.8	1.2	1.6	2.0	2.5	3.0	3.5	4.0
$l_{范围}$	6~20	6~24	8~30	8~40	10~50	12~60	14~80	18~95	22~140	26~180	35~200	50~200
$l_{公称}$	2、3、4、5、6~32（2 进位）、35~100（5 进位）、120~200（20 进位）（公称长度大于 200，按 20 递增）											

附表 11　圆锥销（摘自 GB/T 117—2000）　　　　　　　　　　（单位：mm）

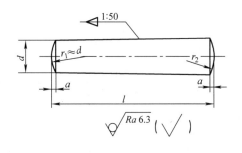

A 型（磨削）：锥面表面粗糙度值为 $Ra0.8\mu m$

B 型（切削或冷镦）：锥面表面粗糙度值为 $Ra3.2\mu m$

$$r_1 \approx d$$

$$r_2 \approx \frac{a}{2} + d + \frac{(0.02l)^2}{8a}$$

标记示例：

　　销　GB/T 117 6×30（公称直径 d = 6mm，公称长度 l = 30mm，材料为 35 钢，热处理硬度为 28~38HRC、表面氧化处理的 A 型圆锥销）

$d_{公称}$	2	2.5	3	4	5	6	8	10	12	16	20	25
$a\approx$	0.25	0.3	0.4	0.5	0.63	0.8	1.0	1.2	1.6	2.0	2.5	3.0
$l_{范围}$	10~35	10~35	12~45	14~55	18~60	22~90	22~120	26~160	32~180	40~200	45~200	50~200
$L_{公称}$	2、3、4、5、6~32（2 进位）、35~100（5 进位）、120~200（20 进位）（公称长度大于 200，按 20 递增）											

附表 12　滚动轴承　　　　　　　（单位：mm）

深沟球轴类	圆锥滚子轴承	单向推力球轴承
（摘自 GB/T 276—1994）	（摘自 GB/T 297—1994）	（摘自 GB/T 301—1995）
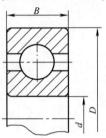	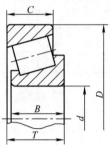	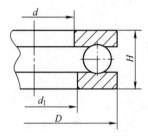
标记示例：	标记示例：	标记示例：
滚动轴承　6310　GB/T 276	滚动轴承　3310　GB/T 297	滚动轴承　51305　GB/T 301

轴承型号	尺　寸			轴承型号	尺　寸					轴承型号	尺　寸			
	d	D	B		d	D	B	C	T		d	D	H	d_1
尺寸系列〔(0)2〕				尺寸系列〔02〕						尺寸系列〔12〕				
6202	15	35	11	30203	17	40	12	11	13.25	51202	15	32	12	17
6203	17	40	12	30204	20	47	14	12	15.25	51203	17	35	12	19
6204	20	47	14	30205	25	52	15	13	16.25	51204	20	40	14	22
6205	25	52	15	30206	30	62	16	14	17.25	51205	25	47	15	27
6206	30	62	16	30207	35	72	17	15	18.25	51206	30	52	16	32
6207	35	72	17	30208	40	80	18	16	19.75	51207	35	62	18	37
6208	40	80	18	30209	45	85	19	16	20.75	51208	40	68	19	42
6209	45	85	19	30210	50	90	20	17	21.75	51209	45	73	20	47
6210	50	90	20	30211	55	100	21	18	22.75	51210	50	78	22	52
6211	55	100	21	30212	60	110	22	19	23.75	51211	55	90	25	57
6212	60	110	22	30213	65	120	23	20	24.75	51212	60	95	26	62
尺寸系列〔(0)3〕				尺寸系列〔03〕						尺寸系列〔13〕				
6302	15	42	13	30302	15	42	13	11	14.25	51304	20	47	18	22
6303	17	47	14	30303	17	47	14	12	15.25	51305	25	52	18	27
6304	20	52	15	30304	20	52	15	13	16.25	51306	30	60	21	32
6305	25	62	17	30305	25	62	17	15	18.25	51307	35	68	24	37
6306	30	72	19	30306	30	72	19	16	20.75	51308	40	78	26	42
6307	35	80	21	30307	35	80	21	18	22.75	51309	45	85	28	47
6308	40	90	23	30308	40	90	23	20	25.25	51310	50	95	31	52
6309	45	100	25	30309	45	100	25	22	27.25	51311	55	105	35	57
6310	50	110	27	30310	50	110	27	23	29.25	51312	60	110	35	62
6311	55	120	29	30311	55	120	29	25	31.50	51313	65	115	36	67
6312	60	130	31	30312	60	130	31	26	33.50	51314	70	125	40	72

（续）

轴承型号	尺 寸			轴承型号	尺 寸					轴承型号	尺 寸			
	d	D	B		d	D	B	C	T		d	D	H	d_1
尺寸系列〔(0)4〕				尺寸系列〔13〕						尺寸系列〔14〕				
6403	17	62	17	31305	25	62	17	13	18.25	51405	25	60	24	27
6404	20	72	19	31306	30	72	19	14	20.75	51406	30	70	28	32
6405	25	80	21	31307	35	80	21	15	22.75	51407	35	80	32	37
6406	30	90	23	31308	40	90	23	17	25.25	51408	40	90	36	42
6407	35	100	25	31309	45	100	25	18	27.25	51409	45	100	39	47
6408	40	110	27	31310	50	110	27	19	29.25	51410	50	110	43	52
6409	45	120	29	31311	55	120	29	21	31.50	51411	55	120	48	57
6410	50	130	31	31312	60	130	31	22	33.50	51412	60	130	51	62
6411	55	140	33	31313	65	140	33	23	36.00	51413	65	140	56	68
6412	60	150	35	31314	70	150	35	25	38.00	51414	70	150	60	73
6413	65	160	37	31315	75	160	37	26	40.00	51415	75	160	65	78

注：圆括号中的尺寸系列代号在轴承型号中省略。

附表 13　标准公差数值（摘自 GB/T 1800.1—2009）

公称尺寸 /mm		标 准 公 差 等 级																	
大于	至	IT1	IT2	IT3	IT4	IT5	IT6	IT7	IT8	IT9	IT10	IT11	IT12	IT13	IT14	IT15	IT16	IT17	IT18
		（μm）											（mm）						
—	3	0.8	1.2	2	3	4	6	10	14	25	40	60	0.1	0.14	0.25	0.4	0.6	1	1.4
3	6	1	1.5	2.5	4	5	8	12	18	30	48	75	0.12	0.18	0.3	0.45	0.75	1.2	1.8
6	10	1	1.5	2.5	4	6	9	15	22	36	58	90	0.15	0.22	0.36	0.58	0.9	1.5	2.2
10	18	1.2	2	3	5	8	11	18	27	43	70	110	0.18	0.27	0.43	0.7	1.1	1.8	2.7
18	30	1.5	2.5	4	6	9	13	21	33	52	84	130	0.21	0.33	0.52	0.84	1.3	2.1	3.3
30	50	1.5	2.5	4	7	11	16	25	39	62	100	160	0.25	0.39	0.62	1	1.6	2.5	3.9
50	80	2	3	5	8	13	19	30	46	74	120	190	0.3	0.46	0.74	1.2	1.9	3	4.6
80	120	2.5	4	6	10	15	22	35	54	87	140	220	0.35	0.54	0.87	1.4	2.2	3.5	5.4
120	180	3.5	5	8	12	18	25	40	63	100	160	250	0.4	0.63	1	1.6	2.5	4	6.3
180	250	4.5	7	10	14	20	29	46	72	115	185	290	0.46	0.72	1.15	1.85	2.6	4.6	7.2
250	315	6	8	12	16	23	32	52	81	130	210	320	0.52	0.81	1.3	2.1	3.2	5.2	8.1
315	400	7	9	13	18	25	36	57	89	140	230	360	0.57	0.89	1.4	2.3	3.6	5.7	8.9
400	500	8	10	15	20	27	40	63	97	155	250	400	0.63	0.97	1.55	2.5	4	6.3	9.7
500	630	9	11	16	22	32	44	70	110	175	280	440	0.7	1.1	1.75	2.8	4.4	7	11
630	800	10	13	18	25	36	50	80	125	200	320	500	0.8	1.25	2	3.2	5	8	12.5
800	1000	11	15	21	28	40	56	90	140	230	360	560	0.9	1.4	2.3	3.6	5.6	9	14
1000	1250	13	18	24	33	47	66	105	165	260	420	660	1.05	1.65	2.6	4.2	6.6	10.5	16.5
1250	1600	15	21	29	39	55	78	125	195	310	500	780	1.25	1.95	3.1	5	7.8	12.5	19.5
1600	2000	18	25	35	46	65	92	150	230	370	600	920	1.5	2.3	3.7	6	9.2	15	23
2000	2500	22	30	41	55	78	110	175	280	440	700	1100	1.75	2.8	4.4	7	11	17.5	28
2500	3150	26	36	50	68	96	135	210	330	540	860	1350	2.1	3.3	5.4	8.6	13.5	21	33

注：1. 公称尺寸大于 500mm 的 IT1～IT5 级的标准公差数值为试行的。

2. 公称尺寸小于或等于 1mm 时，无 IT14～IT18。

附表 14　轴的基本偏差

公称尺寸 /mm		上偏差 es 所有标准公差等级												基 本 偏		
大于	至	a	b	c	cd	d	e	ef	f	fg	g	h	js	IT5 和 IT6 (j)	IT7 (j)	IT8 (j)
—	3	−270	−140	−60	−34	−20	−14	−10	−6	−4	−2	0	偏差 = ±(ITn)/2，式中 ITn 是 IT 值数	−2	−4	−6
3	6	−270	−140	−70	−46	−30	−20	−14	−8	−6	−4	0		−2	−4	—
6	10	−280	−150	−80	−56	−40	−25	−18	−13	−8	−5	0		−2	−5	—
10	14	−290	−150	−95	—	−50	−32	—	−16	—	−6	0		−3	−6	—
14	18	−290	−150	−95	—	−50	−32	—	−16	—	−6	0		−3	−6	—
18	24	−300	−160	−110	—	−65	−40	—	−20	—	−7	0		−4	−8	—
24	30	−300	−160	−110	—	−65	−40	—	−20	—	−7	0		−4	−8	—
30	40	−310	−170	−120	—	−80	−50	—	−25	—	−9	0		−5	−10	—
40	50	−320	−180	−130	—	−80	−50	—	−25	—	−9	0		−5	−10	—
50	65	−340	−190	−140	—	−100	−60	—	−30	—	−10	0		−7	−12	—
65	80	−360	−200	−150	—	−100	−60	—	−30	—	−10	0		−7	−12	—
80	100	−380	−220	−170	—	−120	−72	—	−36	—	−12	0		−9	−15	—
100	120	−410	−240	−180	—	−120	−72	—	−36	—	−12	0		−9	−15	—
120	140	−460	−260	−200	—	−145	−85	—	−43	—	−14	0		−11	−18	—
140	160	−520	−280	−210	—	−145	−85	—	−43	—	−14	0		−11	−18	—
160	180	−580	−310	−230	—	−145	−85	—	−43	—	−14	0		−11	−18	—
180	200	−660	−340	−240	—	−170	−100	—	−50	—	−15	0		−13	−21	—
200	225	−740	−380	−260	—	−170	−100	—	−50	—	−15	0		−13	−21	—
225	250	−820	−420	−280	—	−170	−100	—	−50	—	−15	0		−13	−21	—
250	280	−920	−480	−300	—	−190	−110	—	−56	—	−17	0		−16	−26	—
280	315	−1050	−540	−330	—	−190	−110	—	−56	—	−17	0		−16	−26	—
315	355	−1200	−600	−360	—	−210	−125	—	−62	—	−18	0		−18	−28	—
355	400	−1350	−680	−400	—	−210	−125	—	−62	—	−18	0		−18	−28	—
400	450	−1500	−760	−440	—	−230	−135	—	−68	—	−20	0		−20	−32	—
450	500	−1650	−840	−480	—	−230	−135	—	−68	—	−20	0		−20	−32	—

注：1. 公称尺寸小于或等于 1mm 时，基本偏差 a 和 b 均不采用。

　　2. 公差带 js7 ~ js11，若 ITn 值是奇数，则取偏差 = ±(ITn − 1)/2。

数值（摘自 GB/T 1800.1—2009）　　　　　　　　　　　　（单位：μm）

差　数　值

下　偏　差　ei

IT4~IT7 / ≤IT3、>IT7 ——「k」列；其余列（m ~ zc）为「所有标准公差等级」。

k (IT4~IT7)	k (≤IT3、>IT7)	m	n	p	r	s	t	u	v	x	y	z	za	zb	zc
0	0	+2	+4	+6	+10	+14	—	+18	—	+20	—	+26	+32	+40	+60
+1	0	+4	+8	+12	+15	+19	—	+23	—	+28	—	+35	+42	+50	+80
+1	0	+6	+10	+15	+19	+23	—	+28	—	+34	—	+42	+52	+67	+97
+1	0	+7	+12	+18	+23	+28	—	+33	—	+40	—	+50	+64	+90	+130
									+39	+45	—	+60	+77	+108	+150
+2	0	+8	+15	+22	+28	+35	—	+41	+47	+54	+63	+73	+98	+136	+188
							+41	+48	+55	+64	+75	+88	+118	+160	+218
+2	0	+9	+17	+26	+34	+43	+48	+60	+68	+80	+94	+112	+148	+200	+274
							+54	+70	+81	+97	+114	+136	+180	+242	+325
+2	0	+11	+20	+32	+41	+53	+66	+87	+102	+122	+144	+172	+226	+300	+405
					+43	+59	+75	+102	+120	+146	+174	+210	+274	+360	+480
+3	0	+13	+23	+37	+51	+71	+91	+124	+146	+178	+214	+258	+335	+445	+585
					+54	+79	+104	+144	+172	+210	+254	+310	+400	+525	+690
+3	0	+15	+27	+43	+63	+92	+122	+170	+202	+248	+300	+365	+470	+620	+800
					+65	+100	+134	+190	+228	+280	+340	+415	+535	+700	+900
					+68	+108	+146	+210	+252	+310	+380	+465	+600	+780	+1000
+4	0	+17	+31	+50	+77	+122	+166	+236	+284	+350	+425	+520	+670	+880	+1150
					+80	+130	+180	+258	+310	+385	+470	+575	+740	+960	+1250
					+84	+140	+196	+284	+340	+425	+520	+640	+820	+1050	+1350
+4	0	+20	+34	+56	+94	+158	+218	+315	+385	+475	+580	+710	+920	+1200	+1550
					+98	+170	+240	+350	+425	+525	+650	+790	+1000	+1300	+1700
+4	0	+21	+37	+62	+108	+190	+268	+390	+475	+590	+730	+900	+1150	+1500	+1900
					+114	+208	+294	+435	+532	+660	+820	+1000	+1300	+1650	+2100
+5	0	+23	+40	+68	+126	+232	+330	+490	+595	+740	+920	+1100	+1450	+1850	+2400
					+132	+252	+360	+540	+660	+820	+1000	+1250	+1600	+2100	+2600

附表 15　孔的基本偏差数

公称尺寸/mm 大于	至	A	B	C	CD	D	E	EF	F	FG	G	H	JS	J IT6	J IT7	J IT8	K ≤IT8	K >IT8	M ≤IT8	M >IT8
—	3	+270	+140	+60	+34	+20	+14	+10	+6	+4	+2	0		+2	+4	+6	0	0	-2	-2
3	6	+270	+140	+70	+46	+30	+20	+14	+10	+6	+4	0		+5	+6	+10	-1+△	—	-4+△	-4
6	10	+280	+150	+80	+56	+40	+25	+18	+13	+8	+5	0		+5	+8	+12	-1+△	—	-6+△	-6
10	14	+290	+150	+95	—	+50	+32	—	+16	—	+6	0		+6	+10	+15	-1+△	—	-7+△	-7
14	18	+290	+150	+95	—	+50	+32	—	+16	—	+6	0		+6	+10	+15	-1+△	—	-7+△	-7
18	24	+300	+160	+110	—	+65	+40	—	+20	—	+7	0		+8	+12	+20	-2+△	—	-8+△	-8
24	30	+300	+160	+110	—	+65	+40	—	+20	—	+7	0		+8	+12	+20	-2+△	—	-8+△	-8
30	40	+310	+170	+120	—	+80	+50	—	+25	—	+9	0		+10	+14	+24	-2+△	—	-9+△	-9
40	50	+320	+180	+130	—	+80	+50	—	+25	—	+9	0	偏差 = ±(ITn)/2，式中 ITn 是 IT 值数	+10	+14	+24	-2+△	—	-9+△	-9
50	65	+340	+190	+140	—	+100	+60	—	+30	—	+10	0		+13	+18	+28	-2+△	—	-11+△	-11
65	80	+360	+200	+150	—	+100	+60	—	+30	—	+10	0		+13	+18	+28	-2+△	—	-11+△	-11
80	100	+380	+220	+170	—	+120	+72	—	+36	—	+12	0		+16	+22	+34	-3+△	—	-13+△	-13
100	120	+410	+240	+180	—	+120	+72	—	+36	—	+12	0		+16	+22	+34	-3+△	—	-13+△	-13
120	140	+460	+260	+200	—	+145	+85	—	+43	—	+14	0		+18	+26	+41	-3+△	—	-15+△	-15
140	160	+520	+280	+210	—	+145	+85	—	+43	—	+14	0		+18	+26	+41	-3+△	—	-15+△	-15
160	180	+580	+310	+230	—	+145	+85	—	+43	—	+14	0		+18	+26	+41	-3+△	—	-15+△	-15
180	200	+660	+340	+240	—	+170	+100	—	+50	—	+15	0		+22	+30	+47	-4+△	—	-17+△	-17
200	225	+740	+380	+260	—	+170	+100	—	+50	—	+15	0		+22	+30	+47	-4+△	—	-17+△	-17
225	250	+820	+420	+280	—	+170	+100	—	+50	—	+15	0		+22	+30	+47	-4+△	—	-17+△	-17
250	280	+920	+480	+300	—	+190	+110	—	+56	—	+17	0		+25	+36	+55	-4+△	—	-20+△	-20
280	315	+1050	+540	+330	—	+190	+110	—	+56	—	+17	0		+25	+36	+55	-4+△	—	-20+△	-20
315	355	+1200	+600	+360	—	+210	+125	—	+62	—	+18	0		+29	+39	+60	-4+△	—	-21+△	-21
355	400	+1350	+680	+400	—	+210	+125	—	+62	—	+18	0		+29	+39	+60	-4+△	—	-21+△	-21
400	450	+1500	+760	+440	—	+230	+135	—	+68	—	+20	0		+33	+43	+66	-5+△	—	-23+△	-23
450	500	+1650	+840	+480	—	+230	+135	—	+68	—	+20	0		+33	+43	+66	-5+△	—	-23+△	-23

注：1. 公称尺寸小于或等于 1mm 时，基本偏差 A 和 B 及大于 IT8 的 N 均不采用。

2. 公差带 JS11，若 ITn 值是奇数，则取偏差 = ±(ITn-1)/2。

3. 对小于或等于 IT8 的 K、M、N 和小于或等于 IT7 的 P~ZC，所需 △ 值从表内右侧选取。例如：18~30mm 段的 K7，

4. 特殊情况：250mm 至 315mm 段的 M6，ES = 9μm（代替 μm）。

值（摘自 GB/T 1800.1—2009）　　　　　　　　　　　　　　　　　　　　　（单位：μm）

差　数　值														△ 值					
上　偏　差　ES																			
≤IT8	>IT8	≤IT7	标准公差等级 大于 IT7											标准公差等级					
N	P~ZC	P	R	S	T	U	V	X	Y	Z	ZA	ZB	ZC	IT3	IT4	IT5	IT6	IT7	IT8
-4	-4	-6	-10	-14	—	-18	—	-20	—	-26	-32	-40	-60	0	0	0	0	0	0
-8 +△	0	-12	-15	-19	—	-23	—	-28	—	-35	-42	-50	-80	1	1.5	2	3	6	7
-10 +△	0	-15	-19	-23	—	-28	—	-34	—	-42	-52	-67	-97	1	1.5	2	3	6	7
-12 +△	0	-18	-23	-28	—	-33		-40		-50	-64	-90	-130	1	2	3	3	7	9
								-45		-60	-77	-108	-150						
-15 +△	0	-22	-28	-35	—	-41	—	-54	—	-73	-98	-136	-188	1.5	2	3	4	8	12
					-41	-48	-55	-64	-75	-88	-118	-160	-218						
-17 +△	0	-26	-35	-43	-48	-60	-68	-80	-94	-112	-148	-200	-247	1.5	3	4	5	9	14
					-54	-71	-81	-97	-114	-136	-180	-242	-325						
-20 +△	0	-32	-43	-53	-66	-87	-102	-122	-144	-172	-226	-300	-405	2	3	5	6	11	16
			-53	-59	-75	-102	-120	-146	-174	-210	-274	-360	-480						
-23 +△	0	-37	-59	-71	-91	-124	-146	-178	-214	-258	-335	-445	-585	2	4	5	7	13	19
			-71	-79	-104	-144	-172	-210	-254	-310	-400	-525	-690						
-27 +△	0	-43	-79	-92	-122	-170	-202	-248	-300	-365	-470	-620	-800	3	4	6	7	15	23
	在大于IT7的相应数值上增加一个△值		-92	-100	-134	-190	-228	-280	-340	-415	-535	-700	-900						
			-100	-108	-146	-210	-252	-310	-380	-465	-600	-780	-1000						
-31 +△	0	-50	-122	-122	-166	-236	-284	-350	-425	-620	-670	-880	-1150	3	4	6	9	17	26
			-130	-130	-180	-258	-310	-385	-470	-575	-740	-960	-1250						
			-140	-140	-196	-284	-340	-425	-520	-640	-820	-1050	-1350						
-34 +△	0	-56	-158	-158	-218	-315	385	-475	-580	-710	-920	-1200	-1550	4	4	7	9	20	29
			-170	-170	-240	-350	-425	-525	-650	-790	-1000	-1300	-1700						
-37 +△	0	-62	-190	-190	-268	-390	-475	-590	-730	-900	-1150	-1500	-1900	4	5	7	11	21	32
			-208	-208	-294	-435	-530	-660	-820	-1000	-1300	-1650	-2100						
-40 +△	0	-68	-232	-232	-330	-490	-590	-740	-920	-1100	-1450	-1850	-2400	5	5	7	13	23	34
			-252	-252	-360	-540	-660	-820	-1000	-1250	-1600	-2100	-2600						

△ =8μm，所以 ES = -2μm+8μm，△ = +6μm；至30mm段的S6；△ =4μm，所以 ES = -35μm+4μm = -31μm。

附表 16　轴的极限偏差

代号		a	b	c	d	e	f	g	h					
公称尺寸/mm													公	差
大于	至	11	11	*11	*9	8	*7	*6	5	*6	*7	8	*9	10
—	3	−270 −330	−140 −200	−60 −120	−20 −45	−14 −28	−6 −16	−2 −8	0 −4	0 −6	0 −10	0 −14	0 −25	0 −40
3	6	−270 −345	−140 −215	−70 −145	−30 −60	−20 −38	−10 −22	−4 −12	0 −5	0 −8	0 −12	0 −18	0 −30	0 −48
6	10	−280 −338	−150 −240	−80 −170	−40 −76	−25 −47	−13 −28	−5 −14	0 −6	0 −9	0 −15	0 −22	0 −36	0 −58
10	14	−290 −400	−150 −260	−95 −205	−50 −93	−32 −59	−16 −34	−6 −17	0 −8	0 −11	0 −18	0 −27	0 −43	0 −70
14	18													
18	24	−300 −430	−160 −290	−110 −240	−65 −117	−40 −73	−20 −41	−7 −20	0 −9	0 −13	0 −21	0 −33	0 −52	0 −84
24	30													
30	40	−310 −470	−170 −330	−120 −280	−80 −142	−50 −89	−25 −50	−9 −25	0 −11	0 −16	0 −25	0 −39	0 62	0 −100
40	50	−320 −480	−180 −340	−130 −290										
50	65	−340 −530	−190 −380	−140 −330	−100 −174	−60 −106	−30 −60	−10 −29	0 −13	0 −19	0 −30	0 −46	0 −74	0 −120
65	80	−360 −550	−200 −390	−150 −340										
80	100	−380 −600	−220 −440	−170 −390	−120 −207	−72 −126	−36 −71	−12 −34	0 −15	0 −22	0 −35	0 −54	0 −87	0 −140
100	120	−410 −630	−240 −460	−180 −400										
120	140	−460 −710	−260 −510	−200 −450	−145 −245	−85 −148	−43 −83	−14 −39	0 −18	0 −25	0 −40	0 −63	0 −100	0 −160
140	160	−520 −770	−280 −530	−210 −460										
160	180	−580 −830	−310 −560	−230 −480										
180	200	−660 −950	−340 −630	−240 −530	−170 −285	−100 −172	−50 −96	−15 −44	0 −20	0 −29	0 −46	0 −72	0 −115	0 −185
200	225	−740 −1030	−380 −670	−260 −550										
225	250	−820 −1110	−420 −710	−280 −570										
250	280	−920 −1240	−480 −800	−300 −620	−190 −320	−110 −191	−56 −108	−17 −49	0 −23	0 −32	0 −52	0 −81	0 −130	0 −210
280	315	−1050 −1370	−540 −860	−330 −650										
315	355	−1200 −1560	−600 −960	−360 −720	−210 −350	−125 −214	−62 −119	−18 −54	0 −25	0 −36	0 −57	0 −89	0 −140	0 −230
355	400	−1350 −1710	−680 −1040	−400 −760										
400	450	−1500 −1900	−760 −1160	−440 −840	−230 −385	−135 −232	−68 −131	−20 −60	0 −27	0 −40	0 −63	0 −97	0 −155	0 −250
450	500	−1650 −2050	−840 −1240	−480 −880										

注：带 * 者为选用的，其他为常用的。

表（摘自 GB/T 1800.1—2009、GB/T 1801—2009）　　　　　　　　　　　　　（单位：μm）

| | | js | k | m | n | p | r | s | t | u | v | x | y | z |
| | 等 | | 级 | | | | | | | | | | | |
*11	12	6	*6	6	*6	*6	6	*6	6	*6	6	6	6	6
0/-60	0/-100	±3	+6/0	+8/+2	+10/+4	+12/+6	+16/+10	+20/+14	—	+24/+18	—	+26/+20	—	+32/+26
0/-75	0/-120	±4	+9/+1	+12/+4	+16/+8	+20/+12	+23/+15	+27/+19	—	+31/+23	—	+36/+28	—	+43/+35
0/-90	0/-150	±4.5	+10/+1	+15/+6	+19/+10	+24/+15	+28/+19	+32/+23	—	+37/+28	—	+43/+34	—	+51/+42
0/-110	0/-180	±5.5	+12/+1	+18/+7	+23/+12	+29/+18	+34/+23	+39/+28	—	+44/+33	—	+51/+40	—	+61/+50
									—		+50/+39	+56/+45		+71/+60
0/-130	0/-210	±6.5	+15/+2	+21/+8	+28/+15	+35/+22	+41/+28	+48/+35	—	+54/+41	+60/+47	+67/+54	+76/+63	+86/+73
									+54/+41	+61/+48	+68/+55	+77/+64	+88/+75	+101/+88
0/-160	0/-250	±8	+18/+2	+25/+9	+33/+17	+42/+26	+50/+34	+59/+43	+64/+48	+76/+60	+84/+68	+96/+80	+110/+94	+128/+112
									+70/+54	+86/+70	+97/+81	+113/+97	+130/+114	+152/+136
0/-190	0/-300	±9.5	+21/+2	+30/+11	+39/+20	+51/+32	+60/+41	+72/+53	+85/+66	+106/+87	+121/+102	+141/+122	+163/+144	+191/+172
							+62/+43	+78/+59	+94/+75	+121/+102	+139/+120	+165/+146	+193/+174	+229/+210
0/-220	0/-350	±11	+25/+3	+35/+13	+45/+23	+59/+37	+73/+51	+93/+71	+113/+91	+146/+124	+168/+146	+200/+178	+236/+214	+280/+258
							+76/+54	+101/+79	+126/+104	+166/+144	+194/+172	+232/+210	+276/+254	+332/+310
0/-250	0/-400	±12.5	+28/+3	+40/+15	+52/+27	+68/+43	+88/+63	+117/+92	+147/+122	+195/+170	+227/+202	+273/+248	+325/+300	+390/+365
							+90/+65	+125/+100	+159/+134	+215/+190	+253/+228	+305/+280	+365/+340	+440/+415
							+93/+68	+133/+108	+171/+146	+235/+210	+277/+252	+335/+310	+405/+380	+490/+465
0/-290	0/-460	±14.5	+33/+4	+46/+17	+60/+31	+79/+50	+106/+77	+151/+122	+195/+166	+265/+236	+313/+284	+379/+350	+454/+425	+549/+520
							+109/+80	+159/+130	+209/+180	+287/+258	+339/+310	+414/+385	+499/+470	+604/+575
							+113/+84	+169/+140	+225/+196	+313/+284	+369/+340	+454/+425	+549/+520	+669/+640
0/-320	0/-520	±16	+36/+4	+52/+20	+66/+34	+88/+56	+126/+94	+190/+158	+250/+218	+347/+315	+417/+385	+507/+475	+612/+580	+742/+710
							+130/+98	+202/+170	+272/+240	+382/+350	+457/+425	+557/+525	+682/+650	+822/+790
0/-360	0/-570	±18	+40/+4	+57/+21	+73/+37	+98/+62	+144/+108	+226/+190	+304/+268	+426/+390	+511/+475	+626/+590	+766/+730	+936/+900
							+150/+114	+244/+208	+330/+294	+471/+435	+566/+530	+696/+660	+856/+820	+1036/+1000
0/-400	0/-630	±20	+45/+5	+63/+23	+80/+40	+108/+68	+166/+126	+272/+232	+370/+330	+530/+490	+635/+595	+780/+740	+960/+920	+1140/+1100
							+172/+132	+292/+252	+400/+360	+580/+540	+700/+660	+860/+820	+1040/+1000	+1290/+1250

附表 17　孔的极限偏差

公称尺寸/mm 大于	至	A 11	B 11	C *11	D *9	E 8	F *8	G *7	H 6	H *7	H *8	H *9	H 10	H *11
—	3	+330/+270	+200/+140	+120/+60	+45/+20	+28/+14	+20/+6	+12/+2	+6/0	+10/0	+14/0	+25/0	+40/0	+60/0
3	6	+345/+270	+215/+140	+145/+70	+60/+30	+38/+20	+28/+10	+16/+4	+8/0	+12/0	+18/0	+30/0	+48/0	+75/0
6	10	+370/+280	+240/+150	+170/+80	+76/+40	+47/+25	+35/+13	+20/+5	+11/0	+15/0	+22/0	+36/0	+58/0	+90/0
10	14	+400/+290	+260/+150	+205/+95	+93/+50	+59/+32	+43/+16	+24/+6	+11/+0	+18/0	+27/0	+43/0	+70/0	+110/0
14	18	+400/+290	+260/+150	+205/+95	+93/+50	+59/+32	+43/+16	+24/+6	+11/+0	+18/0	+27/0	+43/0	+70/0	+110/0
18	24	+430/+300	+290/+160	+240/+110	+117/+65	+73/+40	+53/+20	+28/+7	+13/0	+21/0	+33/0	+52/0	+84/0	+130/0
24	30	+430/+300	+290/+160	+240/+110	+117/+65	+73/+40	+53/+20	+28/+7	+13/0	+21/0	+33/0	+52/0	+84/0	+130/0
30	40	+470/+310	+330/+170	+280/+120	+142/+80	+89/+50	+64/+25	+34/+9	+16/0	+25/0	+39/0	+62/0	+100/0	+160/0
40	50	+480/+320	+340/+180	+290/+130	+142/+80	+89/+50	+64/+25	+34/+9	+16/0	+25/0	+39/0	+62/0	+100/0	+160/0
50	65	+530/+340	+380/+190	+330/+140	+174/+100	+106/+60	+76/+30	+40/+10	+19/0	+30/0	+46/0	+74/0	+120/0	+190/0
65	80	+550/+360	+390/+200	+340/+150	+174/+100	+106/+60	+76/+30	+40/+10	+19/0	+30/0	+46/0	+74/0	+120/0	+190/0
80	100	+600/+380	+440/+220	+390/+170	+207/+120	+126/+72	+90/+36	+47/+12	+22/0	+35/0	+54/0	+87/0	+140/0	+220/0
100	120	+630/+410	+460/+240	+400/+180	+207/+120	+126/+72	+90/+36	+47/+12	+22/0	+35/0	+54/0	+87/0	+140/0	+220/0
120	140	+710/+460	+510/+260	+450/+200	+245/+145	+148/+85	+106/+43	+54/14	+25/0	+40/0	+63/0	+100/0	+160/0	+250/0
140	160	+770/+520	+530/+280	+460/+210	+245/+145	+148/+85	+106/+43	+54/14	+25/0	+40/0	+63/0	+100/0	+160/0	+250/0
160	180	+830/+580	+560/+310	+480/+230	+245/+145	+148/+85	+106/+43	+54/14	+25/0	+40/0	+63/0	+100/0	+160/0	+250/0
180	200	+950/+660	+630/+340	+530/+240	+285/+170	+172/+100	+122/50	+61/+15	+29/0	+46/0	+72/0	+115/0	+185/0	+290/0
200	225	+1030/+740	+670/+380	+550/+260	+285/+170	+172/+100	+122/50	+61/+15	+29/0	+46/0	+72/0	+115/0	+185/0	+290/0
225	250	+1110/+820	+710/+420	+570/+280	+285/+170	+172/+100	+122/50	+61/+15	+29/0	+46/0	+72/0	+115/0	+185/0	+290/0
250	280	+1240/+920	+800/+480	+620/+300	+320/+190	+191/+110	+137/+56	+69/+17	+32/0	+52/0	+81/0	+130/0	+210/0	+320/0
280	315	+1370/+1050	+860/+540	+650/+330	+320/+190	+191/+110	+137/+56	+69/+17	+32/0	+52/0	+81/0	+130/0	+210/0	+320/0
315	355	+1560/+1200	+960/+600	+720/+360	+350/+210	+214/+125	+151/+62	+75/+18	+36/0	+57/0	+89/0	+140/0	+230/0	+360/0
355	400	+1710/+1350	+1040/+680	+760/+400	+350/+210	+214/+125	+151/+62	+75/+18	+36/0	+57/0	+89/0	+140/0	+230/0	+360/0
400	450	+1900/+1500	+1160/+760	+840/+440	+385/+230	+232/+135	+165/+68	+83/+20	+40/0	+63/0	+97/0	+155/0	+250/0	+400/0
450	500		+1240/+840	+880/+480	+385/+230	+232/+135	+165/+68	+83/+20	+40/0	+63/0	+97/0	+155/0	+250/0	+400/0

注：带 "＊" 者为优先选用的，其他为常用的。

表 （摘自 GB/T 1800.1—2009、GB/T 1801—2009） （单位：μm）

12	JS 6	JS 7	K 6	K *7	K 8	M 7	N 6	N 7	P 6	P *7	R 7	S *7	T 7	U *7
等级														
+100 / 0	±3	±5	0 / −6	0 / −10	0 / −14	−2 / −12	−4 / −10	−4 / −14	−6 / −12	−6 / −16	−10 / −20	−14 / −24	—	−18 / −28
+120 / 0	±4	±6	+2 / −6	+3 / −9	+5 / −13	0 / −12	−5 / −13	−4 / −16	−9 / −17	−8 / −20	−11 / −23	−15 / −27	—	−19 / −31
+150 / 0	±4.5	±7	+2 / −7	+5 / −10	+6 / −16	0 / −15	−7 / −16	−4 / −19	−12 / −21	−9 / −24	−13 / −28	−17 / −32	—	−22 / −37
+180 / 0	±5.5	±9	+2 / −9	+6 / −12	+8 / −19	0 / −18	−9 / −20	−5 / −23	−15 / −26	−11 / −29	−16 / −34	−21 / −39	—	−26 / −44
+210 / 0	±6.5	±10	+2 / −11	+6 / −15	+10 / −23	0 / −21	−11 / −24	−7 / −28	−18 / −31	−14 / −35	−20 / −41	−27 / −48	— −33 / −54	−33 / −54 −40 / −61
+250 / 0	±8	±12	+3 / −13	+7 / −18	+12 / −27	0 / −25	−12 / −28	−8 / −33	−21 / −37	−17 / −42	−25 / −50	−34 / −59	−39 / −64 −45 / −70	−51 / −76 −61 / −86
+300 / 0	±9.5	±15	+4 / −15	+9 / −21	+14 / −32	0 / −30	−14 / −33	−9 / −39	−26 / −45	−21 / −51	−30 / −60 −32 / −62	−42 / −72 −48 / −78	−55 / −85 −64 / −94	−76 / −106 −91 / −121
+350 / 0	±11	±17	+4 / −18	+10 / −25	+16 / −38	0 / −35	−16 / −38	−10 / −45	−30 / −52	−24 / −59	−38 / −73 −41 / −76	−58 / −93 −66 / −101	−78 / −113 −91 / −126	−111 / −146 −131 / −166
+400 / 0	±12.5	±20	+4 / −21	+12 / −28	+20 / −43	0 / −40	−20 / −45	−12 / −52	−36 / −61	−28 / −68	−48 / −88 −50 / −90 −53 / −93	−77 / −117 −85 / −125 −93 / −133	−107 / −147 −119 / −159 −131 / −171	−155 / −195 −175 / −215 −195 / −235
+460 / 0	±14.5	±23	+5 / −24	+13 / −33	+22 / −50	0 / −46	−22 / −51	−14 / −60	−41 / −70	−33 / −79	−60 / −106 −63 / −109 −67 / −113	−105 / −151 −113 / −159 −123 / −169	−149 / −195 −163 / −209 −179 / −225	−219 / −265 −241 / −287 −267 / −313
+520 / 0	±16	±26	+5 / −27	+16 / −36	+25 / −56	0 / −52	−25 / −57	−14 / −66	−47 / −79	−36 / −88	−74 / −126 −78 / −130	−138 / −190 −150 / −202	−198 / −250 −220 / −272	−295 / −347 −330 / −382
+570 / 0	±18	±28	+7 / −29	+17 / −40	+28 / −61	0 / −57	−26 / −62	−16 / −73	−51 / −87	−41 / −98	−87 / −144 −93 / −150	−169 / −226 −187 / −244	−247 / −304 −273 / −330	−369 / −426 −414 / −471
+630 / 0	±20	±31	+8 / −32	+18 / −45	+29 / −68	0 / −63	−27 / −67	−17 / −80	−55 / −95	−45 / −108	−103 / −166 −109 / −172	−209 / −272 −229 / −292	−307 / −370 −337 / −400	−467 / −530 −517 / −580

附表 18 常用钢材（摘自 GB/T 700—2006、GB/T 699—1999、GB/T 3077—1999、GB/T 11352—2009、GB/T 11352—2009）

名　称	钢　号	应　用　举　例	说　明
碳素结构钢	Q215A 0235A Q235B Q255A Q275	受力不大的铆钉、螺钉、轮轴、凸轮、焊件、渗碳件、螺栓、螺母、拉杆、钩、连杆、楔、轴、焊件 金属构造物中一般机件、拉杆、轴、焊件 重要的螺钉、拉杆、钩、楔、连杆、轴、销、齿轮 键、牙嵌离合器、链板、闸带、受大静载荷的齿轮轴	"Q"表示屈服点，数字表示屈服点数值，A、B 等表示质量等级
优质碳素结构钢	08F 15 20 25 30 35 40 45 50 55 60	要求可塑性好的零件：管子、垫片、渗碳件、碳氮共渗件、渗碳件、紧固件、冲模锻件、化工容器、杠杆、轴套、钩、螺钉、渗碳件与碳氮共渗件 轴、辊子、连接器，紧固件中的螺栓、螺母、曲轴、转轴、轴销、连杆、横梁、星轮 曲轴、摇杆、拉杆、键、销、螺栓、转轴 齿轮、齿条、链轮、凸轮、轧辊、曲柄轴 齿轮、轴、联轴器、衬套、活塞销、链轮 活塞杆、齿轮、不重要的弹簧 齿轮、连杆、扁弹簧、轧辊、偏心轮、轮圈、轮缘 叶片、弹簧	1. 数字表示钢中平均含碳量的万分数，例如"45"表示平均碳的质量分数为 0.45% 2. 序号表示抗拉强度、硬度依次增加，延伸率依次降低
	30Mn 40Mn 50Mn 60Mn	螺栓、杠杆、制动板 用于承受疲劳载荷零件：轴、曲轴、万向联轴器 用于高负荷下耐磨的热处理零件：齿轮、凸轮、摩擦片 弹簧、发条	锰的质量分数为 0.7% ~ 1.2% 的优质碳素钢
合金结构钢 铬钢	15Cr 20Cr 30Cr 40Cr 45Cr	渗碳齿轮、凸轮、活塞销、离合器 较重要的渗碳件 重要的调质零件：轮轴、齿轮、摇杆、重要的螺栓、滚子 较重要的调质零件：齿轮、进气阀、辊子、轴 强度及耐磨性高的轴、齿轮、螺栓	1. 合金结构钢前面两位数字表示钢中含碳量的万分数 2. 合金元素以化学符号表示 3. 合金元素的质量分数小于 1.5% 时，仅注出元素符号
合金结构钢 铬锰钛钢	20CrMnTi 30CrMnTi	汽车上的重要渗碳件：齿轮 汽车、拖拉机上强度特高的渗碳齿轮	
铸钢	ZG230—450 ZG310—570	机座、箱体、支架 齿轮、飞轮、机架	"ZG"表示铸钢，数字表示屈服点及抗拉强度（MPa）

附表 19　常用铸铁（摘自 GB/T 9439—2010、GB/T 1348—2009、GB/T 9440—2010）

名称	牌号	硬度（HB）	应用举例	说　明
灰铸铁	HT100	114～173	机床中受轻负荷，磨损无关重要的铸件，如托盘、把手、手轮等	"HT"是灰铸铁代号，其后数字表示抗拉强度（MPa）
	HT150	132～197	承受中等弯曲应力，摩擦面间压强高于500MPa的铸件，如机床底座、工作台、汽车变速箱、泵体、阀体、阀盖等	
	HT200	151～229	承受较大弯曲应力，要求保持气密性的铸件，如机床立柱、刀架、齿轮箱体、床身、液压缸、泵体、阀体、带轮、轴承盖和架等	
	HT250	180～269	承受较大弯曲应力，要求保持气密性的铸件，如气缸套、齿轮、机床床身、立柱、齿轮箱体、液压缸、泵体、阀体等	
	HT300	207～313	承受高弯曲应力、断裂应力，要求高度气密性的铸件，如高压液压缸、泵体、阀体、汽轮机隔板等	
	HT350	238～357	轧钢滑板、辊子、炼焦柱塞等	
球墨铸铁	QT400－15 QT400－18	130～180 130～180	韧性高，低温性能好，且有一定的耐蚀性，用于制作汽车、拖拉机中的轮毂、壳体、离合器拨叉等	"QT"为球墨铸铁代号，其后第一组数字表示抗拉强度（MPa），第二组数字表示延伸率（%）
	QT500－7 QT450－10 QT600－3	170～230 160～210 190～270	具有中等强度和韧性，用于制作内燃机中液压泵齿轮、汽轮机的中温气缸隔板、水轮机阀门体等	
可锻铸铁	KTH300－06 KTH350－10 KTZ450－06 KTB400－05	≤150 ≤150 150～200 ≤220	用于承受冲击、振动等零件，如汽车零件、机床附件、各种管接头、低压阀门、曲轴和连杆等	"KTH"、"KTZ"、"KTB"分别为黑心、球光体、白心可锻铸铁代号，其后第一组数字表示抗拉强度（MPa），第二组数字表示延伸率（%）

附表 20　常用有色金属及其合金（摘自 GB/T 1176—2013、GB/T 3190—2008）

名称或代号	牌　号	主要用途	说　明
普通黄铜	H62	散热器、垫圈、弹簧、各种网、螺钉及其他零件	"H"表示黄铜，字母后的数字表示含铜的平均百分数
40—2 锰黄铜	ZCuZn40Mn2	轴瓦、衬套及其他减磨零件	"Z"表示铸造，字母后的数字表示含铜、锰、锌的平均百分数
5—5—5 锡青铜	ZCuSn5PbZn5	在较高负荷和中等滑动速度下工作的耐磨、耐蚀零件	字母后的数字表示含锡、铅、锌的平均百分数
9～2 铝青铜 10—3 铝青铜	ZCuAl9Mn2 ZCuAl10Fe3	耐蚀、耐磨零件，要求气密性高的铸件，高强度、耐磨、耐蚀零件及250℃以下工作的管配件	字母后的数字表示含铝、锰或铁的平均百分数

（续）

名称或代号	牌　号	主要用途	说　明
17—4—4 铅青铜	ZCuPb17Sn4ZnA	高滑动速度的轴承和一般耐磨件等	字母后的数字表示含铅、锡、锌的平均百分数
ZL201（铝铜合金）ZL301（铝铜台金）	ZAlCu5Mn	用于铸造形状较简单的零件，如支臂、挂架梁等	
	ZAlCuMg10	用于铸造小型零件，如海轮配件、航空配件等	
硬铝	2A12	高强度硬铝，适用于制造高负荷零件及构件，但不包括冲压件和锻压件，如飞机骨架等	

附表 21　常用非金属材料

材料名称及标准号		牌号	说　明	特性及应用举例
工业用橡胶板	耐酸橡胶板（GB/T 5574）	2807	较高硬度	具有耐酸碱性能，用作冲制密封性能较好的垫圈
		2709	中等硬度	
	耐油橡胶板（GB/T 5574）	3707	较高硬度	可在一定温度的油中工作，适用冲制各种形状的垫圈
		3709		
	耐热橡胶板（GB/T 5574）	4708	较高硬度	可在热空气、蒸汽（100℃）中工作，用作冲制各种垫圈和隔热垫板
		4710	中等硬度	
尼龙	尼龙 66尼龙 1010		具有高抗拉强度和冲击韧度，耐热（>100℃）、耐弱酸、耐弱碱、耐油性好	用于制作齿轮等传动零件，有良好的消音性，运转时噪声小
耐油橡胶石棉板（GB/T 539）			有厚度为 0.4~3.0mm 的十种规格	供航空发动机的煤油、润滑油及冷气系统结合处的密封衬垫材料
毛毡（FJ/T 314）			厚度为 1~30mm	用作密封、防漏油、防振、缓冲衬垫等，按需选用细毛、半粗毛、粗毛
有机玻璃板（HG/T 2—343）			耐盐酸、硫酸、草酸、烧碱和纯碱等一般碱性及二氧化碳、臭氧等腐蚀性气体	适用于耐腐蚀和需要透明的零件，如油标、油杯、透明管道等

附表 22　常用的热处理及表面处理名词解释

名词	代号及标注示例	说　明	应　用
退火	Th	将钢件加热到临界温度（一般是 710~715℃，个别合金钢 800~900℃）以上 30~50℃，保温一段时间，然后缓慢冷却（一般在炉中冷却）	用来消除铸、锻、焊零件的内应力，降低硬度，便于切削加工，细化金属晶粒，改善组织、增加韧性
正火	Z	将钢件加热到临界温度以上，保温一段时间，然后用空气冷却，冷却速度比退火快	用来处理低碳和中碳结构钢及渗碳零件，使其组织细化，增加强度与韧性，减少内应力，改善切削性能
淬火	CC48：淬火回火至45~50HRC	将钢件加热到临界温度以上，保温一段时间，然后在水、盐水或油中（个别材料在空气中）急速冷却，使其得到高硬度	用来提高钢的硬度和强度极限，但淬火会引起内应力，使钢变脆，所以淬火后必须回火

（续）

名词		代号及标注示例	说　明	应　用
回火		回火	回火是将淬硬的钢件加热到临界点以下的温度，保温一段时间，然后在空气中或油中冷却下来	用来消除淬火后的脆性和内应力，提高钢的塑性和冲击韧度
调质		T T235：调质处理至 220～250HB	淬火后在 450～650℃进行高温回火，称为调质	用来使钢获得高的韧性和足够的强度，重要的齿轮、轴及丝杠等零件是调质处理的
表面淬火	火焰淬火	H54：火焰淬火后，回火到50～55HRC	用火焰或高频电流，将零件表面迅速加热至临界温度以上，急速冷却	使零件表面获得高硬度，而心部保持一定的韧性，使零件既耐磨又能承受冲击，表面淬火常用来处理齿轮等
	高频感应加热淬火	G52：高频感应加热淬火后，回火到 50～55HRC		
渗碳淬火		S0.5—C59：渗碳层深 0.5，淬火硬度 56～62HRC	在渗碳剂中将钢件加热到 900～950℃，停留一定时间，将碳渗入钢表面，深度约为 0.5～2mm，再淬火后回火	增加钢件的耐磨性能、表面硬度、抗拉强度和疲劳极限 适用于低碳、中碳（碳的质量分数 <0.40%）结构钢的中小型零件
氮化		D0.3—900：氮化层深度 0.3，硬度大于 850HV	氮化是在 500～600℃通入氮的炉子内加热，向钢的表面渗入氮原子的过程，氮化层为 0.025～0.8mm，氮化时间需 40～50h（小时）	增加钢件的耐磨性能、表面硬度、疲劳极限和抗蚀能力 适用于合金钢、碳钢、铸铁件，如机床主轴、丝杆以及在潮湿碱水和燃烧气体介质的环境中工作的零件
碳氮共渗化		Q59：氰化淬火后，回火至 56～62HRC	在 820～860℃炉内通入碳和氮，保温 1～2h（小时）使钢件的表面同时渗入碳、氮原子，可得到 0.2～0.5mm 的碳氮共渗层	增加表面硬度、耐磨性、疲劳强度和耐蚀性 用于要求硬度高、耐磨的中、小型及薄片零件和刀具等
时效		时效处理	低温回火后、精加工之前，加热到 100～160℃，保持 10～40h（小时），对铸件也可用天然时效（放在露天中一年以上）	使工件消除内应力和稳定形状，用于量具、精密丝杠、床身导轨、床身等
发蓝发黑		发蓝或发黑	将金属零件放在很浓的碱和氧化剂溶液中加热氧化，使金属表面形成一层氧化铁所组成的保护性薄膜	防腐蚀，美观，用于一般连接的标准件和其他电子类零件
硬度		HBW（布氏硬度）	材料抵抗硬的物体压入其表面的能力称"硬度"，根据测定的方法不同，可分布氏硬度、洛氏硬度和维氏硬度 硬度的测定是检验材料经热处理后的力学性能	用于退火、正火、调质的零件及铸件的硬度检验
		HRC（洛氏硬度）		用于经淬火、回火及表面渗碳、渗氮等处理的零件硬度检验
		HV（维氏硬度）		用于薄层硬化零件的硬度检验

参 考 文 献

[1] 金大鹰. 工人速成识图培训与自学读本 [M]. 北京：机械工业出版社, 2004.

[2] 金大鹰. 速成识图法 [M]. 北京：机械工业出版社, 2005.

[3] 胡建生. 机械制图习题集 [M]. 3 版. 北京：机械工业出版社, 2006.

[4] 徐炳松. 画法几何及机械制图 [M]. 3 版. 北京：高等教育出版社, 1999.

[5] 蒋继红. 机械零部件测绘 [M]. 北京：机械工业出版社, 2009.

[6] 龙素丽. AutoCAD2007 实用教程 [M]. 天津：天津大学出版社, 2008.

[7] 闫文平. 机械制图 [M]. 北京：机械工业出版社, 2012.

[8] 楼京京. AutoCAD 机械制图实用教程 (2012 版) [M]. 北京：清华大学出版社, 2012.

[9] 周大勇. AutoCAD 机械制图项目教程 [M]. 北京：机械工业出版社, 2012.